CNC
프로그래밍과
가공

개정판

장성민 · 조완수 · 강신길 · 백승엽 지음

 북스힐

머리말

　보통 선반, 밀링 머신 등 범용 공작기계를 이용하여 작업자의 핸들링에 의해 공작기계를 운전하여 부품을 생산하던 시절을 뒤로 하고 현재는 대부분의 소규모 공장에서 조차 CNC 공작기계를 사용하여 부품을 생산하고 있다. CNC 공작기계는 대량 생산에서 뿐만 아니라 다품종 소량생산에서도 리드 타임 감소와 생산성 향상에 기여하고 있어 정밀 가공 산업체에서 필수적인 공작기계로 그 인식이 일반화되었다. 또 공장 자동화 시스템을 갖춘 제조업체에서도 CNC 공작기계를 기본 공작기계로 인식하고 있는 실정이다.

　CNC 공작기계의 운전은 NC 프로그램 작성을 기본으로 각종 스위치와 버튼 등의 조작 방법을 숙지해야 가능하다. 그 첫 번째 기본이 되는 것이 바로 NC 프로그램의 이해이다. 이 책은 NC 프로그램의 학습을 위한 각종 코드의 개념 설명과 예제를 다수 수록하여 초보자가 이해하기 쉽도록 하였으며, 후반부에는 응용 예제를 수록하여 실제 가공에 응용할 수 있도록 하였다.

　현재 CNC 공작기계와 관련한 기능사, (산업)기사, 기능장 등 각종 국가기술자격 실기 시험은 컴퓨터를 활용한 CNC 시뮬레이터를 사용하여 수험생 본인이 작성한 NC 프로그램의 이상 유무를 감독관에게 먼저 검증을 받은 후 실제 CNC 공작기계를 운전하여 실기 시험을 치르도록 되어 있다. 따라서 이 책은 실기 시험에서 운용되고 있는 CNC 시뮬레이터인 GV-CNC에 대한 설명과 따라하기를 수록하여 수험자에게도 도움이 될 수 있도록 하였다. 그리고 마지막 단원에서는 실기 시험 등에 대비하기 위한 공작물 좌표계 설정, 공구 길이 보정 등의 형상 보정을 위한 기계 조작 방법을 설명하였다.

　이 책의 프로그램 형식은 CNC 공작기계에서 주로 사용되고 있는 FANUC SYSTEM을 기준으로 하였으나 이와 호환되는 모든 시스템에 적용될 수 있다.

　끝으로 이 책의 출판과 관련하여 인연을 맺은 도서출판 북스힐 사장님과 관계자 여러분께 감사드린다.

저자 씀

차 례

CNC 공작기계

1.1 CNC의 개요

1.1.1 NC와 CNC의 정의

NC는 Numerical Control의 영문 머리글자(initial)를 딴 약어로서 수치 제어라는 의미이다. 즉, NC 공작기계는 가공을 할 때 공작물의 기준이 되는 지점(공작물 원점)에 대하여 공구의 위치를 수치 정보로 지령하여 제어하는 공작기계이다. NC 선반, NC 밀링, NC 연삭기 등이 있다.

NC 공작기계에 소형 컴퓨터가 내장된 수치 제어 공작기계를 CNC 공작기계라 한다. CNC는 Computer Numerical Control의 머리글자를 딴 약어로서 컴퓨터를 이용하여 수치 제어를 한다는 의미이다. CNC 공작기계는 NC 공작기계에 비하여 리드 타임(lead time)을 감소시킬 수 있기 때문에 생산성이 매우 높아 제조 현장에서 많이 사용되고 있다. CNC 공작기계와 NC 공작기계는 공작기계 자체의 CRT 화면(모니터)의 유무에 따라 구분할 수 있으나 일반적으로 NC 공작기계라 하면 CNC 공작기계를 의미한다.

1.1.2 CNC 공작기계의 구성

CNC 공작기계는 기계 본체, 서보 및 검출 기구, 제어를 위한 컴퓨터, 인터페이스 회로 등의 하드웨어(Hardware)와 그 밖의 소프트웨어(Software)로 구성되어 있다. CNC 공작기계는 다음과 같이 인체와 유사하게 구성되어 있어 인체와 비교하여 이해하는 것이 용이하다.

- 정보 처리 회로 ⇨ 사람의 두뇌
- 데이터의 입, 출력장치 ⇨ 사람의 눈
- 강전 제어반 ⇨ 신경을 통한 에너지 전달
- 유압 유닛 ⇨ 사람의 심장
- 서보 기구 ⇨ 사람의 손, 발
- 기계 본체 ⇨ 사람의 신체

1.1.3 CNC 공작기계의 종류

CNC 공작기계에 대한 길지 않은 역사에도 불구하고 시장의 요구에 따라 거의 모든 공작기계가 CNC 공작기계로 전환이 될 만큼 발전되어 왔다. 또한 생산성 향상을 위한 꾸준한 연구로 다기능화, 고속화, 고정밀화 되는 등 급속한 발전을 이루어 왔으며 제조 현장에서는 CNC 공작기계의 활용도가 점점 높아지고 있다. 특히, 고속 머시닝 센터가 개발되면서 금형 산업 등에서 절삭 가공만으로도 고정밀의 가공이 가능하게 되어 후공정을 생략하거나 감소시킬 수 있을 만큼 높은 생산성을 이루어내고 있다.

현재 사용 중인 CNC 공작기계의 종류를 간단히 정리하면 다음과 같다.

① **절삭 가공** : CNC 선반, CNC 밀링, 터닝 센터, 머시닝 센터, CNC 드릴링 머신, CNC 보링 머신, CNC 호빙 머신 등
② **연삭 가공** : CNC 평면 연삭기, CNC 원통 연삭기, CNC 캠 연삭기, CNC 공구 연삭기 등
③ **방전 가공** : CNC 와이어 컷 방전 가공기, CNC 세혈 방전 가공기, CNC 형조각 방전 가공기 등
④ **특수 가공** : CNC 초음파 가공기, CNC 워터 제트 가공기, CNC 레이저 가공기 등
⑤ 기타 CNC 전용 공작기계 등

1.1.4 CNC 공작기계의 특징

부품 소재 산업에서 고객의 다양한 요구에 따라 기계 가공 기술은 급속하게 발전되어 왔다. 최근 기계 부품 산업은 고급화, 고정밀화 추세에 따라 더욱 복잡 다양해지고 있고

소품종 대량 생산에서 다품종 소량 생산이 종종 요구되고 있다. 또한 범용 공작기계를 운전할 수 있는 기술 인력의 부족과 이에 따른 인건비 상승으로 인한 경쟁력 강화 차원에서 생산 방식의 자동화가 빠른 속도로 이루어지고 있다. 이와 같은 배경으로 제조 현장에서는 CNC 공작기계의 사용을 계속 증대해 나아가고 있으며 CNC 공작기계의 도입은 점점 증가될 것으로 전망하고 있다. 범용 공작기계와 비교한 CNC 공작기계 사용의 장·단점을 요약하면 다음과 같다.

🔳 장 점

- 리드 타임 감소로 생산 시간을 감소시킨다.
- 다품종 소량 생산에 신속히 대처할 수 있다.
- 복잡한 형상의 가공이 용이하다.
- 균일 품질의 제품을 대량 생산할 수 있다.
- 불량률 감소로 생산성을 향상시킨다.
- 설계변경 등으로 인한 생산의 유연성에 신속한 대처가 가능하다.
- 작업자의 피로 감소와 안전사고 예방에 유리하다.
- 고정밀의 제품 생산이 가능하다.

🔳 단 점

- 장비 가격이 고가여서 초기 투자 비용이 많이 소요된다.
- 유지, 관리 비용이 증대된다.
- 프로그래밍 작업 등 고급 엔지니어가 필요하다.

1.1.5 CNC 가공 작업순서

CNC 공작기계를 사용하여 제품을 생산할 때에는 부품 가공 도면에 적합한 소재를 구매하고 생산에 필요한 공작기계와 공구 등을 준비하여야 한다. 때때로 범용 공작기계를 사용하여 공작물의 흑피 등을 먼저 제거해야 할 필요도 있다. 또한 작업자는 공작물의 형태에 따라 공구의 이동 경로 선정 및 가공 조건을 선정하여야 한다. CNC 공작기계를 사용하여 부품을 생산하고자 할 때 작업 순서는 다음과 같다.

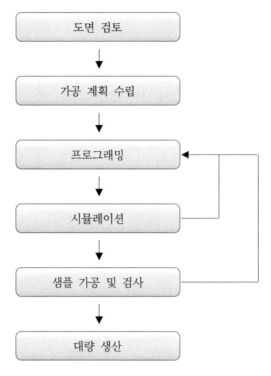

그림 1.1 CNC 가공 작업 순서도

1️⃣ 도면 검토

생산할 부품 도면을 충분히 검토하여 이해한다.

2️⃣ 가공 계획 수립

가공에 필요한 공작기계 및 공구를 구매, 준비하는 단계이다. 준비된 공구를 사용하여 생산하므로 가공 조건을 결정하는 단계이기도 하다.

- 공작기계의 선정 및 가공 범위를 결정한다. 필요에 따라 범용 공작기계로 가공 후 NC 공작기계를 사용한 가공 여부를 고려한다.
- 소재의 고정 방법 및 치공구를 준비한다.
- 공구 준비 및 공구 경로를 결정한다.
- 황삭, 정삭, 중삭, 잔삭 등 가공 조건을 결정한다.

❸ 프로그래밍

수립된 가공 계획에 따라 NC 프로그램을 작성한다. 프로그램 작성 시 다음 사항을 유의한다.

- 가공 계획에 따르도록 한다.
- 공구 파손 및 부품의 표면 조도를 위해 1회 절입량(절삭 깊이), 이송 속도, 공구 간격, 정삭 여유량 등을 고려한다.
- 공작물과 공구의 경도, 강성, 절삭유의 사용 유무 등을 고려한다.
- 도면에 나타난 치수를 보고 프로그래밍에 필요한 좌표를 계산하여 공구의 이동 위치, 이동량을 정확히 산출한다.

❹ 시뮬레이션

근래에 와서는 프로그래밍 오류로 인한 제품의 불량률 감소와 공작기계의 안전을 위해 컴퓨터를 이용한 CNC 가공 시뮬레이션 검증 방법을 이용하여 프로그래밍 오류를 확인한 후 NC 공작기계에 전송하여 가공한다. 이와 같은 방법은 신속한 프로그래밍으로 인한 생산성 향상에 기여하고 있다. 최근에는 국가기술 자격시험에서도 CNC 가공 시뮬레이션 검증 후 NC 공작기계에 전송하여 가공하도록 하고 있다. 단, 시뮬레이션은 100% 완벽하지 않아 시뮬레이션 검증 후 실제 작업에서 오류가 발견되는 경우가 종종 있다.

❺ 샘플 가공 및 검사

샘플 가공 후 검사를 실시하여 제품의 이상 여부를 확인한다. NC 프로그램에서 오류가 발견되지 않았더라도 공작물과 공구의 특징을 무시한 가공 조건은 부품의 표면 조도 및 고정밀의 작업에서 벗어날 수 있으므로 대량 생산 전에 샘플 가공 및 검사를 필요로 한다. 이상이 발견되면 프로그램 수정을 한 후 샘플 가공 및 검사를 다시 실시한다.

❻ 대량 생산

샘플 가공 및 검사에서 이상이 발견되지 않아 부품의 품질에 이상이 없을 경우 대량 생산을 실시한다.

1.1.6 가공 정보의 전달과 처리 과정

작업자는 도면을 지급받으면 CNC 공작기계에서 제품을 생산할 수 있도록 모든 준비를 해 놓아야 한다. NC 프로그램 작성을 하고 이것을 CNC 공작기계에 저장하거나 직접 전송하는 방법 등으로 NC 데이터를 컨트롤러에 인식시켜 그 정보를 서보 기구에 전달한다. 이에 따라 CNC 공작기계는 운전되고 제품을 생산할 수 있다.

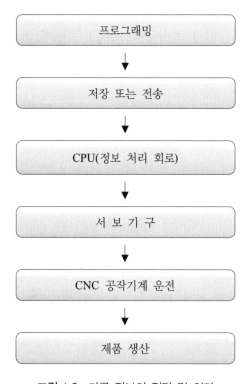

그림 1.2 가공 정보의 전달 및 처리

1.2 CNC 공작기계의 제어 기능

NC 프로그램이 컨트롤러에 보내지면 사람의 두뇌 역할을 하는 정보 처리 회로에서 손과 발의 역할을 하는 서보 기구로 보내진다. 서보 기구는 모든 가공 정보가 들어가 있는 프로그램 정보에 의해 위치 결정 제어(positioning control), 직선 절삭 제어(straight cutting control), 윤곽 절삭 제어(contour cutting control)와 같은 3가지 제어 기능을 수행한다.

1 위치 결정 제어(Positioning control)

공구를 지정한 다른 위치로 신속하게 이동하도록 제어하는 기능이다. 이송 속도의 제어 없이 지정 위치로만 이동하므로 드릴링, 스폿 용접, 펀치 프레스 등과 같은 작업에 적용된다. 필요한 위치를 찾아 도달하기만 하면 되는 기능이므로 PTP(point to point) 제어라고도 한다. 예를 들어 드릴 공구를 이용하여 다수의 관통 구멍 작업이 필요한 경우 하나의 드릴링 작업 후 지정된 좌표의 다른 구멍의 위치로 허공에서 신속히 이동할 때 필요한 기능이다.

2 직선 절삭 제어(Straight cutting control)

공구를 지정된 위치까지 일정한 이송 속도로 이동하면서 직선으로 가공하는 기능이다. 이 기능은 직선 절삭 외에는 절삭할 수 없으며 위치 결정 제어보다 높은 차원의 제어 기능이다. 선반, 밀링, 보링 머신 등에 적용한다. 단, 직선 절삭 제어만으로는 구배 각도가 있는 테이퍼 가공은 할 수 없다.

3 윤곽 절삭 제어(Contouring cutting control)

절삭 공구는 2개 이상의 축 방향으로 이송하면서 위치와 속도를 제어한다. 그러므로 대각선, S 곡선, 컴퓨터 마우스와 같은 3차원 곡면의 가공 경로 등을 공구가 자유자재로 이송하면서 연속적으로 절삭할 수 있는 기능이다. CNC 공작기계의 제어기능 중 가장 복잡한 기능이며 위치 결정 제어, 직선 절삭 제어를 모두 수행할 수 있어 대부분의 CNC 공작기계는 이 방식을 적용하고 있다.

1.3 서보 기구

1.3.1 서보 기구의 제어 방식

NC 프로그램이 컨트롤러에 전송이 되면 사람의 두뇌 역할을 하는 정보 처리 회로로부터 서보 기구로 보내진다. 사람의 손과 발의 역할을 하는 서보 기구는 CNC 공작기계에서 매우 중요한 기능을 수행하는 것으로서 테이블 등 운전부에는 위치 검출기가 부착되어 단위 이동량에 대한 펄스(pulse)를 발생시킨다. CNC 공작기계의 동작은 발생된 펄스 정보의 피드백(feed back)을 통해 입력부에 되돌아온 운전 정보를 계속 감시하며 제어한다. CNC 공작기계의 정밀한 운전은 서보 기구의 정확한 제어 때문에 가능한 것이다. 서보 기구의 제어 방식은 검출기의 부착 위치 및 피드백 방법에 따라 다음과 같이 분류하고 있다.

① 개방 회로 방식(Open loop system)
② 반 폐쇄 회로 방식(Semi-closed loop system)
③ 폐쇄 회로 방식(Closed loop system)
④ 복합 회로 서보 방식(Hybrid servo system)

1.4 CNC 공작기계와 자동화

1.4.1 CAD/CAM

CAD는 Computer Aided Design의 약어로 컴퓨터 응용 설계를 의미하고 CAM은 Computer Aided Manufacturing의 약어로 컴퓨터에 의한 제조를 의미한다. 곡면 등을 포함한 복잡한 제품을 3D CAD를 이용하여 모델링을 한 후 CAM 소프트웨어를 사용하면 가공 조건에 적합한 NC 프로그램을 자동 생성할 수 있다. 생성된 NC 프로그램, 즉 NC 데이터는 CNC 공작기계에 DNC 등의 방법으로 전송시켜 가공한다. 부품 도면이 단순한 경우에는 좌푯값을 정확히 계산하고 절삭 조건 등을 고려하여 작업자가 직접 NC 프로그래밍 하는 것은 어려운 일이 아니다. 그러나 공정이 복잡하거나 도면에 곡면 등이 포함되어 있는 경우에는 작업자가 직접 NC 프로그래밍하는 것은 매우 어려운 일이며 꽤 긴 시간을 필요로 한다. 이때 CAD를 활용한 3D 모델링을 CAM에서 변환하여 가공 조건에 적합한 파라미터를 설정하면 불과 몇 초 만에 컴퓨터가 자동으로 NC 프로그래밍을 생성할 수 있다. 또한 전문 NC 프로그래머가 아니더라도 쉽게 작업이 가능하여 매우 편리하다. 현재 다양한 종류의 CAD, CAM 소프트웨어가 시장에서 판매되고 있으며 각 기업의 제품 특성에 적합한 CAD, CAM 소프트웨어를 구매하여 사용할 수 있다.

1.4.2 DNC(Directed Numerical Control)

DNC는 Directed Numerical Control 또는 Distributed Numerical Control의 약어이며, 한 대의 중앙 컴퓨터에서 전송되는 NC 데이터(NC 프로그램)에 의해 다수의 CNC 공작기계가 직접 제어되는 통합 제어 시스템이다. 컴퓨터에서 전송된 NC 데이터는 CNC 공작기계가 전송받는 동시에 가공을 실행할 수 있다. 특히, 가공 형상이 복잡하여 NC 데이터가 대용량일 경우에는 CNC 공작기계에 전송된 NC 데이터를 저장시키지 않고 작업할 수 있어 매우 효과적이다. 이것은 CNC 공작기계의 생산성 향상을 개선하는 효과가 있을 뿐만 아니라 공장 자동화에 필수 요건이다. DNC를 위해서는 DNC 소프트웨어가 내장된 중앙 컴퓨터와 CNC 공작기계와의 인터페이스가 선행되어야 한다. 그림 1.3은 DNC 시스템의 구성도를 나타낸 것이다.

그림 1.3 DNC 시스템 구성도

1.4.3 FMC(Flexible Manufacturing Cell)

한 대의 CNC 공작기계에 자동 공작물 공급 장치, 가공물의 착탈 장치, 자동 공구 교환 장치(Automatic Tool Changer), 가공품의 자동 측정 및 감시 장치 그리고 이들을 제어하기 위한 자동 제어 장치 등을 유기적으로 결합하여 주 작업 인원만으로도 무인 생산이 가능한, 단일 부품을 가공할 수 있는 최소한의 생산 방식이다.

1.4.4 FMS(Flexible Manufacturing System)

유연 생산 시스템이라 일컫는 이 방식은 다수의 FMC와 자동 팔레트 교환 장치(Automatic pallet changer), 자동 운송 시설, 자동화된 창고 등 제반 시설을 갖추고 있으며 모든 제조 공정을 중앙 컴퓨터에서 통합 제어하는 관리 방식이다. 가공 변수 등 생산을 위한 모든 조건이 데이터베이스화되어 중앙 컴퓨터에서 최적의 조건으로 제어할 수 있다. 이와 같은 방식은 제품에 대한 고객의 요구가 급변하는 시장에 신속히 대응할 수 있어 다품종 소량 생산에 유연하게 대처할 수 있는 공장 자동화에 대표적 시스템이다.

1.4.5 CIM(Computer Integrated Manufacturing)

기업체 각 부서의 정보와 제품의 흐름에 이르기까지 컴퓨터를 이용한 통합 생산 시스템이다. 이것은 사업 계획, 영업, 구매, CAD/CAM, DNC 및 공정의 자동화 등 기업 활동에 필요한 일련의 활동을 통합 관리하는 시스템이다. 경영 관리에 이르기까지 모든 것을 컴퓨터에 의해 통합 관리하여 기업의 관리 능력과 생산성 향상을 목적으로 하며 다음과 같은 장점이 있다.

- 급변하는 시장 수요에 대한 신속한 대처가 가능하다.
- 최적 공정으로 인한 제품의 품질을 향상시킨다.
- 관리 능력이 향상되어 재고를 줄일 수 있다.
- 자재, 설비 및 인원 관리가 용이하다.
- 경영 관리가 용이하여 사업 계획 수립에 기여한다.

02

CNC 가공 일반

2.1 좌표계

CNC 공작기계의 제조사마다 좌표계가 다를 경우 작업자는 혼란스러울 것이다. 이를 방지하기 위해 좌표계에 관한 규정을 KS B0126에 제정하였다. CNC 공작기계는 공작물과 공구가 상대 운동을 하기도 하지만 좌표축 방향은 공작물이 고정되어 있는 것으로 보고 공구가 움직이는 방향에 따라 결정된다.

1 기계 좌표계(Machine coordinate system)

기계 원점을 기준으로 한 좌표계이다. 기계 원점의 위치는 CNC 공작기계 제조사에서 파라미터로 설정하므로 제조사마다 차이가 있으며, 작업자는 기계 원점을 임의로 변경하지 않는다. 일반적으로 원점이라 함은 기계 원점을 의미한다.

2 절대 좌표계(Absolute coordinate system)

작업자는 CNC 공작기계에서 공작물 임의의 위치를 원점으로 지정한다. 절대 좌표계는 작업자에 의해 지정된 임의의 원점을 기준으로 한 좌표계이며 공작물 좌표계라고도 한다.

3 상대 좌표계(Relative coordinate system)

공구의 현재 위치를 원점으로 하고, 이 원점을 기준으로 한 좌표계이다. CNC 선반이나 머시닝 센터에서는 공구가 이송하면서 가공하므로 가공 위치가 바뀔 때마다 공구의 위치가 바뀌게 되므로 원점이 매번 달라진다. 그러므로 상대 좌표계를 일시적인 좌표계라고도 한다. CNC 선반 또는 머시닝 센터에서 작업자가 공작물 원점을 지정할 때 상대 좌표계의 각 좌푯값을 0(zero)으로 설정하는 참고용 좌표로 사용하기도 한다.

④ 잔여 좌표계(Remain coordinate system)

공구의 위치를 변경할 때 또는 가공 중 시점에서 종점까지의 남아 있는 이송 거리를 나타내는 좌표계이다. 작업자는 잔여 좌표계에 의해 남아 있는 거리를 확인하여 공구의 충돌을 예방할 수 있다.

03

CNC 선반

3.1 CNC 선반의 개요

CNC 선반은 보통 선반에 CNC 컨트롤러(controller)를 장착한 것이며 다양한 공정을 NC 프로그램에 의해 고정밀 가공을 신속히 할 수 있다. NC 프로그램이 저장되어 있다면 숙련된 운전자가 아니더라도 자동 운전으로 균일 품질의 부품을 가공할 수 있으므로 제조 현장에서는 생산성 향상과 고품질의 제품 생산을 위해 CNC 선반의 활용이 점점 증가하고 있다. 특히, 공장 자동화의 기본이 되는 장비로서 이미 일반화되었다.

1 가공범위

CNC 선반은 보통 선반에 컴퓨터를 이용한 수치 제어 방식을 도입한 공작기계이다. 따라서 보통 선반에서 할 수 있는 가공은 대부분 할 수 있다. 즉 원통의 내 외경 가공, 내 외경 나사 가공, 홈 가공, 단면 가공, 전단 가공, 드릴링 공정 등을 할 수 있다.

2 CNC 선반의 특징

보통 선반의 경우 대부분의 공정에서 작업자가 직접 수동 운전에 의해 절삭 공구를 이송하여 가공하기 때문에 정밀 부품 생산을 위해서는 매우 숙련된 기술이 요구되고 기술의 숙련도에 따라 생산되는 제품의 품질이 결정된다. CNC 선반의 경우에는 작업자가 공구의 장착, 공작물 좌표계 설정, 공구 보정 등을 공작기계에 설정해 놓으면 저장된 NC 프로그램에 의해 공작기계가 자동 운전되므로 균일 품질의 제품을 매우 신속, 정확하게 생산한다.

보통 선반과 비교하여 CNC 선반의 장점을 다음과 같이 간략히 정리할 수 있다.

- 공작기계 운전에 고정도의 숙련이 불필요하다.
- 다양한 절삭 공정을 자동으로 신속하게 처리한다.
- 샘플검사만으로 고품질의 제품을 대량 생산할 수 있다.
- 자가 진단이 가능하여 공작기계 및 프로그램의 이상 발견이 쉽다.
- 절삭 속도를 일정하게 제어할 수 있어 표면 조도가 우수하다.
- 고정도의 곡면 윤곽 가공이 가능하다.

3.2 CNC 선반 장치

3.2.1 구조장치

CNC 선반은 자동으로 운전할 수 있는 전자 장치인 컨트롤러(controller)와 공작기계 본체로 구성되어 있다. 컨트롤러는 CNC 선반 작동을 위한 시스템 프로그램, PLC 프로그램, 서보 기구, 조작 패널, 전기 제어 장치 등으로 이루어져 있으며 본체는 보통 선반의 구조와 비슷하며 주축대, 터릿 공구대, 심압대, 베드, 이송 장치 등으로 구성되어 있다. CNC 선반의 구조는 제조사의 기종마다 약간의 차이가 있다.

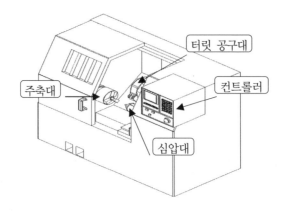

그림 3.1 CNC 선반의 구조

3.2.2 구성요소

CNC 선반은 보통 선반의 구성과 컴퓨터를 활용한 수치 제어에 의한 자동 운전을 위해 몇 가지 구성이 추가된다.

1 주축대(Head stock)

주축대에는 유압척이 장착되어 있어 공작물을 고정하고 회전시킨다. 보통 선반과 같이 속이 빈 중공으로 되어 있어 긴 공작물의 고정이 가능하다. 척은 하드 조(hard jaw)와 소프트 조(soft jaw)로 구분되며, 연성의 소프트 조는 공작물의 크기에 맞추어 작업자가 가공하여 사용할 수 있어 CNC 선반에 주로 사용한다. 주축은 별도의 AC 스핀들 모터 (spindle motor)에 의해 구동, 변속된다.

그림 3.2 주축대

2 공구대(Tool post)

공구대는 바이트 등 절삭 공구를 고정하여 필요한 위치로 이동시켜 공작물을 절삭하는 역할을 한다. 공구대는 작업자의 전, 후 방향인 X축과 주축 방향인 Z축 방향으로 각각 장착된 AC 서보모터에 의해 X, Z축 방향으로 이동한다. CNC 선반에 장착된 공구대는 다양한 가공을 연속적으로 할 수 있도록 여러 개의 공구를 고정할 수 있다. 공구대는 형식과 모양에 따라 터릿 공구대(turret tool post)와 나열형 공구대(gang type tool post) 등이 있으며 일반적으로 터릿 공구대가 많이 사용된다.

그림 3.3 터릿 공구대

3 심압대(Tail stock)

심압대는 보통 선반과 같이 길이가 긴 공작물을 주축의 반대 끝단에 고정하여 공작물의 떨림 방지나 강력 절삭을 할 때 이용한다. 일반적으로 유압식 심압대가 많이 채택되고 있다.

그림 3.4 심압대

4 조작 패널

CNC 선반의 정면에 위치해 있으며 기계를 운전시키기 위한 조작 버튼과 프로그램을 입력, 수정, 삭제 등을 할 수 있는 다양한 문자와 숫자키(key), 공구의 위치 좌표, 작업자가 기계의 운전 정보를 알 수 있도록 나타내어 주는 CRT(Cathode Ray Tube)화면 등으로 구성되어 있다.

그림 3.5   조작 패널

5 서보기구

　주축과 공구대를 구동시키기 위한 구동 모터를 서보모터(servo motor)라 한다. 초기에는 DC 서보모터를 사용하여 왔으나 유지 보수비가 적게 들고 고장이 적은 AC 서보모터가 널리 사용되고 있다.

　서보모터는 위치와 속도를 제어할 수 있는 모터로서 전기 펄스 수로 모터의 회전 각도를 조절하며 펄스 주파수로 회전 속도를 조절한다. 예로써 1개의 전기 펄스가 모터를 1(deg) 회전시켜서 0.001mm 이송시킨다면 최소 이송 단위는 0.001mm가 된다. CNC 장치에서 이동 지령에 의해 제어된 각 서보모터 축의 회전 운동은 볼 스크류(ball screw)를 통해 고정밀 직선 운동으로 전환되어 공작기계를 운전한다.

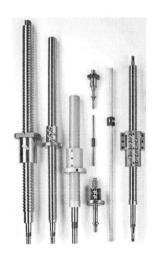

그림 3.6   볼스크류

3.3 CNC 선반 작업

CNC 선반은 주축의 설치 위치에 따라 그림 3.7과 같이 수평형 CNC 선반과 수직형 CNC 선반으로 구분한다.

(a) 수평형 CNC 선반

(b) 수직형 CNC 선반

그림 3.7 CNC 선반

1 선반 작업의 종류

선반 가공에 사용하는 대표적인 공구는 바이트이다. 바이트는 용도에 따라 황삭, 정삭, 홈, 나사 바이트 등 그 종류가 다양하다. 또한 각각의 바이트는 바깥지름 부를 가공하는 외경용과 파이프와 같은 중공의 안지름 부를 가공하는 내경용으로 구분한다. 그 밖에 드릴링, 보링, 리밍 등의 다양한 가공을 할 수 있다. 그림 3.8은 일반적인 선반 가공의 종류를 나타내고 있다.

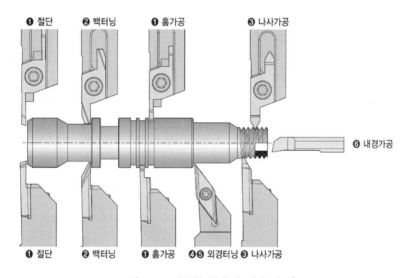

그림 3.8 다양한 형태의 선반 가공*

2 선반 공구

CNC 선반 가공에서 가장 많이 사용되는 대표적인 바이트의 종류는 황삭, 정삭, 홈, 나사 바이트이다. 이들 바이트의 용도를 간략히 소개하면 다음과 같다.

- **황삭 바이트** : 단시간에 많은 양의 재료를 제거할 때 사용한다. 절입량(절삭 깊이)은 깊게, 이송 속도는 빠르게 하므로 가공면은 거칠다.
- **정삭 바이트** : 황삭 가공 후 좋은 가공면을 얻기 위해 사용한다. 절입량은 얇게, 이송 속도는 느리게 하므로 가공 후 표면 거칠기가 좋다. 절삭 선단의 형태가 황삭 바이트보다 예리하다.
- **홈 바이트** : 가공면의 홈 절삭을 위해 사용한다. 절삭 선단의 폭에 비하여 돌출 길이

가 비교적 긴 형상을 하고 있어 선단의 강도가 약하기 때문에 이송 속도는 느리게 한다.

• 나사 바이트 : 나사산이 삼각형이고 나사산의 각도가 60°인 미터나사를 가장 많이 가공한다. 나사 가공에서 최초 절입량은 비교적 깊게 주고 점차적으로 감소시켜 가공한다. 이것은 절삭 선단이 약하기 때문에 절삭 부하를 크게 받지 않도록 하기 위한 것이다.

그림 3.9는 다양한 형태의 선반용 외경 바이트를, 그림 3.10은 선반 바이트용 인서트 팁을 나타낸 것이다.

그림 3.9 다양한 형태의 선반 외경 바이트

(a) 황삭 가공용　　(b) 정삭 가공용　　(c) 홈 가공용　　(d) 나사 가공용

그림 3.10 다양한 형태의 선반 바이트용 인서트 팁

(a) 외경 가공 작업　　　　　　　　(b) 드릴링 작업

그림 3.11 선반 작업

3.4 CNC 선반의 사양

공작기계의 사양이라 함은 중량, 크기 등을 포함한 공작기계의 성능과 특성을 나타낸 것이다. CNC 선반의 사양은 스윙(mm), 척의 크기(inch), 최대 회전수(rpm), 장착 공구의 개수 등을 포함한다. CNC 선반의 주요 사양 정보를 표 3.1과 표 3.2에 나타내었다.

사양을 확인하는 이유는 설계 도면에서 요구하는 부품을 가공하는 데에 적합한지 여부를 검토하기 위한 것이다. 예를 들어 자사가 보유하고 있는 CNC 선반의 기종이 표 3.1의 CUTEX-180A인 경우 최대 가공 길이가 328mm이다. 이를 초과하여 가공을 해야 할 경우에는 자사의 설비에서는 가공이 불가능하므로 협력 업체에 외주를 맡겨야 한다. 이때에도 CNC 선반의 사양은 검토되어야 하며 기한 내에 납품이 가능할 지 여부도 확인한 후 외주를 맡겨야 한다.

표 3.1 화천기계공업의 CNC 선반 사양

구분	단위	기종			
		CUTEX-180A(L)	CUTEX-180A(L) MC	CUTEX-180B(L)	CUTEX-180B(L) MC
베드위의 스윙	mm	Φ700			
최대 가공경	mm	Φ350	Φ300	Φ350	Φ300
최대 가공 길이	mm	328(L:528)	278.5(L:528)	328(L:528)	328(L:528)
척의 크기	inch	6		8	
주축 최대 회전수	rpm	6,000		4,500	
주축 관통경	mm	Φ62		Φ76	
최대 봉재 가공경	mm	Φ51		Φ65	
주축 모터	kW(HP)	15/11(20/15)			
공구장착 개수	개	12	12(24 Positions Index)	12	12(24 Positions Index)
급속 이송 속도(X/Z/Y)	m/min	36/36/-		36/36/-	
최대 이송 거리(X/Z/Y)	mm	205/380(L:580)/-		205/380(L:580)/-	
턴밀 스핀들 모터	kW(HP)	-	5.5/3.7(7.5/5)	-	5.5/3.7(7.5/5)
Controller		Fanuc Oi-TF			

표 3.2 두산공작기계의 CNC 선반 사양

구분	단위	기종				
		Lynx 210	Lynx 300	Lynx 2100	Lynx 2100M	Lynx 2100L
최대 가공경	mm	Φ280	Φ450	Φ350	Φ300	Φ350
최대 가공 길이	mm	300	750	330	290	550
척의 크기	inch	6/8	10	6/8		
주축 최대 회전수	rpm	6,000/5,000	3,500	6,000/4,500		
봉재 가공경	mm	Φ45/Φ51	Φ76			
주축 모터	kW	15				
NC 시스템		DOOSAN /Fanuc	Fanuc/ SIEMENS	DOOSAN-Fanuc i/SIEMENS 828D		
<추가선택>가공 능력			표준, M			
기능 설명			M: 밀링			

3.5 절삭 공구 선정

1 절삭 공구 재종

절삭 공구는 초경합금, 탄소 공구강, 고속도강, CBN, 세라믹, 서멧, 다이아몬드 등 다양한 재종으로 제조되고 있다. 일반적으로 요구되는 절삭 공구의 구비 조건은 다음과 같다.

- 내마모성, 고온 경도, 인성이 높을 것
- 마찰 계수가 작고 성형성이 좋을 것
- 가격이 저렴할 것 등

고가의 절삭 공구일수록 모든 성능이 좋은 것은 아니다. 예를 들어 고가의 다이아몬드 공구는 경도가 가장 높은 공구이나 고온 경도가 낮다는 단점이 있기 때문에 고온의 절삭열을 발생시키는 철금속을 대상으로는 사용하지 않고 알루미늄 합금 등 비철 금속을 대상으로 한 절삭에 사용되고 있다. 잘못된 공구의 선정은 생산성 악화와 경제적 손실을 초래할 수 있으므로 공구와 가공 소재(피삭재)가 갖는 특성을 고려하여 적합한 공구 재종을 선정할 수 있어야 한다. 표 3.3은 절삭 공구 재종 중 일반적으로 가장 많이 사용되고 있는 초경합금 재종에 대한 선반 가공 추천 절삭 속도를 나타낸 것이다. 그림 3.12는 티타늄 소재에 대한 초경합금 재종의 추천 절삭 조건을 연속, 일반, 단속 절삭으로 구분하여 나타낸 것이다. 표 3.3에서 피삭재와 초경합금 재종에 따라 추천 절삭 속도가 다른 것을 알 수 있다. 이와 같은 자료는 공구 제조사에서 기본적으로 제공하고 있으므로 적절히 활용하면 생산성 향상에 도움이 된다. 본 교재에서 표와 그림의 *표시는 한국야금의 카탈로그 내용임을 밝히는 바이다.

표 3.3 초경 합금 재종에 대한 선반 추천 절삭 속도*

피삭재		재종	추천 절삭 속도(m/min)	ISO
P	강	ST10P	150(110~190)	P10
		ST15	135(100~170)	P20
		ST20E	120(90~150)	P30
		A30	110(80~140)	P40
K	주철	H2	160(120~200)	K01
		H01, H05	150(110~190)	K10
		H10, G10E	140(100~180)	K20
N	알루미늄 합금	H01	600(450~750)	N10
	동 합금	H05	425(320~530)	N20
S	티타늄 합금	H01	55(40~70)	S01
		H05	50(35~65)	S10
H	고경도강	H01	80(55~105)	H10

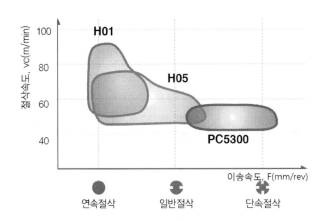

그림 3.12 티타늄 소재에 대한 초경합금 재종의 추천 절삭 조건*

절삭 공구의 재종은 P, M, K, S, N, H 등 다양하게 구분되어 있으며 피삭재의 종류, 연속 또는 단속 절삭 등의 절삭 방식, 내마모성 또는 인성 등 공구에 요구되는 성능 특성을 고려하여 적절히 선택하여 사용할 수 있다. 또한 절삭 중 발생하는 다양한 공구 손상의 원인으로부터 공구의 수명 연장을 위해 공구의 외면을 코팅하여 사용하기도 한다.

공구 재종의 선택은 경제성과 생산성 향상을 목적으로 한 효율적인 가공을 위해 매우 중요하다. 코팅의 종류, 가공 형태, 피삭재의 재질, 내마모성 및 인성 특성 등에 따라 그림 3.13과 같이 구분한다. 그러므로 공구 재종의 표기를 확인하면 코팅 종류, 가공 형태 및 해당 피삭재 및 내마모성과 인성에 대한 특성을 파악할 수 있다.

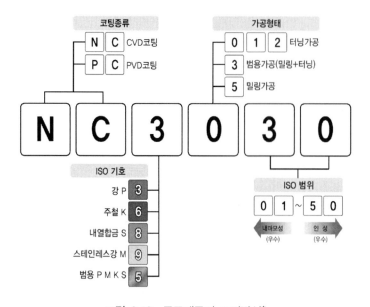

그림 3.13 공구재종의 표기방식*

2 칩 브레이커

칩 브레이커(Chip breaker)는 절삭 중 칩이 길게 연속적으로 발생하여 공구 또는 피삭재에 감기면서 발생하는 공구 및 가공면의 손상을 예방하고 절삭유 공급을 원활히 하기 위해 칩을 짧게 끊어주는 기능을 한다. 특히, 선반 가공과 같이 연속 가공을 하는 경우, 피삭재에 칩이 길게 감겨 엉키면서 때때로 작업자의 안전에 위협을 초래하기 때문에 칩 브레이커의 역할이 매우 중요하다. 각 공구 인선의 경사면에 설계된 칩 브레이커는 황삭, 중삭, 사상 및 중절삭 여부 그리고 피삭재의 특성과 선반, 밀링에 따라 그 설계 형상이 모

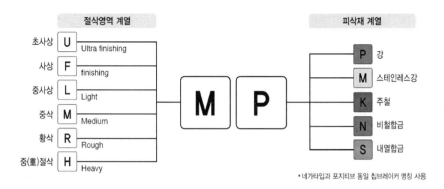

그림 3.14 칩 브레이커의 표기 방식*

두 다르다. 이와 같이 절삭 공구의 선정은 매우 복잡하여 작업자가 절삭 공구 선정을 위한 지식을 모두 파악하고 있는 경우는 드물다. 그러므로 절삭 공구 재종을 선택할 때에는 절삭 공구 제조사에서 제공하는 카탈로그(Catalog)를 참고하여 결정하는 것이 일반적이다.

그림 3.15는 선반 가공에서 강(Steel)과 비철 금속에 대한 절삭 속도와 이송 속도에 대한 코팅 재종의 적용 영역을 나타낸 것이다. NC3220은 탄소강, 합금강, 단조강, 압연강 등 모든 강재류의 연속 및 단속 절삭에 적용이 가능한 범용 재종으로써 추천 절삭 속도는 연속 절삭에서 260(150-370)m/min이다. NC3030은 단속 절삭에서 추천 절삭 속도가 205(120-290)m/min이다. 그 외의 각 공구 재종에 대한 기본 정보는 공구 제조사에서 제

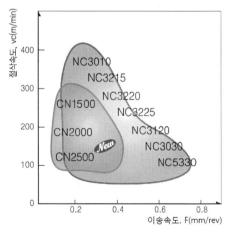

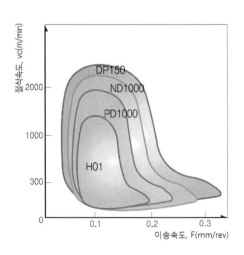

(a) 강 소재에 대한 적용 영역   (b) 비철 금속 소재에 대한 적용 영역

그림 3.15 선반 가공에서 코팅 재종의 적용 영역*

공하는 카탈로그를 참고하기 바란다.

3.6 절삭 조건의 선정

절삭 조건은 절삭 공구가 피삭재를 절삭할 때의 가공 조건이다. 절삭 조건의 선정은 가공성과 생산성 향상 그리고 경제적 손실을 최소화하는데 그 목적이 있다. 공구의 기하학적 형상 외에 일반적인 절삭 조건은 절삭 속도, 절입량(또는 절삭 깊이), 이송 속도 등이 있는데, 피삭재와 공구 재종의 특징 그리고 이들 형상에 따라 적절히 선정한다.

초보자가 절삭 조건을 선정하는 것은 매우 어려운 일이다. 작업자의 대부분은 경험을 통한 노하우를 바탕으로 절삭 조건을 선정한다. 절삭 조건 선정에 참고할 수 있는 것은 가공 핸드북 또는 절삭 공구 제조사에서 제공하는 카탈로그 정보 등이 있다. 카탈로그에는 공구 재종에 따른 제조사의 추천 절삭 조건이 있고 이를 참고하여 작업하면 도움이 된다. 단, 작업자가 조작하고자 하는 공작기계의 강도와 강성, 그리고 절삭 공구의 사용 조건은 모두 다를 수 있으므로, 카탈로그에서 제공하는 추천 절삭 조건은 참고 자료임을 강조하는 바이다.

1 절입량과 이송 속도

일반적으로 공구와 피삭재와의 강도 차이가 클수록 절입량은 깊게, 이송 속도는 빠르게 절삭할 수 있다. 이와 같은 절삭 조건은 많은 양의 재료를 신속히 제거할 수 있는 장점이 있다. 그러나 절입량이 깊을수록 그리고 이송 속도가 빠를수록 절삭 부하(또는 절삭력-절삭할 때 공구와 공작물에 가해지는 힘)를 증가시키고, 이것이 지속될 경우 공구 손상의 원인이 된다. 특히 선반 가공에서 너무 과도한 절삭 부하는 척에 고정된 공작물의 중심을 뒤틀리게 하기도 한다. 이송 속도는 가공면의 표면 거칠기에 가장 크게 영향을 미치는 것으로 알려져 있다. 이송 속도의 단위는 선반과 밀링에서 각각 다르게 적용한다. 선반에서 이송 속도의 단위는 mm/rev를 사용하는데 피삭재가 1회전을 하는 동안 공구의 이동 거리(mm)를 의미한다. 밀링에서는 mm/min의 단위를 사용하고 1분 동안 공구가 이동한 거리를 의미한다. 그러므로 선반의 경우에는 회전수(rpm)가 증가할수록 즉, 고속 회전일수록 단위 시간 당 공구의 이동 속도를 빠르게 증가시켜 시간 당 피삭재의 절삭량을 증가시킨다.

❷ 절삭 속도

절삭 속도가 빠를수록 마찰로 인한 절삭열이 상승되고 이것이 공구 마모의 주요 원인이다. 절삭열에 의한 공구 마모와 가공면 경화를 예방하기 위해서는 용도에 맞는 적절한 절삭유를 사용해야 한다. 이것은 공구 수명, 표면 거칠기와 같은 가공 정밀도 향상에 매우 중요하다. 절삭 속도(V)는 다음 식으로 계산한다.

$$V = \frac{\pi D N}{1000} (m/\min)$$

피삭재의 직경(D)이 일정할 때 회전수(N)가 증가하거나, 동일한 회전수 조건에서 피삭재 직경이 커지면 절삭 속도는 증가한다. 그러므로 직경이 큰 피삭재를 가공할 때에는 상대적으로 회전수를 감소시켜야 한다. 절삭 속도의 증가는 회전수의 증가를 의미하고 과도한 절삭 속도의 증가는 공작기계의 소음을 유발할 뿐만 아니라 수명을 떨어뜨릴 수 있으므로 주의해야 한다.

❸ 절삭유

절삭유는 물을 혼합하여 사용하는 수용성과 오일 원액을 그대로 사용하는 비수용성으로 크게 나누어진다. 절삭유를 사용하는 가장 중요한 이유는 냉각과 윤활이다. 고속 절삭의 경우에는 냉각 작용이 중요하므로 수용성 절삭유를, 탭핑 및 브로칭과 같은 저속 절삭에서는 윤활 작용이 더 중요하므로 비수용성 절삭유를 사용한다. 이와 같이 절삭유는 공작기계의 종류, 가공 방법 및 조건 등에 따라 그 종류가 다양하므로 제조사에서 제공하는 제품 안내서 등의 정보를 검토하여 선정한다.

04

CNC 선반 프로그램 기초

4.1 프로그램의 구성

설계 도면에 도시된 부품을 가공하기 위해 작업자는 CNC 프로그래밍(프로그램을 작성하는 일)을 하여야 한다. 프로그래밍에는 공구의 이동 지령, 주축 회전 조건, 절삭유 사용 유무, 가공 경로 및 이송 속도 등이 포함되어야 한다. 이때 프로그램은 어떤 규칙에 의해 작성되며 그 규칙은 CNC 공작기계가 인식할 수 있는 일종의 프로그래밍 언어이다. CNC 프로그램의 구성에 관해 살펴보기로 한다.

■ 워드(Word)의 형식

어드레스(address)는 영문 대문자 1개로 표시하며, 워드는 어드레스와 수치의 조합으로 구성된다. 워드의 선두에는 영문 대문자 1개만 사용할 수 있으며 소문자를 지령할 수 없다. 예를 들면 다음과 같다.

```
M09 (1개의 워드)
S1000 M03 (2개의 워드)
G50 X256. Z352. (3개의 워드)
```

② 블록(Block)의 형식

프로그램을 실행할 수 있는 최소 구성요소로서 워드가 모여서 하나의 블록을 구성한다.

작업자의 특성과 프로그램의 구성에 따라 블록 수는 다를 수 있다.

세미콜론(;) 표시는 EOB(End of Block), 즉 하나의 블록이 끝났음을 알려주는 기호이다. 블록이 끝났을 때에는 반드시 ";"기호로 표시하여야 한다. 단, PC에서 프로그램을 작성할 때에는 엔터 키(Enter key)가 ";"를 대신하므로 생략한다.

```
G00 X60. Z0.; (1개의 블록)
G01 X-2. F0.2; (1개의 블록)
G00 X60. Z2.; (1개의 블록)
```

위의 프로그램은 모두 3개의 블록으로 구성되어 있다.

블록 구성의 기본 형식은 다음과 같다. 단, 시퀀스 번호(Sequence Number, 블록의 전개 번호)는 특별히 요구하지 않는 경우 생략이 가능하다.

$$N\_G\_X(U)\_Z(W)\_S\_T\_M\_F\_;$$

N : 시퀀스 번호(Sequence Number)
G : 준비 기능
X(U), Z(W) : 가공 종점의 좌표
S : 주축 기능
T : 공구 기능
M : 보조 기능
F : 이송 기능
; : EOB(End of block), 블록의 끝

❸ 주 프로그램(main program)과 보조 프로그램(sub program)

(1) 주 프로그램

CNC 프로그램은 주 프로그램으로 작성하는 것이 기본이며 여기에는 가공 순서, 황삭, 정삭 가공 조건 등이 포함된다.

(2) 보조 프로그램

대형 부품 가공을 하다 보면 종종 동일 형태의 가공을 여러 번 반복하는 경우가 있다. 이때 반복 가공해야 할 부분을 별도의 프로그램(보조 프로그램)으로 작성하여 저장한 후 가공에 필요할 때마다 주 프로그램 내에서 호출하여 사용한다면 주 프로그램의 실행만으로도 부품 가공을 완료할 수 있다. 보조 프로그램은 이와 같은 별도의 프로그램으로써 적절히 사용하면 프로그램 블록 수를 줄일 수 있어 매우 편리하다.

① 주 프로그램 내에서는 다수의 보조 프로그램을 호출하여 사용할 수 있다.

② 보조 프로그램 내에서 또 다른 보조 프로그램을 호출하여 사용할 수 있다.

③ 보조 프로그램 마지막 블록에는 M99가 반드시 있어야 한다. M99는 보조 프로그램 종료, 즉 주 프로그램 호출을 의미하는 보조 기능 M 코드이다.

④ 주 프로그램에서 보조 프로그램을 호출하는 방법은 다음과 같이 한다.

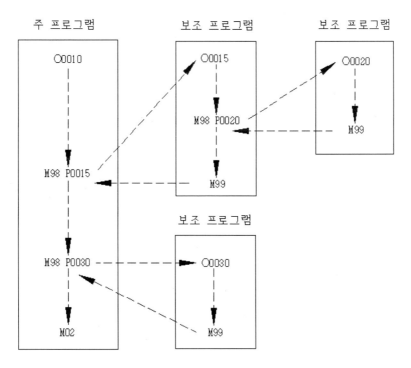

그림 4.1 주 프로그램에서 보조 프로그램 사용방법

(3) 보조 프로그램 호출(M98)과 취소(M99)

$$M98 \ \square\square\square\square \ P\triangle\triangle\triangle\triangle \ ;$$

$$M99;$$

- □□□□ : 반복 횟수(생략하면 1회만 호출)
- △△△△ : 보조 프로그램 번호
- 보조 프로그램 호출 예 : M98 P0015; (반복 횟수 1회, 0015는 보조 프로그램 번호)

4.2 좌푯값 지령 방식

CNC 선반에서는 좌푯값의 지령 방식에 따라 프로그램의 내용이 달라진다. 지령 방식에는 절대 지령과 증분 지령 방식이 있으며 작업자는 편리에 따라 선택하여 지령하거나 절대 지령과 증분 지령 두 방식을 혼합한 혼성 지령 방식으로 프로그램을 작성할 수 있다.

1 절대 지령 방식

• 절대 좌표계에 근거하여 좌푯값을 지령하는 방식이다.
• 공작물 원점을 기준으로 이동 종점의 좌푯값을 지령한다.
• 공작물 원점을 기준으로 공구의 이동 방향을 ±로 구분한다.
• 사용 어드레스는 X, Z이다.

2 증분 지령 방식

• 상대 좌표계에 근거하여 좌푯값을 지령하는 방식이다.
• 현재 공구의 위치를 원점으로 보고 이동 종점의 좌푯값을 지령한다.
• 작업자에 의해 지정된 공작물 원점과는 무관하다.
• 공구의 현재 위치를 기준으로 이동 방향을 ±로 구분한다.
• 사용 어드레스는 U, W이다.

❸ 혼성 지령 방식

작업자의 편리에 의해 절대 지령과 증분 지령 방식을 혼합한 방식이다. 예를 들어 다음 그림에서 공구가 현재 지점 ①의 위치에 있다고 가정하고 공구를 각각 ①→②→③→④→①과 ①→④→③→②→①의 지점으로 급속 이송하여 위치 결정하기 위한 프로그램을 작성하면 다음과 같이 나타낼 수 있다.

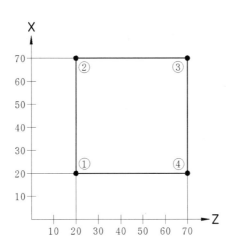

①→②→③→④→①으로 급속 이송	①→④→③→②→①으로 급속 이송
절대 지령 방식 　　G00 X70.; 　　Z70.; 　　X20.; 　　Z20.; 증분 지령 방식 　　G00 U50.; 　　W50.; 　　U-50.; 　　W-50.; 혼합 지령 방식 　　G00 X70.; 　　W50.; 　　X20.; 　　W-50.;	절대 지령 방식 　　G00 Z70.; 　　X70.; 　　Z20.; 　　X20.; 증분 지령 방식 　　G00 W50.; 　　U50.; 　　W-50.; 　　U-50.; 혼합 지령 방식 　　G00 Z70.; 　　U50.; 　　Z20.; 　　U-50.;

4.3 공작물의 지름 지령 방식

공작물의 지름을 지령하는 방식은 반경 지령 방식과 직경 지령 방식이 있으나 일반적으로 직경 지령 방식을 사용하며 파라미터 변환에 의해 결정할 수 있다. 지령 어드레스는 X 또는 U를 사용한다.

CNC 선반은 공작물이 회전하고 공구의 이송으로 가공이 된다. 그러므로 공작물은 항상 원형 단면이 되고 중심 축선에 대칭이다. 공작물에 대하여 바이트의 절입량(절삭 깊이)이 1mm일 경우 지름에 대한 전체 절삭량은 2mm가 된다.

일반적으로 설계 도면에서 축의 치수는 지름 값으로 나타낸다. 축의 지름이 ∅50, 60, 70 등 소수점이 없을 경우에는 반경 값으로 계산하여 프로그램을 작성하는 것에 큰 어려움이 없다. 그러나 ∅50.3, 60.5, 70.35 등과 같이 소수점이 포함되었을 경우에는 반경 값을 잘못 계산하거나 실수를 하는 경우가 종종 있을 것이다. 그러므로 설계 도면에 나타난 축의 지름 값 즉, 직경 지령으로 프로그램을 작성하면 프로그램 작성이 단순해지므로 매우 편리하다.

1 직경 지령

도면의 지름을 X축의 좌푯값으로 지령한다. 아래 도면과 같은 경우 직경 지령으로 A, B점의 좌표를 지령하면 다음과 같다.

A점의 좌표 지령 X40. Z0.
B점의 좌표 지령 X80. Z-60.

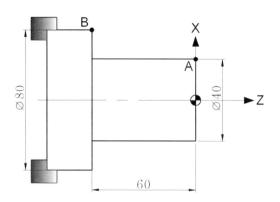

반경 지령

도면의 반지름 즉, 공작물 중심에서의 거리를 X축의 좌푯값으로 지령한다. 도면과 같은 경우 반경 지령으로 A, B점의 좌표를 지령하면 다음과 같다.

```
A점의 좌표 지령  X20. Z0.
B점의 좌표 지령  X40. Z-60.
```

4.4 어드레스의 기능과 지령 범위

어드레스 각각의 기능과 지령 범위를 표 4.1에 정리하였다.

표 4.1 어드레스의 기능과 지령 범위

기 능	어드레스	의 미	지령 값 범위(mm)
프로그램 번호	O	프로그램 번호	1 ~ 9999
Sequence 번호	N	Block의 번호	1 ~ 9999
준비 기능	G	동작 모드 지령	0 ~ 99
좌표어	X, Y	가공 종점의 좌표	± 99999.999
	U, W	가공 종점의 증분 좌표	
	R	원호의 반지름	
	I, K	원호의 중심점 좌표	
이송 기능	F	이송 속도(mm/rev)	0.01 ~ 500.000(mm/rev)
주축 기능	S	주축 회전수(rpm)	0 ~ 9999
공구 기능	T	공구 번호 지정	0 ~ 99
보조 기능	M	기계 조작 on/off 제어	0 ~ 99
일시 정지(Dwell)	P, U, X	일시 정지 시간 지정	0 ~ 9999.999(sec)
옵셋(보정) 번호	H, D	공구 길이, 공구경 보정 번호	0 ~ 200
보조 프로그램 번호	P	보조 프로그램번호 지정	1 ~ 9999
반복 횟수	P	보조 프로그램 반복 호출	1 ~ 9999
	K, L	고정 사이클 반복 횟수	1 ~ 9999
파라미터	P, Q	고정 사이클 파라미터	1 ~ 9999

4.5 G-코드(주기능)

G-코드는 어드레스 G에 두 자리의 숫자를 붙여서 하나의 워드로 된 것이며 그룹화되어있다. 모든 G-코드는 그 기능과 의미가 부여되어 있으며 자주 사용하는 G-코드는 작업자가 암기하고 있는 것이 기본이다. G-코드 기능의 연속 유효성 여부에 따라 다음 두 종류로 크게 구분한다.

1 One Shot G-코드

G-코드의 기능이 지령이 된 블록에서만 유효한 G-코드이다. 따라서 G-코드의 기능이 필요할 때마다 다른 블록에서도 계속 지령해야 하는 1회 유효성 G-코드이다. "00 그룹"에 해당한다.

2 Modal G-코드

G-코드의 기능이 동일 그룹의 다른 G-코드가 아래 블록에 지령이 되기 전까지는 계속해서 유효한 G-코드이다. 그러므로 동일한 G-코드 기능을 연속적으로 필요로 할 때 한번 지령 후 아래 블록에 계속 지령하지 않아도 되는 연속 유효한 G-코드이다. "00 이외의 그룹"에 해당한다.

예

```
.
.
.
G00 X65. Z0.; (G00 G01 G02는 "01그룹")
G01 X-2. F0.2 M08;
G00 X56.0 Z2.;
G01 Z-10.;
    X60. Z-12.; (G01은 Modal G-코드로서 아래 블록에서도 그 기능이 계속 유효)
    Z-30.       (G01은 Modal G-코드로서 아래 블록에서도 그 기능이 계속 유효)
G02 X64. Z-32. R2.;
G01 X66.;
G04 P2000; (G04는 One Shot G-코드인 "00그룹"으로, 지령이 된 블록에서만 유효)
   Z-50.; (G04 이전의 Modal G-코드인 G01 기능을 실행)
.
.
.
```

❸ G-코드 일람표 및 기능

G-코드는 그룹 번호별로 각각 표시되고 그 기능은 표 4.2에 나타내었다.

표 4.2 G-코드 일람표 및 기능

G-코드	기 능	그룹	비고
G00	급속 위치 결정	01	◎
G01	직선 보간(직선 가공)		
G02	원호 보간(시계 방향 원호 가공)		
G03	원호 보간(반시계 방향 원호 가공)		
G04	Dwell(일시 정지)	00	
G10	Data 설정		
G20	Inch data 입력	06	
G21	Metric data 입력		
G22	금지 영역 설정(On)	09	◎
G23	금지 영역 설정 취소(Off)		
G25	주축 속도 변동 검출 취소(Off)	08	◎
G26	주축 속도 변동 검출(On)		
G27	원점 복귀 확인	00	
G28	자동 원점 복귀		
G30	제2 원점 복귀		
G31	Skip 기능		
G32	나사 절삭	01	
G34	가변 리드 나사 절삭		
G36	자동 공구 보정(X)	00	
G37	자동 공구 보정(Z)		
G40	공구 인선 반경(R) 보정 취소	07	◎
G41	공구 인선 반경(R) 보정 좌측		
G42	공구 인선 반경(R) 보정 우측		
G50	공작물 좌표계 설정, 주축 최고 회전수 지정	00	
G65	Macro 호출		

표 4.2 G-코드 일람표 및 기능(계속)

G-코드	기 능	그룹	비고
G66	Macro Modal 호출	12	
G67	Macro Modal 호출 취소		
G68	대향 공구대 좌표(On)	04	
G69	대향 공구대 좌표 취소(Off)		◎
G70	정삭 가공 사이클	00	
G71	내·외경 황삭 사이클		
G72	단면 황삭 사이클		
G73	모방 가공 사이클		
G74	단면 홈 가공 사이클		
G75	외경 홈 가공 사이클		
G76	자동 나사 가공 사이클		
G90	내·외경 절삭 사이클	01	
G92	나사 절삭 사이클		
G94	단면 절삭 사이클		
G96	주속 일정 제어	02	
G97	회전수 일정 제어		◎
G98	분당 이송	05	
G99	회전당 이송		◎

4 G-코드 특징

• 동일 그룹의 G-코드가 1개 블록에 2개 이상 지령이 될 경우 뒤에 지령이 된 G-코드 만 유효하다.
• 다른 그룹의 G-코드는 같은 블록에 몇 개라도 지령이 가능하다.
• 표 4.2의 비고란에 ◎ 표시는 공작기계 전원 투입 시 기본으로 설정되는 G-코드이다.

05

CNC 선반 프로그래밍

5.1 보간 기능

1 급속 위치 결정(GOO)

(1) 기능

공구가 지령이 된 위치로 급속 이송하여 이동하는 기능이다. 급속 이송 속도는 제조사에서 공작기계의 파라미터에 설정해 놓으며, 가공은 하지 않고 허공으로 공구의 위치만 신속하게 이동할 때 사용하는 기능이다. 가공 시점으로 이동 시 또는 가공을 끝내고 지령이 된 위치로 신속히 이동할 때 사용한다.

(2) 지령 형식

공구는 현재 위치에서 지령이 된 이동 종점의 위치로 급속 이송한다.

$$G00 \ X(U)\_\_\_ \ Z(W)\_\_\_ \ ;$$

- X(U) : 이동 종점의 X축 절대(증분) 좌표
- Z(W) : 이동 종점의 Z축 절대(증분) 좌표

(3) 공구 이동 경로

현재 위치에서 지령이 된 위치로 공구가 급속 이송하는 경로는 직선 보간형과 비직선 보간형이 있으며 일반적으로 비직선 보간형으로 이송한다. G00 지령이 된 블록에서는 인 포지션 체크(inposition check)를 하여 자동 가감속하면서 지령이 된 종점의 위치에 도달한다. CNC 공작기계는 현재 실행 중인 블록 이후의 한 블록 이상을 먼저 감지하여 다음 블록으로 앞서 이동하려 한다. 이 때문에 위치 오차가 발생하게 되며 공구가 이 오차의 범위 내에 있는지 확인한 후 다음 블록으로 이동하려 하는 기능이 인포지션 체크이다. 인 포지션 체크는 G00이 포함된 블록에서만 적용되며 체크량은 파라미터에 설정되어 있으며 일반적으로 0.02 mm 정도로 설정한다.

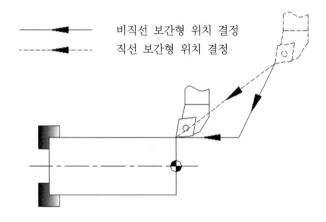

그림 5.1 급속 이송 경로

정지 상태의 공구를 급속 이송시키거나 이송 중인 공구를 급정지시키려 한다면 관성의 영향으로 공작기계에 많은 충격이 전달되어 지령이 된 위치로 정밀한 운전을 할 수 없다. 그러므로 그림 5.2와 같이 급속 이송 초기와 정지하기 직전에 자동으로 가감속하여 지령이 된 종점의 위치에 정확하게 도달할 수 있도록 한다. CNC 공작기계의 위치 정밀도를 고려하여 공작기계의 종류와 크기에 따라 설정 파라미터의 값은 다르다.

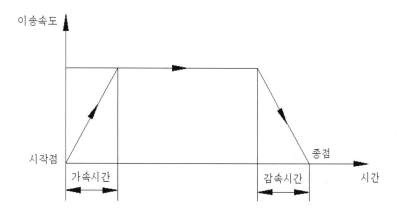

그림 5.2 자동 가감속 속도와 시간과의 관계

예제 5.1

다음 그림에서 공구의 위치가 각각 ① A에서 B 지점으로 ② B에서 A 지점으로 급속 이동할 때 절대 지령, 증분 지령, 혼합 지령 방식으로 각각 프로그램을 작성하시오.

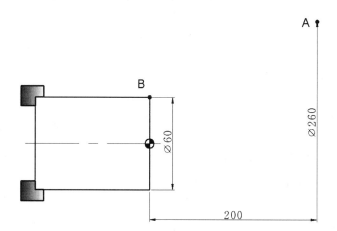

[풀이] ① A에서 B 지점으로 급속 이동

절대 지령 방식   G00 X60. Z0.;

증분 지령 방식   G00 U-200. W-200.;

혼합 지령 방식   G00 X60. W-200.;

혼합 지령 방식   G00 U-200. Z0.;

② B에서 A 지점으로 급속 이동

절대 지령 방식   G00 X260. Z200.;

증분 지령 방식　　G00 U200. W200.;

혼합 지령 방식　　G00 X260. W200.;

혼합 지령 방식　　G00 U200. Z200.;

예제 5.2

다음 그림에서 공구의 위치가 각각 ① A에서 B 지점으로 ② B에서 A 지점으로 급속 이동할 때 절대 지령, 증분 지령, 혼합 지령 방식으로 프로그램을 작성하시오.

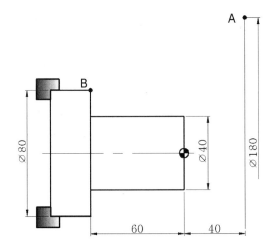

[풀이]　① A 지점에서 B 지점으로 급속 이동

절대 지령 방식　　G00 X80. Z-60.;

증분 지령 방식　　G00 U-100. W-100.;

혼합 지령 방식　　G00 X80. W-100.;

혼합 지령 방식　　G00 U-100. Z-60.;

② B 지점에서 A 지점으로 급속 이동

절대 지령 방식　　G00 X180. Z40.;

증분 지령 방식　　G00 U100. W100.;

혼합 지령 방식　　G00 X180. W100.;

혼합 지령 방식　　G00 U100. Z40.;

❷ 직선 가공(G01)

(1) 기능

공구가 지령이 된 위치까지 F의 이송 속도로 직선 이동하면서 가공하는 기능이다. 그러므로 G01 기능을 지령할 때에는 이송 속도 지령이 블록에 포함되어 있어야 한다.

이송 속도를 의미하는 어드레스 F는 Modal 지령으로 사용된다. 즉, 한번 이송 속도가 지령이 된 후 다음 블록에 이송 속도가 없으면 이전에 지령이 된 이송 속도로 이동한다.

(2) 지령 형식

공구는 현재 위치에서 지령이 된 종점의 좌표까지 F의 이송 속도로 이동하면서 직선 가공한다.

> **G01 X(U)____   Z(W)____   F____ ;**

X(U) : 가공 종점의 X축 절대(증분) 좌표
Z(W) : 가공 종점의 Z축 절대(증분) 좌표
F : 이송 속도(mm/rev)

선반과 밀링에서 이송 속도의 기본 단위는 다음과 같이 각각 다르다.

선반 : mm/rev (회전당 이동 거리)
밀링 : mm/min (분당 이동 거리)

---

(3) 공구 이동 경로

그림 5.3과 같이 공구는 지령이 된 F의 이송 속도로 직선의 경로로 이동한다.

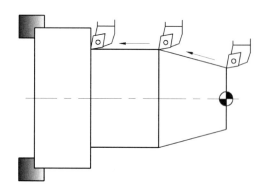

그림 5.3   직선 가공의 공구 이동 경로

예제 5.3

다음 도면과 같이 공구가 ① A 지점에서 B 지점으로, ② B 지점에서 A 지점으로 직선 가공을 하려 한다. 절대 지령, 증분 지령, 혼합 지령 방식으로 프로그램을 작성하시오. 단, 이송 속도는 0.2mm /rev이다.

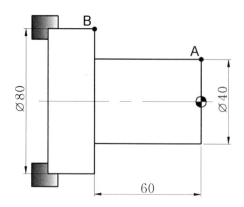

[풀이] ① A에서 B 지점으로 직선 가공

절대 지령 방식   G01 Z-60. F0.2;
                 X80.;

증분 지령 방식   G01 W-60. F0.2;
                 U40.;

혼합 지령 방식   G01 Z-60. F0.2;

                          U40.;

혼합 지령 방식   G01 W-60. F0.2;

                          X80.;

② B에서 A 지점으로 직선 가공

절대 지령 방식   G01 X40. F0.2;

                          Z0.;

증분 지령 방식   G01 U-40. F0.2;

                          W60.;

혼합 지령 방식   G01 X40. F0.2;

                          W60.;

혼합 지령 방식   G01 U-40. F0.2;

                          Z0.;

예제 5.4

다음 도면과 같이 공구가 ① A에서 B 지점으로, ② B에서 A 지점으로 직선 가공하려 한다. 절대 지령, 증분 지령, 혼합 지령 방식으로 프로그램을 작성하시오. 단, 이송 속도는 0.25mm/rev이다.

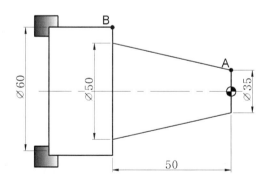

[풀이] ① A에서 B 지점으로 직선 가공

절대 지령 방식   G01 X50. Z-50. F0.25;

                          X60.;

증분 지령 방식   G01 U15. W-50. F0.25;

                          U10.;

혼합 지령 방식   G01 X50. W-50. F0.25;

	X60.;
혼합 지령 방식	G01 U15. Z-50. F0.25;
	U10.;

② B에서 A 지점으로 직선 가공

절대 지령 방식	G01 X50. F0.25;
	X35. Z0.;
증분 지령 방식	G01 U-10. F0.25;
	U-15. W50.;
혼합 지령 방식	G01 X50. F0.25;
	U-15. Z0.;
혼합 지령 방식	G01 U-10. F0.25;
	X35. W50.;

❸ 원호 가공(GO2. GO3)

(1) 기능

공구가 지령이 된 종점의 위치까지 F의 이송 속도로 반경 R의 원호를 가공하는 기능이다. 원호 가공을 할 때에는 공구의 회전 방향이 시계 방향(clockwise)인지 반시계 방향(counter-clockwise)인지를 구분하여 지령한다.

> 시계 방향(CW) 원호 가공 : G02
> 반시계 방향(CCW) 원호 가공 : G03

(2) 지령 형식

지령 방법은 다음과 같이 R 지령과 I, K 지령 두 가지 방법을 사용하며 가공 정밀도의 차이는 없다.

① R 지령을 사용하는 방법

공구는 현재의 위치에서 지령이 된 종점의 위치까지 이송 속도 F로 이동하면서 반경 R의 원호를 가공한다. 시점과 종점의 좌표를 반경 R로 연결하여 가공하며 일반적으로 많이 사용하는 방법이다.

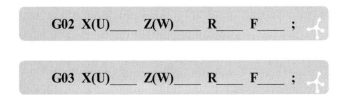

X(U) : 원호 가공 종점의 X축 절대(증분) 좌표
Z(W) : 원호 가공 종점의 Z축 절대(증분) 좌표
R : 원호의 반지름
F : 이송 속도(mm/rev)

② I, K 지령을 사용하는 방법

공구는 현재의 위치에서 지령이 된 종점의 위치까지 이송 속도 F로 이동하면서 원호의 시점으로부터 원호의 중심점까지 X, Z축 방향으로 떨어진 거리만큼 원호를 가공한다. 시점과 종점의 좌표 그리고 원호의 중심점을 연결하여 원호성립 여부를 판별하고 원호 성립이 되지 않으면 알람(alarm)을 발생시킨다.

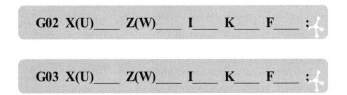

X(U) : 원호 가공 종점의 X축 절대(증분) 좌표
Z(W) : 원호 가공 종점의 Z축 절대(증분) 좌표
I : 원호의 시점에서 중심점까지의 X축 방향 거리
K : 원호의 시점에서 중심점까지의 Z축 방향 거리
F : 이송 속도(mm/rev)

I, K의 부호는 원호의 시점에서 중심점까지의 거리 측정 방향에 따라 ± 부호가 결정된다. 그림 5.4와 같이 원호의 시점을 기준으로 중심점까지의 거리가 모두 +방향으로 측정되면 I, K부호는 +이다.

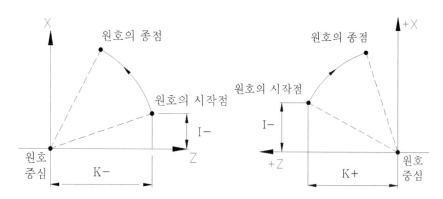

그림 5.4 원호 가공에서 I, K부호의 결정

(3) 공구 이동 경로

CNC 선반에서 원호 가공 공구의 회전 반경은 180° 이하이다. 공구가 이동하는 원호의 방향에 따라 그림 5.5와 같이 공구는 이동한다.

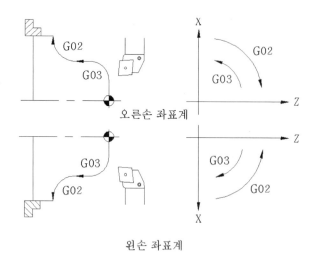

그림 5.5 원호 가공 공구의 이동 경로

예제 5.5

다음 도면과 같이 공구가 ① A에서 B 지점으로, ② B에서 A 지점으로 가공하려 한다. 절대 지령, 증분 지령, 혼합 지령 방식으로 프로그램을 작성하시오. 단, 이송 속도는 0.15mm/rev이다.

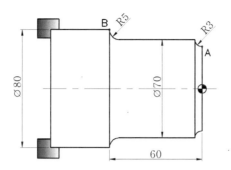

풀이 ① A에서 B 지점으로 가공

절대 지령 방식 G02 X70. Z-3. R3. F0.15;
G01 Z-55.;
G02 X80. Z-60. R5.;

증분 지령 방식 G02 U6. W-3. R3. F0.15;
G01 W-52.;
G02 U10. W-5. R5.;

혼합 지령 방식 G02 X70. W-3. R3. F0.15;
G01 Z-55.;
G02 X80. W-5. R5.;

② B에서 A 지점으로 가공

절대 지령 방식 G03 X70. Z-55. R5. F0.15;
G01 Z-3.;
G03 X64. Z0. R3.;

증분 지령 방식 G03 U-10. W5. R5. F0.15;
G01 W52.;
G03 U-6. W3. R3.;

혼합 지령 방식 G03 X70. W5. R5. F0.15;
G01 Z-3.;
G03 U-6. W3. R3.;

예제 5.6

다음 도면과 같이 공구가 ① A에서 B 지점으로, ② B에서 A 지점으로 가공하려 한다. 절대 지령, 증분 지령, 혼합 지령 방식으로 프로그램을 작성하시오. 단, 이송 속도는 0.25mm/rev이다.

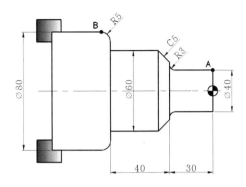

[풀이] ① A에서 B 지점으로 가공

    절대 지령 방식   G01 Z-27. F0.25;

                                 G02 X46. Z-30. R3.;

                                 G01 X50.;

                                 X60. Z-35.;

                                 Z-70.;

                                 X70.;

                                 G03 X80. Z-75. R5.;

    증분 지령 방식   G01 W-27. F0.25;

                                 G02 U6. W-3. R3.;

                                 G01 U4.;

                                 U10. W-5.;

                                 W-35.;

                                 U10.;

                                 G03 U10. W-5. R5.;

    혼합 지령 방식   G01 Z-27. F0.25;

                                 G02 X46. W-3. R3.;

                                 G01 X50.;

                                 X60. W-5.;

                                 W-35.;

                                 X70.;

                                 G03 X80. W-5. R5.;

② B에서 A 지점으로 가공

    절대 지령 방식   G02 X70. Z-70. R5. F0.25;

                                 G01 X60.;

                                 Z-35.;

                                 X50. Z-30.;

                          X46.;
                          G03 X40. Z-27. R3.;
                          G01 Z0.;
  증분 지령 방식   G02 U-10. W5. R5. F0.25;
                          G01 U-10.;
                          W35.;
                          U-10. W5.;
                          U-4.;
                          G03 U-6. W3. R3.;
                          G01 W27.;
  혼합 지령 방식   G02 X70. W5. R5. F0.25;
                          G01 X60.;
                          W35.;
                          X50. W5.;
                          X46.;
                          G03 X40. W3. R3.;
                          G01 Z0.;

                                                                    ■

4 자동 면취 가공(C)

(1) 기능

G01 기능으로 가공하면서 수직으로 이루어진 두 면을 45° 각도로 자동 면취(모따기)하는 기능이다. 이것은 직선 가공과 면취를 하나의 블록으로 프로그램을 할 수 있어 편리하다.

(2) 지령 형식

① 공구가 Z축으로 이동하면서 면취하는 경우

그림 5.6과 같이 공구는 교점 b에서 Z축으로 i만큼 앞선 위치(시점 d)로부터 X축으로 ± i 거리의 위치(종점 c)까지를 45° 각도로 이동하면서 면취한다.

G01 Z(W)__b__ C ±i F____ ;

G01 Z(W)__b__ I ±i F____ ;

Z(W) : 교점 b의 Z축 절대(증분) 좌표
C : 면취(모따기)량 ± i
I : 면취(모따기)량 ± i
F : 이송 속도(mm/rev)

② 공구가 X축으로 이동하면서 면취하는 경우

그림 5.7과 같이 공구는 교점 b에서 X축으로 k만큼 앞선 위치(시점 d)로부터 Z축으로 ± k 거리의 위치(종점 c)까지를 45° 각도로 이동하면서 면취한다.

> **G01 X(U)__b__ C ±k F____ ;**

> **G01 X(U)__b__ K ±k F____ ;**

X(U) : 교점 b의 X축 절대(증분) 좌표
C : 면취(모따기)량 ± k
K : 면취(모따기)량 ± k
F : 이송 속도(mm/rev)

(3) 공구 이동 경로

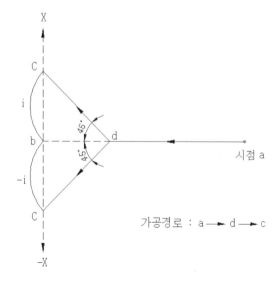

그림 5.6 공구가 Z축으로 이동하면서 면취 가공

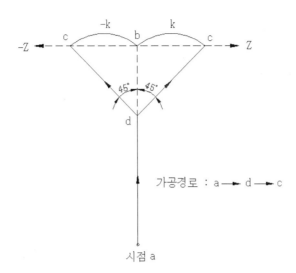

가공경로 : a ━━ d ━━ c

시점 a

그림 5.7 공구가 X축으로 이동하면서 면취 가공

예제 5.7

다음 도면에서 공구의 시점 A에서 종점 B까지를 가공할 때 ① 일반 프로그램과 ② 자동 면취
가공 기능을 사용한 프로그램으로 각각 작성하시오. 공구의 이송 속도는 0.2mm/rev이다.

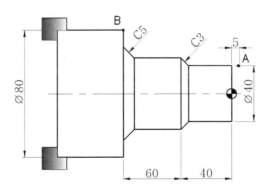

풀이 ① 일반 프로그램

G00 X40. Z5.;

G01 Z-37. F0.2;

X46. Z-40.;

Z-95.;

X56. Z-100.;

X80.;

② 자동 면취 가공(절대 지령)

G00 X40. Z5.;

G01 Z-40. C3. F0.2;

Z-100. C5.;

X80.;

③ 자동 면취 가공(혼합 지령)

G00 X40. Z5.;

G01 W-45. C3. F0.2;

W-60. C5.;

X80.;

예제 5.8

다음 도면에서 공구의 시점 A에서 종점 B까지를 가공할 때 ① 일반 프로그램과 ② 자동 면취
가공 기능을 사용한 프로그램으로 각각 작성하시오. 공구의 이송 속도는 0.15mm/rev이다.

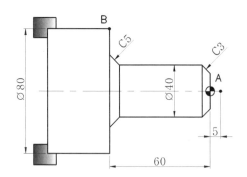

[풀이] ① 일반 프로그램

G00 X0. Z5.;

G01 Z0. F0.15;

X34.;

X40. Z-3.;

Z-55.;

X50. Z-60.;

X80.;

② 자동 면취 가공(절대 지령)

G00 X0. Z5.;

```
G01  Z0.  F0.15;
X40.  C-3.;
Z-60.  C5.;
X80.;
```

③ 자동 면취 가공(혼합 지령)
```
G00  X0.  Z5.;
G01  W-5.  F0.15;
U40.  C-3.;
Z-60.  C5.;
X80.;
```

5 자동 코너 원호 가공(R)

(1) 기능

G01 기능으로 가공하면서 수직으로 이루어진 두 면의 코너를 자동으로 원호 가공하는 기능이다. 이것은 직선 가공 중 코너에 90° 각도인 원호 R이 있는 경우에 별도의 G02, G03 기능을 사용하지 않고 하나의 블록으로 프로그램을 할 수 있어 편리하다.

(2) 지령 형식

① 공구가 Z축으로 이동하면서 코너 R 가공을 하는 경우

그림 5.8과 같이 공구는 교점 b에서 Z축으로 r만큼 앞선 위치(시점 d)로부터 X축으로 ±r거리의 위치(종점 c)까지 반경 ±r의 원호를 가공한다.

$$G01\ \ Z(W)\_\_b\_\_\ \ R\_\_\pm r\ \ F\_\_\_\ ;$$

Z(W) : 교점 b의 Z축 절대(증분) 좌표
R : 코너 원호의 반지름 ± r
F : 이송 속도(mm/rev)

② 공구가 X축으로 이동하면서 코너 R 가공을 하는 경우

그림 5.9와 같이 공구는 교점 b에서 X축으로 r만큼 앞선 위치(시점 d)로부터 Z축으로 ± r 거리의 위치(종점 c)까지 반경 ± r의 원호를 가공한다.

> **G01 X(U)__b__ R__±r F____ ;**

X(U) : 교점 b의 X축 절대(증분) 좌표

R : 코너 원호의 반지름 ± r

F : 이송 속도(mm/rev)

(3) 공구 이동 경로

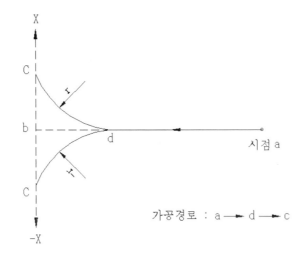

그림 5.8 공구가 Z축으로 이동하면서 원호 가공

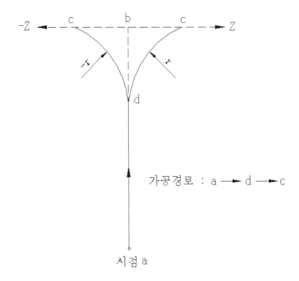

그림 5.9 공구가 X축으로 이동하면서 원호 가공

예제 5.9

다음 도면에서 공구의 시점 A에서 종점 B까지를 가공할 때 ① 일반 프로그램과 ② 자동 코너 원호 가공 기능을 사용한 프로그램으로 각각 작성하시오. 공구의 이송 속도는 0.2mm/rev이다.

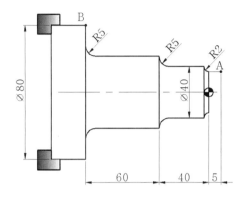

[풀이] ① 일반 프로그램

G00 X36. Z5.;

G01 Z0. F0.2;

G02 X40. Z-2. R2.;

G01 Z-35.;

G02 X50. Z-40. R5.;

G01 Z-95.;

G02 X60. Z-100. R5.;

G01 X80.;

② 자동 코너 원호 가공(절대 지령)

G00 X36. Z5.;

G01 Z-2. R2. F0.2;

Z-40. R5.;

Z-100. R5.;

X80.;

③ 자동 코너 원호 가공(혼합 지령)

G00 X36. Z5.;

G01 W-7. R2. F0.2;

Z-40. R5.;

W-60. R5.;

X80.;

예제 5.10

다음 도면에서 공구의 시점 A에서 종점 B까지를 가공할 때 ① 일반 프로그램과 ② 자동 코너 원호 가공 기능을 사용한 프로그램으로 각각 작성하시오. 공구의 이송 속도는 0.15mm/rev이다.

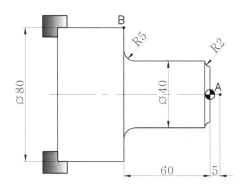

풀이 ① 일반 프로그램

　　　　G00 X0. Z5.;

　　　　G01 Z0. F0.15;

　　　　X36.

　　　　G02 X40. Z-2. R2.;

　　　　G01 Z-55.;

　　　　G02 X50. Z-60. R5.;

　　　　G01 X80.;

　　　② 자동 코너 원호 가공(절대 지령)

　　　　G00 X0. Z5.;

　　　　G01 Z0. F0.15;

　　　　X40. R2.;

　　　　Z-60. R5.;

　　　　X80.;

　　　③ 자동 코너 원호 가공(혼합 지령)

　　　　G00 X0. Z5.;

　　　　G01 Z0. F0.15;

　　　　X40. R2.;

　　　　Z-60. R5.;

　　　　U30.;

6 나사 가공(G32)

(1) 기능

공구는 현재 위치에서 지령이 된 나사 가공 종점의 위치까지 F의 이송 속도(나사의 리드)로 가공한다. 가공 형태는 직선, 테이퍼 및 정면 나사를 가공한다.

(2) 지령 형식

$$\text{G32 X(U)}\_\_\_ \text{ Z(W)}\_\_\_ \text{ F}\_\_\_ \text{ ;}$$

X(U) : 나사 가공 종점의 X축 절대(증분) 좌표
Z(W) : 나사 가공 종점의 Z축 절대(증분) 좌표
F : 이송 속도(mm/rev) 또는 나사의 리드(lead)

나사 가공의 시작 위치는 포지션 코더(position coder)에 의해 검출되므로 반복 절삭하여도 항상 일정한 위치에서 가공을 시작한다. 나사를 동일한 절입량으로 반복 가공할 경우 나사 바이트와 공작물 간 접촉 면적이 점점 증가되기 때문에 바이트는 큰 절삭 저항을 받아 파손될 수 있다. 그러므로 반복 가공할 때마다 절입량을 감소시키면서 가공하여야 하며 일반적으로 나사 가공의 절입량은 데이터 북을 참고로 한다.

나사가 1 회전했을 때 축 방향으로 이동한 거리를 리드(lead)라 한다. 선반에서의 이송 속도는 공작물 1 회전당 공구의 이동 거리를 의미하므로 결과적으로 나사의 리드와 이송 속도는 같다. 나사의 리드 l 은 다음과 같이 계산한다.

$$l = np \ (n : \text{나사의 줄 수}, \ p : \text{나사의 피치})$$

(3) 공구 이동 경로

CNC 선반에서 나사를 가공할 때 나사 바이트는 다음 그림과 같이 ①→②→③→④→①의 순서로 이동한다.

① → ② 급속 이송(G00으로 절입)
② → ③ 지령이 된 F조건으로 이송(G32로 나사 절삭)
③ → ④ 급속 이송(G00으로 절삭 후 이탈)

④ → ① 급속 이송(G00으로 초기점 복귀)

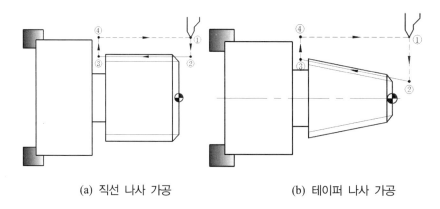

(a) 직선 나사 가공   (b) 테이퍼 나사 가공

그림 5.10 나사 가공 공구 이동 경로

예제 5.11

다음 도면과 같이 나사 가공을 하려할 때 G32 기능을 이용하여 프로그램을 작성하시오. 단, 1회 절입량 0.5mm, 2회 절입량 0.5mm, 3회 절입량 0.19mm로 한다.

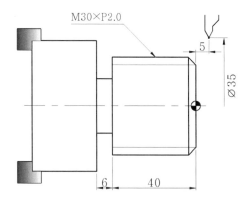

풀이 (위 생략)

G00 X35. Z5.;

X29.;

G32 Z-43. F2.; (1줄 나사, 피치 2mm이므로 나사의 리드 F는 2mm)

G00 X35.;

Z5.;

X28.;

G32 Z-43.;
G00 X35.;
Z5.;
X27.62;
G32 Z-43.;
G00 X35.;
Z5.;
(아래 생략)

예제 5.12

다음 도면과 같이 테이퍼 나사 가공을 하려할 때 G32 기능을 이용하여 프로그램을 작성하시오.
단, 피치는 1.5mm, 1회 절입량 0.5mm로 2회 절입하여 완성한다.

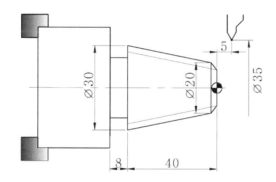

[풀이] (위 생략)
G00 X35. Z5.;
X17.75.;
G32 X30.25 Z-45. F1.5.; (1줄 나사, 피치1.5mm이므로 나사의 리드 F는 1.5mm)
G00 X35.;
Z5.;
X16.75.;
G32 X29.25 Z-45.;
G00 X35.;
Z5.;
(아래 생략)

(4) 테이퍼 나사를 가공할 때 좌표 계산 방법

아래 그림은 예제 5.12의 테이퍼 부를 확대하여 나타낸 것이다. 테이퍼 나사부를 가공할 때에는 공구의 초기 사이클 시점에서의 절입량과 나사 가공 종점에 대한 Z 좌푯값을 산출하여 프로그래밍을 해야 한다.

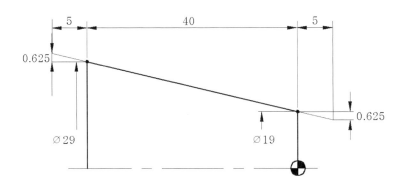

1회 절입량 0.5mm에 대한 직경 변화량은 1mm이므로 1회 가공으로 실제 나사 가공 시 작부와 끝나는 지점에 대한 골 지름은 위의 그림과 같이 Ø19와 Ø29가 되어야 한다. 테이퍼 나사부는 선형 비례 관계식에 따라 다음과 같이 계산한다.

$$40 : 5 = 5 : x \qquad x = \frac{5 \times 5}{40} = 0.625 \, \text{mm}$$

그러므로 공구의 현재 위치에서 나사 가공 1회 절입을 위한 X 좌푯값은 다음과 같이 계산한다.

$$X \, \text{좌푯값} = 19 - (0.625 \times 2) = 17.75 \, \text{mm}$$

또한 나사 가공 종점의 X 좌푯값은 다음과 같다.

$$X \, \text{좌푯값} = 29 + (0.625 \times 2) = 30.25 \, \text{mm}$$

5.2 이송 기능

❶ 분당 이송(G98)

(1) 기능

1분 동안 공구의 이동 거리(mm)를 F값으로 나타낸 것이다. 분당 이송 기능은 머시닝 센터에서 전원 투입 시 기본으로 설정되며 주축이 정지한 상태에서도 지령할 수 있다.

(2) 지령 형식

G98 F____ ;

F : 분당 공구의 이동 거리(mm/min)
　　지령 범위 : F1~F100000

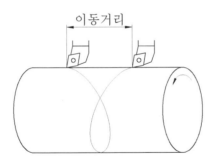

그림 5.11 분당 공구의 이송

그림 5.11에서 1분 동안 바이트의 이동 거리가 100mm일 경우 이송 속도는 100mm/min이다.

❷ 회전당 이송(G99)

(1) 기능

주축이 1회전하는 동안 공구의 이동 거리를 F값으로 나타낸 것이다. 일반적으로 G99 기능은 CNC 선반에서 전원 투입 시 기본으로 설정된다.

(2) 지령 형식

G99 F＿＿ ;

F : 주축 1 회전당 공구의 이동 거리(mm/rev)
　　지령 범위 : F0.0001 ~ F500.0

　그림 5.11에서 공작물이 1회전하는 동안 바이트의 이동 거리가 0.2mm일 경우 이송 속도는 0.2mm/rev이다.

❸ Dwell time(G04)

(1) 기능

　지령이 된 시간 동안 공구의 이송을 정지시키는 기능이다.

　선반에서 홈 가공을 할 때 이동 종점의 좌표에서 공구의 이송을 일시적으로 정지시킨 후 다음 블록으로 이송시킨다. 그 이유는 홈 종점의 좌표에서 공구를 일시 정지시키지 않고 다음 블록으로 이송시킬 경우 홈의 진원도가 정밀하지 않게 가공이 되기 때문이다. 그러므로 선반 가공에서 홈 가공을 할 때에는 G04 기능을 많이 사용한다. 단, 공구의 이송만 정지하는 시키는 것일 뿐 주축의 회전이나 절삭유 급유 등은 계속된다.

　머시닝 센터에서는 엔드밀을 사용하여 코너부를 가공할 때 코너부의 정밀 가공을 위해 G04 기능을 사용한다.

(2) 지령 형식

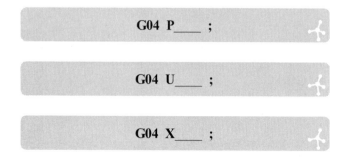

G04 P＿＿ ;

G04 U＿＿ ;

G04 X＿＿ ;

P : 소수점 사용 불가

U, X : 소수점 사용

최대 지령 시간 : 9999.999(sec)

예 다음과 같이 지령하면 공구는 1초 동안 이송을 정지한다.

    G04 P1000;

    G04 U1.;

    G04 X1.;

예제 5.13

다음 도면과 같이 홈 가공을 하려 할 때 프로그램을 작성하시오. 단, 홈 바이트 선단의 폭은 4mm, 이송 속도는 0.08mm/rev로 한다.

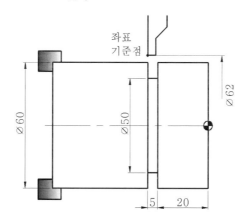

풀이 (위 생략)

    G00 X62. Z-25.;

    G01 X50. F0.08;

    G04 P1000;

    G00 X62.;

    W1.;

    G01 X50.;

    G04 P1000;

    G00 X62.;

    (아래 생략)

5.3 주축 기능

1 주속 일정 제어(G96)

(1) 기능

절삭 속도 V를 구하는 식은 다음과 같다.

$$V = \frac{\pi d N}{1000} \, \text{(m/min)}$$

d : 공작물의 지름(mm)

N : 회전수(rpm)

반복적으로 X 방향 절입량을 주어 가공하면 공작물의 지름은 점차 감소한다. 위 식에서와 같이 지름이 감소하면 절삭 속도는 감소하는데 이때 이에 대응하여 자동으로 회전수를 증가시키면 절삭 속도를 일정하게 제어할 수 있다. 주속 일정 제어란 이와 같이 절삭 속도를 일정하게 제어하기 위한 기능으로 주속 일정 제어 On이라고도 한다. 공작물 지름의 변화가 큰 부품을 가공할 때 G96 기능을 사용하면 절삭 저항의 변동이 거의 없고 공작물의 표면 거칠기를 균일하게 할 수 있어 편리하다. CNC 선반에서는 공구의 X 좌푯값을 지름으로 인식하므로 절삭 공구의 위치 변화에 따라 회전수를 변화시키게 된다.

(2) 지령 형식

공작물을 정회전 또는 역회전시키면서 지령이 된 절삭 속도를 유지한다.

> **G96 S____ M03 ;**

> **G96 S____ M04 ;**

S : 절삭 속도(m/min)
M03 : 주축 정회전(시계 방향 회전)
M04 : 주축 역회전(반시계 방향 회전)

예제 5.14

다음 프로그램 블록을 설명하시오.

G96 S150 M03;

[풀이] 공작물을 정회전으로 절삭 속도 150m/min으로 유지

2 회전수 일정 제어(G97)

(1) 기능

가공에 의해 공작물 지름이 감소되어도 지령이 된 회전수로만 일정하게 회전시키는 기능으로 주속 일정 제어 Off라고도 한다. 일반적으로 공작물의 지름 변화량이 작은 나사 가공, 드릴 가공 등을 할 때 사용한다. 공작물의 1분당 회전수를 지령한다.

(2) 지령 형식

공작물을 정회전 또는 역회전시키면서 지령이 된 회전수로 회전시킨다.

> **G97 S____ M03 ;**

> **G97 S____ M04 ;**

S : 1분당 회전수(rpm)
M03 : 주축 정회전(시계 방향 회전)
M04 : 주축 역회전(반시계 방향 회전)

예제 5.15

다음 프로그램 블록을 설명하시오.

G97 S500 M03;

[풀이] 공작물을 정회전으로 매분 500회전시킨다.

❸ 주축 최고 회전수 지정(G50)

(1) 기능

주속 일정 제어(G96) 기능을 사용하여 프로그래밍을 할 경우 공작물의 지름이 작아질수록 회전수는 증가한다. 이때 회전수의 과도한 증가는 공작기계에 과부하를 초래하여 공작기계 안전에 지장을 줄 수 있으므로 주축의 최고 회전수를 제한할 필요가 있다. G50 기능을 사용하여 주축의 최고 회전수를 지정하게 되면 공작기계는 지정된 회전수 이하에서만 회전한다. G50의 또 다른 기능으로는 공작물 좌표계 설정이 있으며, 추후 설명하기로 한다.

(2) 지령 형식

주축은 지령이 된 회전수를 최고 회전수로 하며, 그 이상을 초과할 수 없다.

$$\text{G50 S\_\_\_\_ ;}$$

S : 최고 회전수(rpm)

예제 5.16

다음 프로그램 블록을 설명하시오.

G50 S3000;

풀이 공작물의 최고 회전수를 3000rpm으로 제한한다.

5.4 원점(Reference point)

일반적으로 원점이란 기계 원점을 의미하며 제1 원점이라고도 한다. 기계 원점은 기계 조작의 기준이 되는 점으로 공작기계 제조사에서 기계 내부의 임의의 점을 지정하여 파라미터로 설정하며, 일반적으로 설정된 파라미터는 변경하지 않는다.

공작기계 전원을 투입한 후 기계 원점 복귀를 하여야 기계 좌표계를 인식한다. 기계 좌표계는 기계 원점을 기준으로 설정된 것이며 반드시 전원 투입 후에는 기계 원점 복귀를 하여야 하고 비상 스위치를 눌렀을 경우에도 기계 원점 복귀를 하여야 한다. 최근에는 공작 기계 전원차단 시에도 기계 좌표와 절대 좌표를 기억하는 기계들이 많이 생산되고 있다.

1 기계 원점 복귀 방법

(1) 수동 원점 복귀

모드 선택(Mode Selection)을 원점 복귀 모드(♠, REF 또는 ZRN)에 위치시키고 수동 이송 축 선택 키 버튼(X, Z 키 버튼)을 이용하여 X, Z 각 축으로 급속 이송하여 기계 원점에 복귀시킨다. 안전을 위해 X 방향으로 원점 복귀 후 Z 방향으로 원점 복귀한다.

(2) 자동 원점 복귀

모드 선택을 자동(MEMORY 또는 AUTO) 또는 반자동(MDI) 모드에 위치시키고 G28 기능을 이용하여 공구를 X, Z 각 축으로 급속 이송하여 기계 원점에 복귀시킨다.

2 자동 원점 복귀(G28)

(1) 기능

자동(Auto) 또는 반자동(MDI) 모드에서 프로그램 지령에 의해 기계 원점으로 자동 복귀시킨다.

(2) 지령 형식

절삭 공구는 급속 이송으로 중간 경유 좌표점 X(U), Z(W)를 지나 기계 원점으로 복귀한다.

$$\text{G28 X(U)}\_\_\_\_ \text{ Z(W)}\_\_\_\_ \text{ ;}$$

X(U) : 중간 경유점의 X축 절대(증분) 좌표
Z(W) : 중간 경유점의 Z축 절대(증분) 좌표

(3) 공구 이동 경로

그림 5.12(b)와 같이 공구가 공작물 사이에 위치해 있을 때 기계 원점으로 바로 복귀하면 공작물과 충돌할 수 있다. 이때 중간 경유 좌표점을 지정해 놓으면 공구는 중간 경유

좌표점으로 먼저 이동한 후 기계 원점으로 복귀하므로 공작물과 충돌이 없이 안전하게 기계 원점으로 복귀할 수 있다.

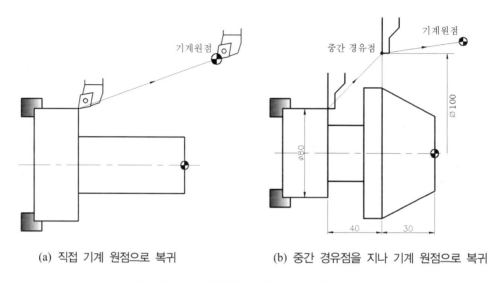

(a) 직접 기계 원점으로 복귀   (b) 중간 경유점을 지나 기계 원점으로 복귀

그림 5.12 기계 원점 복귀 시 공구의 이동 경로

예제 5.17

그림 5.12(a)에서 공구를 기계 원점으로 자동 복귀하는 프로그램을 작성하시오.

[풀이] G28 U0. W0.;

예제 5-17과 같은 경우 공구가 현재 위치에서 기계 원점으로 바로 복귀하더라도 중간에 충돌할 염려가 전혀 없으므로 증분 지령 U0. W0.으로 중간 경유점을 지정하면 공구의 현재 위치를 중간 경유점으로 인식하므로 실제로는 중간 경유점 없이 기계 원점으로 복귀한다. 즉, 지령 형식은 중간 경유점이 있으나 실제로는 중간 경유점 없이 신속하게 기계 원점으로 복귀하게 된다.

예제 5.18

그림 5.12(b)에서 공구를 기계 원점으로 자동 복귀하는 프로그램을 ①절대 지령과 ②증분 지령 방식으로 각각 작성하시오.

풀이　① 절대 지령 방식

G28 X100. Z-30.;

② 증분 지령 방식

G28 U20. W40.;

■

3 기계 원점 복귀 확인(G27)

(1) 기능

자동 원점 복귀(G28)를 실행한 후 기계 원점에 정확하게 복귀하였는지를 확인하는 기능이다.

(2) 지령 형식

기계 원점에 정확하게 복귀했을 경우 램프(lamp)가 점등되며, 그렇지 않으면 알람(alarm)이 발생한다.

> **G27 X(U)＿＿ Z(W)＿＿ ;**

X(U) : 중간 경유점의 X축 절대(증분) 좌표
Z(W) : 중간 경유점의 Z축 절대(증분) 좌표
　　　중간 경유점 X(U), Z(W) 좌표는 G28에 의해 지령이 된 좌표와 동일하다.

4 제2 원점 복귀(G30)

(1) 기능

기계 운전의 편리를 위해 작업자가 임의로 설정한 제2, 제3, 제4 원점의 위치로 공구를 복귀시키는 기능이다. 이때 중간 경유점을 지나 급속 이송으로 공구를 복귀시킨다. 일반적으로 제2 원점은 공구 교환 위치로 사용된다.

(2) 지령 형식

> **G30 P＿＿ X(U)＿＿ Z(W)＿＿ ;**

P : P2, P3, P4를 나타내고 각각 제2, 제3, 제4 원점을 의미한다. P를 생략하면 제2 원점이 자동으로 선택된다.

X(U) : 중간 경유점의 X축 절대(증분) 좌표

Z(W) : 중간 경유점의 Z축 절대(증분) 좌표

3) G27, G28, G30 기능을 싱글 블록(single block) 상태에서 지령하면 중간 경유점에서 정지한다.

4) G27, G28, G30 기능을 지령할 때 1개 축 좌푯값만 지령하면 지령이 된 축만 원점 복귀한다.

  예 G28 W0.; (Z축만 원점 복귀)

5.5 좌표계 설정(Coordinate system setting)

❶ 공작물 좌표계 설정(G50)

(1) 기능

공작물 원점은 작업자가 프로그래밍을 할 좌푯값의 기준이 되는 지점이며, 공작물 좌표계 설정이란 CNC 공작기계가 공작물 원점이 어디인지 인식할 수 있도록 설정하는 것이다. 그러므로 공작물 좌표계 설정을 공작물 원점 설정이라고도 한다. 공작물 원점은 공작물에 따라 작업자가 지정하고 공작물의 크기와 형태 고정 위치가 달라질 때마다 작업자는 공작물 원점을 다시 설정해 주어야 한다. 정확한 공작물 원점 설정은 정밀 가공의 기본이 된다. 반대로 공작물 원점을 정확하게 설정하지 못하였을 경우, 가공 오차를 발생시켜 정밀 부품은 가공할 수 없는 것이다.

(2) 지령 형식

현재 공구의 위치는 지령이 된 X, Z 좌표점의 위치로 인식한다.

$$G50 \ X\_\_\_\_ \ Z\_\_\_\_ \ ;$$

X : 공작물 원점에서 공구 위치까지의 X축 절대 좌표

Z : 공작물 원점에서 공구 위치까지의 Z축 절대 좌표

(3) 공작물 좌표계 설정 즉 CNC 선반 가공에서 작업자가 공작물 원점을 지정하는 방법
   은 먼저 단면과 외경을 가공한 후 가공된 기준면을 이용하여 설정하는 방식으로 다
   음과 같다.

① 공작물 우측 단면을 가공한 후 반자동 모드에서 다음 프로그램을 실행한다. 이때 공
   구는 가공된 단면과 동일 선상에 있어야 한다.

G50 Z0.;

② 공작물 외경을 가공한 후 버니어 캘리퍼스로 지름을 측정한다. 만일 지름이 60mm
   인 경우 반자동 모드에서 다음 프로그램을 실행한다. 이때 공구는 가공된 외면과 동
   일 선상에 있어야 한다.

G50 X60.;

③ 반자동 모드에서 다음 프로그램을 실행하면 공구는 정확히 X150. Z150.의 위치로
   이동한다.

G00 X150. Z150.;

④ 반자동 모드에서 다음 프로그램을 실행하면 공구는 정확히 공작물 원점(X0. Z0.)의
   위치로 이동한다.

G00 X0. Z0.;

공작물의 단면과 외경을 가공한 후 공구를 공작물의 우측 선단에 위치시킨 후 공작물
좌표계를 설정할 수도 있다(예제5-19참고).

예제 5.19

공작물의 단면과 외경을 가공한 후 공구가 다음 도면과 같이 위치해 있을 때 공작물 원점 설정
을 위한 프로그램을 작성하오.

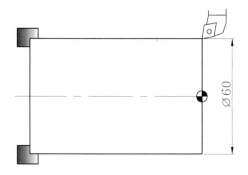

[풀이] G50 X60. Z0.;

2 공작물 좌표계 이동(Shift)

(1) 기능

설정된 공작물 좌표계의 위치를 이동시키는 기능이다.

(2) 지령 형식

이미 설정된 공작물 좌표계의 위치가 지령이 된 증분량만큼 X, Z 축 방향으로 이동한다.

$$\text{G50 U\_\_\_\_ W\_\_\_\_ ;}$$

U : 이미 설정된 공작물 좌표계의 위치로부터 X축 이동량
W : 이미 설정된 공작물 좌표계의 위치로부터 Z축 이동량

예제 5.20

다음 그림과 같이 공작물 원점을 P1에서 P2로 수정하는 프로그램을 작성하시오.

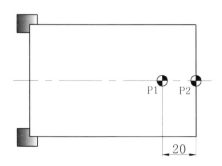

[풀이] G50 U0. W20.;

■

5.6 단위계의 변환

기계 좌표를 제외한 위치 좌푯값, 옵셋량(보정량), 핸들(MPG)의 눈금, 일부 파라미터 등의 단위를 mm에서 inch로, inch에서 mm로 변환시킬 때 사용한다. 공작기계 전원을 On 했을 때에는 전원 Off를 하기 직전의 단위계가 설정되어 있다. 즉, inch 단위계 설정 상태에서 공작기계 전원 Off를 하였을 경우에는 다시 전원 On을 하여도 inch 단위계로 설정이 되어 있다. 이때 mm 단위계로 변환하고자 한다면 좌표계 설정에 앞서 프로그램의 선두에 단독 블록으로 지령해야 한다.

1 인치 단위계(G20)

(1) 기능

지급받은 도면의 치수가 인치 단위로 되어 있는 경우 공작기계의 이동 단위도 인치로 되어 있어야 편리하다. 이때 공작기계의 이동 단위를 인치 단위로 변환하는 기능이다.

(2) 지령 형식

아래와 같은 프로그램을 실행하면 공작기계의 이동 단위를 인치로 인식한다.

G20;

(3) 최소 설정 : 0.0001inch

2 미터 단위계(G21)

(1) 기능

공작기계의 이동 단위를 미터(mm) 단위로 변환하는 기능이다. 일반적으로 도면에 나타난 단위는 미터 단위를 사용한다.

(2) 지령 형식

아래와 같은 프로그램을 실행하면 공작기계의 이동 단위를 미터로 인식한다. 일반적인 공작기계는 미터 단위를 기본으로 설정한다.

G21;

(3) 최소 설정 : 0.001mm

5.7 공구 기능

🔲 공구의 선택과 보정

(1) 공구의 선택

부품을 가공할 때에는 황삭, 정삭, 홈, 나사 바이트 등 다양한 공구를 사용하여 부품을 가공한다. 이때 공구를 교환하고자 할 때 사용하는 기능이 공구의 선택 기능이다.

(2) 공구의 보정

공구대에 장착된 공구는 생크의 길이와 디자인 그리고 선단의 인선 반경 R 값 및 인선 방향 등의 차이로 인해 길이가 모두 다르다. 선반 가공에서 기준 공구인 1번 공구를 황삭 공구로 가정하자. 예를 들어 1, 2, 3, 4번 공구를 사용하여 부품을 가공한다고 가정할 때 기준 공구인 1번 공구와 비교하여 다른 공구에서는 길이 차이가 발생한다. 이때 길이 차이를 무시한다면 정밀한 부품을 가공할 수 없다. 따라서 기준 공구와 비교할 때 다른 공구들이 갖는 길이 오차를 보상하여 공작기계가 가공할 수 있도록 그 차이를 보정하여야 한다.

❷ 공구의 선택(T 기능)

(1) 기능

가공에 사용할 공구를 선택하여 교환하는 기능이다.

(2) 지령 형식

□□로 지령이 된 번호의 공구가 선택되어 교환된다.

$$T \square \square 00;$$

□□ : 선택할 공구 번호(두 자리 숫자)
00 : 공구 보정 취소

(3) 사용 예

T0100; (1번 공구로 교환)
T0200; (2번 공구로 교환)
T0300; (3번 공구로 교환)

❸ 공구의 길이 보정

(1) 기능

기준 공구와 비교한 X, Z 방향의 길이 오차를 보정하여 주는 기능이다. 공구 길이 보정을 지령하기 전 기준 공구와 비교한 다른 공구와의 길이 차이를 공작기계의 보정(Offset) 화면에 반드시 입력하여 설정해 놓아야 한다.

(2) 지령 형식

□□로 지령이 된 번호의 공구가 공작기계에 미리 입력된 △△번의 보정량만큼 이동하여 보정된다. 일반적으로 작업자가 기억하기 편리하도록 공구 선택 번호(□□)와 보정 번호(△△)는 동일한 번호로 한다.

$$T\square\square\triangle\triangle;$$

□□ : 선택할 공구 번호(두 자리 숫자)
△△ : 공구 보정 번호

(3) 사용 예

T0202; (2번 공구 선택, 공구 보정 번호 02에 입력된 보정량만큼 이동하여 보정)
T0303; (3번 공구 선택, 공구 보정 번호 03에 입력된 보정량만큼 이동하여 보정)
T0404; (4번 공구 선택, 공구 보정 번호 04에 입력된 보정량만큼 이동하여 보정)

④ 공구 인선 반경(R) 보정(G40, G41, G42)

동일한 바이트를 사용하여 단면과 외경을 가공할 때 그림 5.13과 같이 공작물과 접촉하는 바이트 선단의 위치는 각각에서 차이가 존재한다. 이때 공작물과 접촉하는 공구 선단은 모두 공작물 좌표계 설정 즉, 공작물 원점을 설정할 때 기준이 되는 위치이므로 X 또는 Z 방향으로만 이송하여 부품을 가공할 때에는 문제가 되지 않는다.

그러나 테이퍼(taper) 또는 원호를 가공할 때에는 공작물과 접촉되는 공구 선단의 위치가 위에서 설명한 것과는 다른 위치에 놓이게 된다. 이것은 공구의 인선 반경(노즈 반경) R 값이 존재하기 때문이다. 공구의 인선 반경 보정은 이와 같은 인선 반경 R 값의 차이로 인한 가공 오차를 자동으로 보상해 주는 기능이다. 인선 반경 R 값의 보정은 테이퍼

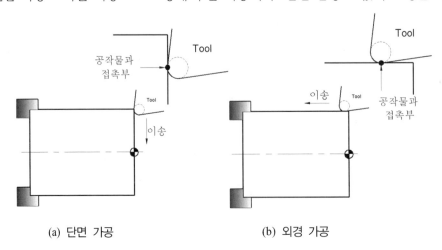

(a) 단면 가공   (b) 외경 가공

그림 5.13 단면과 외경 가공 시 공작물과 접촉하는 바이트 선단면

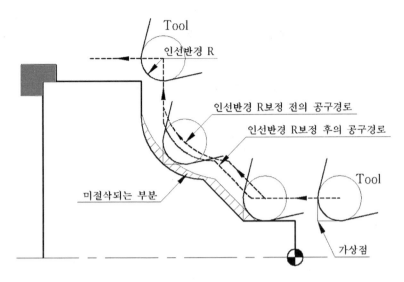

그림 5.14 공구 인선 반경 보정의 공구 경로

또는 원호를 가공할 때 필요로 한다. 그러므로 테이퍼 또는 원호 가공의 이전 블록이나 공구가 가공 시작점으로 이동할 때 지령해야 하고 가공 완료 후 제2 원점으로 복귀할 때 인선 반경 보정을 취소한다. 인선 반경 R 값은 0.4, 0.8, 1.2 등 몇 가지로 구분되어 있으며 공구 인선 반경 보정을 지령하기 전에 사용하는 공구의 인선 반경 R 값을 공작기계의 보정 화면에 입력시켜 놓아야 한다.

(1) 기능

테이퍼 또는 원호 가공 시 공구의 인선 반경 R 값의 차이로 인한 가공 오차를 보상해 주는 기능이다.

(2) 지령 형식

공작물에 대한 공구의 이동 방향에 따라 다음과 같이 공구의 인선 반경을 보정한다.

G40 : 지령이 된 종점의 좌표로 이동하면서 공구 인선 반경 보정 취소
G41 : 지령이 된 종점의 좌표로 이동하면서 공구 인선 반경 좌측 보정
G42 : 지령이 된 종점의 좌표로 이동하면서 공구 인선 반경 우측 보정

G40 X(U)____ Z(W)____ ;

> **G41 X(U)____ Z(W)____ ;**

> **G42 X(U)____ Z(W)____ ;**

X(U) : 공구 이동 종점의 X축 절대(증분) 좌표
Z(W) : 공구 이동 종점의 Z축 절대(증분) 좌표

(3) 공구 이동 경로

① 공구 인선 반경 좌측 보정

그림 5.15(a)와 같이 공작물에 대하여 공구가 좌측으로 이송하면서 가공하는 경우에는 G41 기능을 이용하여 보정한다.

② 공구 인선 반경 우측 보정

그림 5.15(b)과 같이 공작물에 대하여 공구가 우측으로 이송하면서 가공하는 경우에는 G42 기능을 이용하여 보정한다.

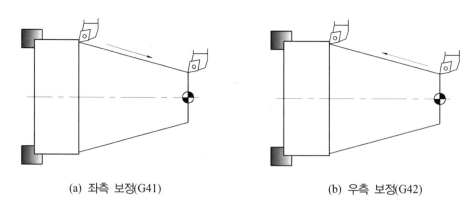

(a) 좌측 보정(G41)   (b) 우측 보정(G42)

그림 5.15 공구의 이송 방향과 인선 반경(R) 보정

(4) 공구의 가상인선

작업자가 작성한 프로그램에 의해 공구가 지령이 된 좌표의 위치로 이동할 때 그 기준이 되는 공구의 기준점을 공구의 가상점이라 한다. 이것은 실제로 존재하지는 않으며 말 그대로 가상의 점이다. G00 X60. Z0.; 을 지령했을 때, 공구의 인선 반경(R)을 보정한 경우에는 그림 5.16(a)와 같이 공구는 날 끝 선단에 정확하게 위치하게 되며, 인선 반경을

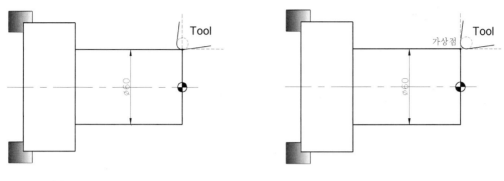

(a) 인선 반경 보정(G41, G42)   (b) 인선 반경 미보정(G40)

그림 5.16 공구의 인선 반경(R)의 보정 여부에 따른 공구의 위치

보정 하지 않으면 그림 5.16(b)와 같이 공구는 가상점의 위치에 놓이게 된다. 이 가상점의 위치는 공구의 인선에 접하는 가상의 수평선과 수직선이 만나는 교점이며 인선 반경 R의 크기와는 무관하나 R 값이 큰 공구일수록 가상점과 공구 인선과의 거리는 더 멀어진다.

(5) 공구의 인선 방향과 번호

CNC 선반에서 사용하는 공구는 그 종류와 가공 방향에 따라 공구 인선의 방향이 모두 다르며 인선 방향에 따라 인선 번호를 부여하여 구별한다. 그림 5.17에는 공구의 인선 방향과 번호를 나타내었다. 인선 번호는 인선 반경 R 값과 함께 가공 전 공작기계 보정 화면의 해당 공구 번호에 미리 입력하여 설정하여야 한다. 내면의 면취 및 원호 R 값이 공구의 인선 반경 R 값보다 작으면 알람이 발생하니 주의한다.

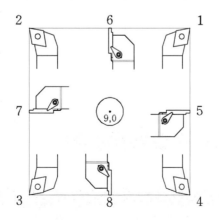

그림 5.17 공구의 인선 방향과 번호

(6) 보정량 입력

터릿 공구대에 장착된 모든 공구는 기준 공구와 비교하여 길이 차이를 갖는다. 이와 같은 차이로 인한 가공 오차의 방지 및 정밀 가공을 위해서는 각각의 보정 번호에 기준 공구와의 길이 차이값만큼 보정량으로 설정해 주어야 한다. 이때 보정량을 설정해 주는 방법은 공작기계의 보정 화면에 작업자가 직접 수동 입력하는 방법과 다음과 같이 프로그램 지령에 의한 방법이 있다.

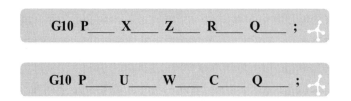

G10 P____ X____ Z____ R____ Q____ ;

G10 P____ U____ W____ C____ Q____ ;

P : 보정 번호
X : X축 방향의 보정량 절대치
Z : Z축 방향의 보정량 절대치
U : X축 방향의 보정량 증분치
W : Z축 방향의 보정량 증분치
R : 공구의 인선 반경 절대치
C : 공구의 인선 반경 증분치
Q : 공구의 가상 인선 번호

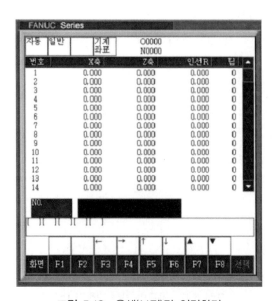

그림 5.18 옵셋(보정)량 입력화면

예제 5.21

다음 도면에서 공구가 ① A에서 B 지점으로, ② B에서 A 지점으로 이송하면서 가공하려 할 때 공구 인선 반경 보정 기능을 사용하여 각각 프로그램을 작성하시오. 단, 공구의 이송 속도는 0.2mm/rev이다.

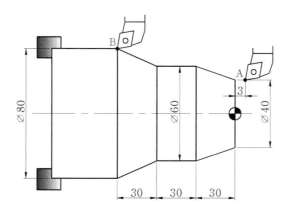

풀이 ① A에서 B 지점으로 가공

(위 생략)

G00 G42 X40. Z3.;

G01 Z0. F0.2;

X60. Z-30.;

Z-60.;

X80. Z-90.;

G00 G40 X150. Z150.;

(아래 생략)

② B에서 A 지점으로 가공

(위 생략)

G00 G41 X82. Z-90.;

G01 X80. F0.2;

X60. Z-60.;

Z-30.;

X40. Z0.;

G00 G40 X150. Z150.;

(아래 생략)

예제 5.22

다음 도면에서 공구가 ① A에서 B 지점으로, ② B에서 A 지점으로 이송하면서 가공하려 할 때 공구 인선 반경 보정 기능을 사용하여 각각 프로그램을 작성하시오. 단, 공구의 이송 속도는 0.25mm/rev이다.

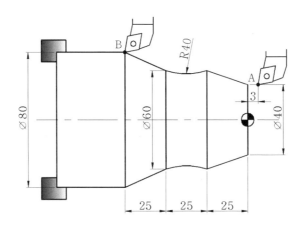

풀이 ① A에서 B 지점으로 가공

(위 생략)

G00 G42 X40. Z3.;

G01 Z0. F0.25;

X60. Z-25.;

G02 Z-50. R40.;

G01 X80. Z-75.;

G00 G40 X150. Z150.;

(아래 생략)

② B에서 A 지점으로 가공

(위 생략)

G00 G41 X82. Z-75.;

G01 X80. F0.25;

X60. Z-50.;

G03 Z-25. R40.;

G01 X40. Z0.;

G00 G40 X150. Z150.;

(아래 생략)

예제 5.23

다음 도면에서 공구가 시점 A에서 종점 B까지 가공할 때 공구 인선 보정 기능을 사용하여 ① 절대 지령과 ② 혼합 지령 방식으로 각각 프로그램을 작성하시오. 공구의 이송 속도는 0.2mm/rev이다.

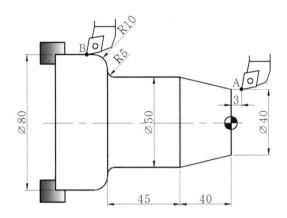

풀이 ① 절대 지령 방식

    (위 생략)

    G00 G42 X40. Z3.;

    G01 Z0. F0.2;

    X50. Z-40.;

    Z-80.;

    G02 X60. Z-85. R5.;

    G03 X80. Z-95. R10.;

    G00 G40 X150. Z150.;

    (아래 생략)

  ② 혼합 지령 방식

    (위 생략)

    G00 G42 X40. Z3.;

    G01 Z0. F0.2;

    X50. Z-40.;

    W-40.;

    G02 U10. W-5. R5.;

    G03 U20. W-10. R10.;

    G00 G40 X150. Z150.;

    (아래 생략)

5.8 단일형 고정 사이클(G90, G92, G94)

공작물을 지급받아 부품을 가공할 때 절삭 여유량이 과대하여 많은 양의 가공을 필요로 할 경우에 작업자는 절입량을 일정하게 하거나 달리하면서 반복 절삭한다. 이와 같이 많은 양의 절삭을 반복해서 할 필요가 있을 때, 지금까지 학습해 왔던 일반 프로그램 방식으로 프로그래밍하면 블록 수가 많아져 매우 복잡해질 수 있다. 이때 고정 사이클 기능을 사용하면 간단하게 프로그래밍을 할 수 있어 매우 편리하다. 고정 사이클 기능을 지령하면 공구는 가공 초기점의 위치에서 사이클을 시작하고 사이클이 끝나면 다시 가공 초기점의 위치로 복귀하면서 사이클이 종료된다. 그러므로 고정 사이클을 작성할 때에는 가공 초기점의 위치 지정이 매우 중요하며 가공 초기점의 위치는 고정 사이클 기능이 지령이 되기 직전의 공구 위치이다. 고정 사이클은 단일형 고정 사이클(G90, G92, G94)과 복합형 고정 사이클(G70, G71, G72, G73, G74, G75, G76)이 있다.

1 내·외경 절삭 사이클(G90)

(1) 기능

공구가 프로그램에 지령이 된 절입량만큼 자동 절입이 되어 내·외경면을 반복 가공한다.

(2) 지령 형식

공구는 지령이 된 절입 깊이(X 방향)만큼 급속 이송하고 이송 속도 F로 이송하면서 가공한다. 테이퍼 가공을 할 때에는 테이퍼량 R을 포함하여 지령한다.

G90 X(U)____ Z(W)____ F____ ;

G90 X(U)____ Z(W)____ R____ F____ ;

X(U) : 가공 종점의 X축 절대(증분) 좌표
Z(W) : 가공 종점의 Z축 절대(증분) 좌표
R : 테이퍼량(±, 반경값)
F : 이송 속도(mm/rev)

(3) 공구 이동 경로

그림 5.19와 같이 공구는 가공 초기점 ①에서 절입하여 사이클을 시작하고 다시 가공 초기점 ①로 복귀하면서 절입, 가공, 이탈, 복귀의 한 사이클을 실행한다. 공구의 이동 경로는 ① → ② → ③ → ④ → ①이다. X 방향으로 절입량이 계속 지령이 되면 ②와 ③의 위치만 달라지고 사이클은 반복 실행된다.

① → ② 급속 이송

② → ③ 지령이 된 F로 이송

③ → ④ 지령이 된 F로 이송

④ → ① 급속 이송

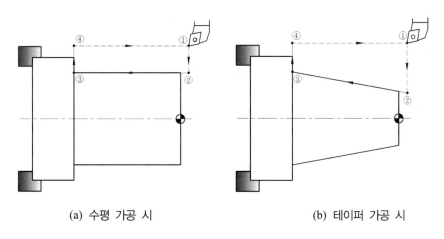

(a) 수평 가공 시   (b) 테이퍼 가공 시

그림 5.19 내·외경 절삭 사이클 시 공구의 이동 경로

(4) 테이퍼량 R 부호

테이퍼량 R의 부호는 테이퍼 가공을 위해 공구가 절입하는 방향을 기준으로 결정한다. 즉, 그림 5.20과 같이 테이퍼 가공 종점 ③을 기준으로 하여 ② 점의 위치에 따라 결정이 된다. 사이클의 가공 초기점 ①에서 ② 점으로 절입되는 방향이 X축의 + 방향으로 절입이 되면 R의 부호는 "+"로 하고 − 방향으로 절입이 되면 R의 부호는 "−"로 한다.

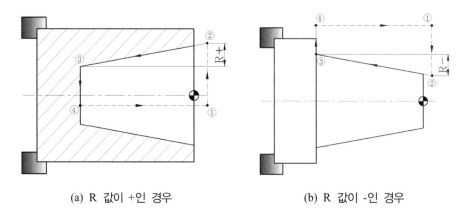

(a) R 값이 +인 경우   (b) R 값이 -인 경우

그림 5.20   테이퍼량 R의 부호

예제 5.24

다음 도면을 가공하려 한다. ① 일반 프로그램 방식과 ② G90 기능을 사용한 프로그램으로 각각 작성하시오. 단, 1회 절입량 2mm, 제2 원점의 좌표 X100. Z200., 주축 최고 회전수 3000rpm, 절삭 속도 150m/min, 이송 속도는 0.2mm/rev이다.

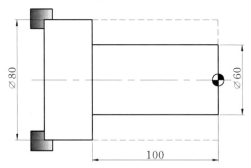

풀이   ① 일반 프로그램

```
O0010;
G30 U0. W0.; (제2 원점 복귀)
G50 X100. Z200. S3000 T0100; (공작물 원점에서 공구까지의 거리 X100. Z200., 주
                              축 최고 회전수 3000rpm으로 제한, 1번 공구로 교환)
G96 S150 M03; (주속 일정 제어 150m/min, 주축 정회전)
G00 X82. Z3. T0101 M08; (X82. Z3.으로 급속 이송하면서 1번 공구 보정, 절삭유 급유)
X76.; (절입량 2mm)
G01 Z-100. F0.2;
X82.;
```

G00 Z3.;

X72.; (절입량 2mm)

G01 Z-100.;

X82.;

G00 Z3.;

X68.; (절입량 2mm)

G01 Z-100.;

X82.;

G00 Z3.;

X64.; (절입량 2mm)

G01 Z-100.;

X82.;

G00 Z3.;

X60.; (절입량 2mm)

G01 Z-100.;

X82.;

G00 X100. Z200. T0100 M09; (X100. Z200.으로 급속 이송하면서 공구 보정 취소,
           절삭유 급유 정지)

M05; (주축 정지)

M02; (프로그램 종료)

② G90 기능을 사용한 프로그램

O0010;

G30 U0. W0.;

G50 X100. Z200. S3000 T0100;

G96 S150 M03;

G00 X82. Z3. T0101 M08; (가공 초기점 X82. Z3.)

G90 X76. Z-100. F0.2; (절입량 2mm G90 사이클 시작)

X72.; (절입량 2mm)

X68.; (절입량 2mm)

X64.; (절입량 2mm)

X60.; (절입량 2mm)

G00 X100. Z200. T0100 M09;

M05;

M02;

p

예제 5.25

다음 도면을 가공하려 한다. G90 기능을 사용하여 프로그램을 작성하시오. 단, 1회 절입량은 1mm, 제2 원점의 좌표 X150. Z150., 주축 최고 회전수 2500rpm, 절삭 속도 180m/min, 공구의 이송 속도는 0.25mm/rev이다.

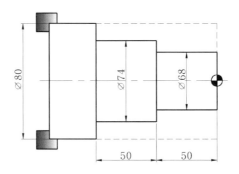

풀이   O0010;

G30 U0. W0.;

G50 X150. Z150. S2500 T0100;

G96 S180 M03;

G00 X82. Z3. T0101 M08;

G90 X78. Z-100. F0.25;

X76.;

X74.;

G00 X76.;

G90 X72. Z-50.;

X70.;

X68.;

G00 X150. Z150. T0100 M09;

M05;

M02;

예제 5.26

다음 도면을 가공하려 한다. G90 기능을 사용하여 프로그램을 작성하시오. 단, 1회 절입량은 2mm, 제2 원점의 좌표 X150. Z150., 주축 최고 회전수 3500rpm, 절삭 속도 200m/min, 공구의 이송 속도는 0.15mm/rev이다.

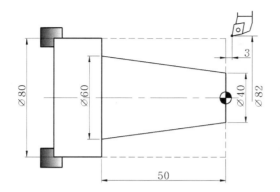

[풀이] 비례 관계를 응용한 테이퍼량 계산

$$50 : 10 = 53 : R \text{ 관계에서 } R = \frac{10 \times 53}{50} = 10.6$$

O0010;

G30 U0. W0.;

G50 X150. Z150. S3500 T0100;

G96 S200 M03;

G00 X82. Z3. T0101 M08;

G90 X76. Z-50. R-10.6 F0.15;

X72.;

X68.;

X64.;

X60.;

G00 X150. Z150. T0100 M09;

M05;

M02;

■

예제 5.27

다음 도면을 가공하려 한다. G90 기능을 사용하여 프로그램을 작성하시오. 단, 1회 절입량은 1.5mm, 제2 원점의 좌표 X150. Z200., 주축 최고 회전수 3000rpm, 절삭 속도 200m/min, 공구의 이송 속도는 0.2mm/rev이다.

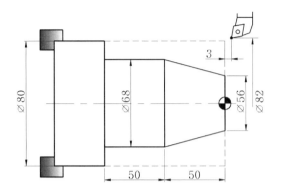

[풀이] 비례 관계를 응용한 테이퍼량 계산

$$50 : 6 = 53 : R \text{ 관계에서 } R = \frac{6 \times 53}{50} = 6.36$$

O0010;

G30 U0. W0.;

G50 X150. Z200. S3000 T0100;

G96 S200 M03;

G00 X82. Z3. T0101 M08;

G90 X77. Z-100. F0.2;

X74.;

X71.;

X68.;

G00 X70.;

G90 X65. Z-50. R-6.36 F0.2;

X62.

X59.;

X56.;

G00 X150. Z200. T0100 M09;

M05;

M02;

2 나사 가공 사이클(G92)

(1) 기능

공구는 지령이 된 절입량만큼 자동 절입이 되어 반복적으로 내·외경 나사를 가공한다.

(2) 지령 형식

공구는 지령이 된 X 방향 절입량만큼 급속 이송한 후 이송 속도 F로 이동하면서 나사를 가공한다. 테이퍼 나사 가공을 할 때에는 테이퍼량 R을 포함하여 지령한다.

> **G92 X(U)_____ Z(W)_____ F____ ;**

> **G92 X(U)_____ Z(W)_____ R____ F____ ;**

X(U) : 나사 가공 종점의 X축 절대(증분) 좌표(1회 절입 시 나사의 골지름)
Z(W) : 나사 가공 종점의 Z축 절대(증분) 좌표
R : 테이퍼량(±, 반경값)
F : 이송 속도(mm/rev) 또는 나사의 리드

(3) 공구 이동 경로

그림 5.21과 같이 공구는 가공 초기점 ①에서 절입을 시작하여 사이클을 시작하고 다시 가공 초기점 ①로 복귀하면서 한 사이클이 종료된다. 공구가 이동하는 경로는 ① → ② → ③ → ④ → ①이다. 절입량이 계속 지령이 되면 ②와 ③ 지점의 위치만 달라지고 사이클은 반복 실행된다. 이것은 G90 기능의 공구 이동 경로와 동일하다. 단, G92 기능은 나사 가공의 Z축 방향 종점 ③ 지점을 기준으로 1피치 전에 45° 각도로 빠져 나온다. 나사 가공은 1회의 절입으로 완성할 수 없기 때문에 반복적으로 절입량을 주어 나사 가공을 완성한다. 나사 가공의 절입 횟수와 절입량은 작업자의 경험 또는 핸드북을 참고로 한다.

① → ② 급속 이송
② → ③ 지령이 된 F로 이송
③ → ④ 급속 이송
④ → ① 급속 이송

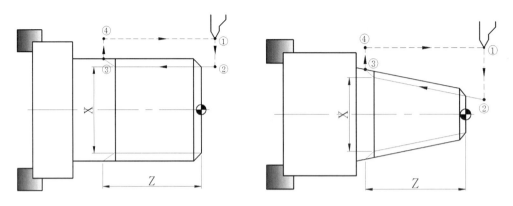

그림 5.21 수평 나사 가공 시 공구의 이동 경로   **그림 5.22** 테이퍼 나사 가공 시 공구의 이동 경로

(4) 테이퍼량 R의 부호 결정 방법은 G90 기능과 동일하다.

예제 5.28

아래 도면과 같이 나사 가공을 하려고 한다. G92 기능을 사용하여 프로그램을 작성하시오. 단, 제2 원점의 좌표 X150. Z200., 회전수 500rpm, 피치는 2mm, 3번 공구사용, 1회 절입량 0.5mm, 2회 절입량 0.25mm, 3회 절입량 0.25mm, 4회 절입량 0.19mm로 한다.

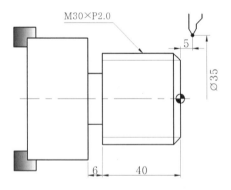

[풀이] O0010;

G30 U0. W0.;

G50 X150. Z200. S3000 T0300;

G97 S500 M03;

G00 X35. Z5. T0303 M08;

G92 X29. Z-43. F2.; (1줄 나사, 피치 2mm이므로 나사의 리드 F는 2mm)

X28.5;

X28.;

X27.62;

G00 X150. Z200. T0300 M09;

M05;

M02;

예제 5.29

아래 도면과 같이 나사 가공을 하려고 한다. G92 기능을 사용하여 프로그램을 작성하시오. 단, 제2 원점의 좌표 X150. Z200., 회전수 500rpm, 피치는 1.5mm, 3번 공구 사용, 1회 절입량 0.5mm, 2, 3, 4, 5회 절입량 0.2mm로 한다.

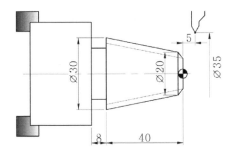

[풀이] O0010;

G30 U0. W0.;

G50 X150. Z200. S3000 T0300;

G97 S500 M03;

G00 X35. Z5. T0303 M08;

G92 X30.25 Z-45. R-5.625 F1.5;(1줄 나사, 피치 1.5mm이므로 나사의 리드 F는 1.5mm)

X29.85;

X29.45;

X29.05;

X28.65;

G00 X150. Z200. T0300 M09;

M05;

M02;

표 5.1에 작업자가 나사 가공을 할 때 참고할 수 있는 추천 절입량을 나타내었다. 표에

서 나사의 피치가 증가할수록 절입량이 증가되고 이에 따라 나사 가공을 완료할 때까지의 절입 횟수도 증가한다. 공통적인 것은 1회 절입량은 크게 하고 점차적으로 감소시킨다. 만약 그렇지 않으면 나사의 절입이 반복될수록 나사 바이트의 인서트와 공작물과의 접촉 면적이 증가되어 절삭량을 증가시키므로 인서트가 받는 절삭력을 크게 한다. 이에 따라 나사 인서트의 파손을 초래할 수 있기 때문에 이것을 예방하기 위한 것이다. 표 5.1은 추천 절입량으로써 바이트 인서트의 형상과 특성 및 가공 소재의 특성 등에 따라 달라질 수 있다.

표 5.1 나사 가공 추천 절입량(mm)

피치	P	1.00	1.25	1.50	1.75	2.00	2.50	3.00	3.50	4.00	4.50	5.00	5.50
절입량	H2	0.60	0.74	0.89	1.05	1.19	1.49	1.79	2.08	2.38	2.68	2.98	3.27
나사 절입 횟수	1	0.25	0.35	0.35	0.35	0.30	0.40	0.40	0.40	0.40	0.40	0.45	0.45
	2	0.20	0.19	0.20	0.25	0.25	0.30	0.35	0.35	0.35	0.35	0.35	0.40
	3	0.10	0.10	0.14	0.15	0.20	0.22	0.27	0.30	0.30	0.30	0.30	0.35
	4	0.05	0.05	0.10	0.10	0.14	0.20	0.20	0.25	0.25	0.30	0.30	0.30
	5		0.05	0.05	0.10	0.11	0.12	0.20	0.20	0.25	0.25	0.25	0.30
	6			0.05	0.05	0.08	0.10	0.13	0.14	0.20	0.20	0.25	0.25
	7				0.05	0.06	0.05	0.10	0.10	0.15	0.20	0.20	0.20
	8					0.05	0.05	0.05	0.10	0.14	0.15	0.15	0.15
	9						0.05	0.05	0.10	0.10	0.10	0.15	0.15
	10							0.02	0.05	0.10	0.10	0.10	0.10
	11							0.02	0.05	0.10	0.10	0.10	0.10
	12								0.02	0.05	0.09	0.10	0.10
	13								0.01	0.02	0.05	0.09	0.10
	14									0.02	0.05	0.05	0.08
	15										0.02	0.05	0.05
	16										0.02	0.05	0.05
	17											0.02	0.05
	18											0.02	0.05
	19												0.02
	20												0.02

❷ 단면 가공 사이클(G94)

(1) 기능

공구는 지령이 된 절입량만큼 자동 절입이 되어 반복적으로 단면을 가공한다.

(2) 지령 형식

공구는 지령이 된 Z 방향 절입량만큼 급속 이송한 후 이송 속도 F로 이동하면서 단면을 반복적으로 가공한다. 테이퍼 단면 가공을 할 때에는 테이퍼량 R을 포함하여 지령한다.

$$\text{G94 X(U)\_\_\_\_ Z(W)\_\_\_\_ F\_\_\_\_ ;}$$

$$\text{G94 X(U)\_\_\_\_ Z(W)\_\_\_\_ R\_\_\_\_ F\_\_\_\_ ;}$$

X(U) : 단면 가공 종점의 X축 절대(증분) 좌표
Z(W) : 단면 가공 종점의 Z축 절대(증분) 좌표
R : 테이퍼량(±, 반경 값)
F : 이송 속도(mm/rev)

(3) 공구 이동 경로

그림 5.23과 같이 공구가 이동하는 순서는 ①→②→③→④→①이다. 가공 초기점 ①에서 절입을 시작하여 단면 가공 후 다시 가공 초기점 ①로 복귀하면서 한 사이클이 종료된다. 2회, 3회 또는 그 이상의 절입량이 계속 지령이 되면 자동으로 사이클을 반복한다. 이때 ②, ③, ④지점의 위치는 달라지나 가공 초기점 ①의 위치는 변하지 않는다.

① → ② 급속 이송
② → ③ 지령이 된 F로 이송
③ → ④ 지령이 된 F로 이송
④ → ① 급속 이송

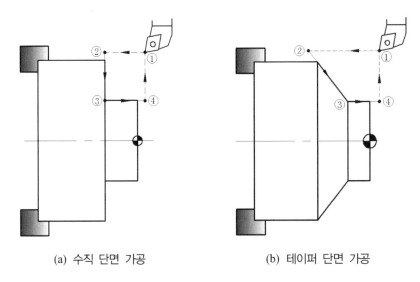

(a) 수직 단면 가공   (b) 테이퍼 단면 가공

그림 5.23 단면 가공 시 공구의 이동 경로

(4) 테이퍼량 R 부호

테이퍼량 R의 부호는 테이퍼 가공을 위해 공구가 절입되는 방향에 따라 결정된다. 즉, 그림 5.24와 같이 테이퍼 가공 종점 ③을 기준으로 하여 ② 점의 위치에 따라 결정이 된다. 사이클 초기점 ①에서 ② 점으로 진행되는 방향이 Z축의 + 방향이면 R의 부호는 "+"로 결정되고 − 방향이면 R의 부호는 "−"로 결정된다.

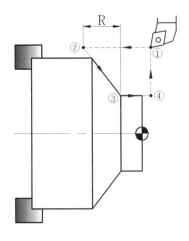

그림 5.24 테이퍼량 R의 부호

예제 5.30

아래 도면과 같이 단면 가공을 하려고 한다. G94 기능을 사용하여 프로그램을 작성하시오. 단, 제2 원점의 좌표 X150. Z200., 절삭 속도 120m/min, 1번 공구를 사용하여 절입량 2mm로 총 5회 가공하며 이송은 0.2mm/rev이다.

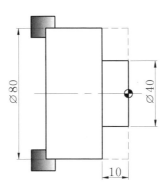

풀이   O0010;

　　　　G30 U0. W0.;

　　　　G50 X150. Z200. S3000 T0100;

　　　　G96 S120 M03;

　　　　G00 X80. Z3. T0101 M08;

　　　　G94 X40. Z-2. F0.2;

　　　　Z-4.;

　　　　Z-6.;

　　　　Z-8.;

　　　　Z-10.;

　　　　G00 X150. Z200. T0100 M09;

　　　　M05;

　　　　M02;

예제 5.31

다음 도면과 같이 단면 테이퍼 가공을 하려고 한다. G94 기능을 사용하여 프로그램을 작성하시오. 단, 제2 원점의 좌표 X150. Z200., 절삭 속도 120m/min, 1회 절입량 2mm로 가공하며 이송은 0.25mm/rev이다.

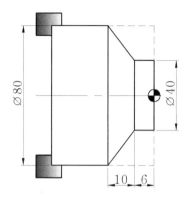

풀이 (위 생략)

O0010;

G30 U0. W0.;

G50 X150. Z200. S3000 T0100;

G96 S120 M03;

G00 X80. Z3. T0101 M08;

G94 X40. Z-2. R-10.5 F0.25;

Z-4.;

Z-6.;

Z-8.;

Z-10.;

Z-12.;

Z-14.;

Z-16.;

G00 X150. Z200. T0100 M09;

M05;

M02;

5.9 복합형 고정 사이클(G70, G71, G72, G73, G74, G75, G76)

고정 사이클의 특징은 프로그램을 단순화시켜 쉽게 프로그래밍을 할 수 있다는 것이다. 복합형 고정 사이클은 절삭 여유량이 과대하여 많은 양의 가공을 필요로 할 때 도면에 나타난 부품의 최종 형상을 가공 경로로 지령하면 황삭 후 정삭 가공까지 자동으로 할 수 있어 매우 편리하다. 현장에서 작업자가 많이 사용하는 기능이다.

1 내·외경 황삭 사이클(G71)

(1) 기능

지령이 된 가공 조건으로 부품의 최종 윤곽을 자동으로 내·외경 황삭 가공하는 기능이다. 사이클이 종료될 때까지 공구는 자동으로 절입, 가공, 이탈, 복귀의 과정을 반복하되 X, Z 방향의 정삭 여유량은 가공하지 않고 남겨놓는다.

(2) 지령 형식

부품의 내·외경 최종 윤곽 가공을 위해 1회 절입량, 공구 도피량, 정삭 여유량, 이송 속도 등의 가공 조건을 G71 기능에 지령하면 공구는 자동으로 절입이 되면서 내·외경 황삭 가공을 실행한다. 내·외경 원주 둘레가 가공되므로 1회 절입량은 반경값을 의미한다. 공구 도피량은 X축 방향의 공구 후퇴량이며 그림 5.25와 같이 45° 각도로 후퇴한다. 단, 고정 사이클 프로그램에서는 보조 프로그램의 사용이 불가능하다. 또한 고정 사이클 최종 블록에서 자동 면취 및 자동 코너 R 가공 기능도 사용이 불가능하다. 다음 지령 형식에서 영문 대문자는 어드레스를, 영문 소문자는 수치를 의미한다.

```
G71 U__u₁__  R__r__ ;
G71 P__p__  Q__q__  U__u₂__  W__w__  F__f__ ;
N__p__  G00 X____ ;
        G01 Z____ ;
        .
        .
N__q__  _____ ;
```

u_1 : 1회 절입량
r : 공구 도피량(보통 0.5로 지령)
p : 고정 사이클 구역을 지정하는 첫 번째 블록의 시퀀스 번호(sequence number)
q : 고정 사이클 구역을 지정하는 마지막 블록의 시퀀스 번호(sequence number)
u_2 : X축 방향 정삭 여유량(± 부호, 직경치로 지령)
w : Z축 방향 정삭 여유량(± 부호)
f : 황삭 가공의 이송 속도(mm/rev)

(3) 공구 이동 경로

공구는 ① 지점에서 45° 각도로 ② 지점으로 이동하고 지령이 된 절입량만큼 ③ 지점으로 급속 이송 후 F의 이송 속도로 이송하면서 ④ 지점까지 수평 황삭 가공한 다음 45° 각도로 공구 도피량 r만큼 ⑤ 지점까지 후퇴하는 사이클을 반복 실행한다. 가공이 종료되면 공구는 가공 초기점으로 복귀한다.

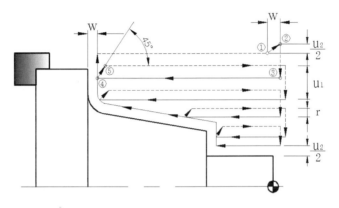

그림 5.25 내·외경 황삭 가공 사이클의 공구 이동 경로

(4) 정삭 여유량 부호

정삭 여유량의 부호는 정삭 가공이 완료된 최종 형상 라인을 기준으로 X, Z 각 방향의 여유량이 + 방향으로 남아 있으면 "+" 부호를, − 방향으로 남아 있으면 "−" 부호로 지령을 한다.

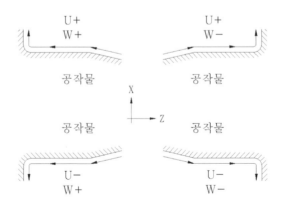

그림 5.26 정삭 여유량의 부호 결정

예제 5.32

다음 도면을 G71 황삭 사이클 기능으로 가공하려 한다. 프로그램을 작성하시오. 단, 1번 공구
사용, 제2 원점의 좌표 X150. Z150., 절삭 속도 130m/min, 1회 절입량 1mm, X축 방향 정삭
여유량 0.3mm, Z축 방향 정삭 여유량 0.2mm, 이송 속도는 0.2mm/rev이다.

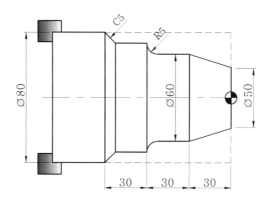

풀이   O0010;

N10 G30 U0. W0.;

N20 G50 X150. Z150. S3000 T0100;

N30 G96 S130 M03;

N40 G00 X82. Z3. T0101 M08;

N50 G71 U1. R0.5; (1회 절입량 1mm, 공구 도피량 0.5mm)

N60 G71 P70 Q130 U0.3 W0.2 F0.2; (X[Z]축 방향 정삭 여유량 0.3mm[0.2mm])

N70 G00 G42 X50.;

N80 G01 Z0.;

N90 X60. Z-30.;

N100 Z-55.;

N110 G02 X70. Z-60. R5.;

N120 G01 Z-85.;

N130 X80. Z-90.;

N140 G00 G40 X150. Z150. T0100 M09;

N150 M05;

일반 프로그램에서 시퀀스 번호는 생략이 가능하므로 다음과 같이 프로그램을 작성해도
된다. 단, 고정 사이클 구역을 지정하는 첫 번째와 마지막 블록의 시퀀스 번호는 작업자
가 임의로 정하되 마지막 블록의 시퀀스 번호는 첫 번째 블록의 시퀀스 번호보다 큰 수
치로 하고 생략할 수는 없다.

O0010;

G30 U0. W0.;

G50 X150. Z150. S3000 T0100;

G96 S130 M03;

G00 X82. Z3. T0101 M08;

G71 U1. R0.5;

G71 P40 Q100 U0.3 W0.2 F0.2;

N40 G00 G42 X50.;

G01 Z0.;

X60. Z-30.;

Z-55.;

G02 X70. Z-60. R5.;

G01 Z-85.;

N100 X80. Z-90.;

G00 G40 X150. Z150. T0100 M09;

M05;

예제 5.33

다음 도면을 G71 황삭 사이클 기능으로 가공하려 한다. 프로그램을 작성하시오. 단, 1번 공구사용, 제2 원점의 좌표 X150. Z150., 절삭 속도 130m/min, 1회 절입량 1.5mm, X축 방향 정삭 여유량 0.4mm, Z축 방향 정삭 여유량 0.2mm, 이송 속도는 0.25mm/rev이다.

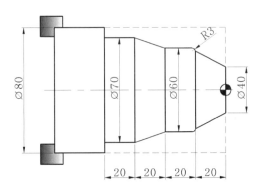

[풀이] O0010;

N10 G30 U0. W0.;

N20 G50 X150. Z150. S3000 T0100;

N30 G96 S130 M03;

N40 G00 X82. Z3. T0101 M08;

N50 G71 U1.5 R0.5;

N60 G71 P70 Q140 U0.4 W0.2 F0.25;

N70 G00 G42 X40.;

N80 G01 Z0.;

N90 X54. Z-20.;

N100 G03 X60. Z-23. R3.;

N110 G01 Z-40.;

N120 X70. Z-60.;

N130 Z-80.;

N140 X82.;

N150 G00 G40 X150. Z150. T0100 M09;

N160 M05;

또는 고정 사이클 구역을 지정하는 첫 번째와 마지막 블록의 시퀀스 번호를 각각 P10과 Q20으로 하여 다음과 같이 프로그램을 할 수 있다.

O0010;

G30 U0. W0.;

G50 X150. Z150. S3000 T0100;

G96 S130 M03;

G00 X82. Z3. T0101 M08;

G71 U1.5 R0.5;

G71 P10 Q20 U0.4 W0.2 F0.25;

N10 G00 G42 X40.;

G01 Z0.;

X54. Z-20.;

G03 X60. Z-23. R3.;

G01 Z-40.;

X70. Z-60.;

Z-80.;

N20 X82.;

G00 G40 X150. Z150. T0100 M09;

M05;

❷ 내·외경 정삭 사이클(G70)

(1) 기능

내·외경 황삭 가공 사이클 지령을 실행하면 X 방향 정삭 여유량과 Z 방향 정삭 여유량은 가공이 되지 않는다. G70 기능은 황삭 가공 사이클 실행 후 남아 있는 정삭 여유량을 가공하여 도면의 최종 형상으로 부품을 완성하는 기능이다. 단, 홈 가공, 나사 가공 등은 G70 기능의 실행 후 아래 블록에 프로그램을 작성하여 실행될 수 있도록 한다.

(2) 지령 형식

고정 사이클 구역을 지정하는 첫 번째 블록의 시퀀스 번호에서 마지막 블록의 시퀀스 번호까지의 X, Z 방향 정삭 여유량을 가공한다. 시퀀스 번호는 황삭 가공 사이클에서의 시퀀스 번호와 동일한 수치로 프로그래밍을 해야 하며 G71, G72, G73 실행 후 G70으로 정삭 가공을 한다.

$$\text{G70 P\_\_(p)\_\_ Q \_(q)\_ F\_\_\_ ;}$$

p : 고정 사이클 구역을 지정하는 첫 번째 블록의 시퀀스 번호
q : 고정 사이클 구역을 지정하는 마지막 블록의 시퀀스 번호
F : 정삭 가공의 이송 속도(mm/rev)

(3) 공구 이동 경로

그림 5.27과 같이 공구는 남아 있는 X, Z 방향 정삭 여유량을 가공 후 가공 초기점 ① 지점으로 복귀한다.

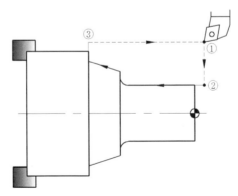

그림 5.27 내·외경 정삭 사이클의 공구 이동 경로

예제 5.34

예제 5.32를 정삭 가공하기 위한 프로그램으로 G70 기능을 사용하여 작성하시오. 단, 정삭 공구는 3번 공구 사용, 절삭 속도 150m/min, 이송 속도는 0.1mm/rev이다.

[풀이] T0300;

G00 X82. Z3. S150 T0303 M08;

G70 P40 Q100 F0.1;

G00 X150. Z150. T0300 M09;

M05;

M02;

■

예제 5.35

예제 5.33을 정삭 가공하기 위한 프로그램으로 G70 기능을 사용하여 작성하시오. 단, 정삭 공구는 3번 공구 사용, 절삭 속도 150m/min, 이송 속도는 0.15mm/rev이다.

[풀이] T0300;

G00 X82. Z3. S150 T0303 M08;

G70 P10 Q20 F0.15;

G00 X150. Z150. T0300 M09;

M05;

M02;

■

❸ 단면 황삭 사이클(G72)

(1) 기능

지령이 된 가공 조건에 의해 부품의 최종 윤곽을 자동으로 단면 황삭 가공하는 기능이다. 사이클이 종료될 때까지 공구는 자동으로 절입, 가공, 이탈, 복귀의 과정을 반복하되 X 방향, Z 방향 정삭 여유량은 남겨 놓는다.

(2) 지령 형식

부품의 내·외경 최종 윤곽 가공을 위해 1회 절입량, 공구 도피량, 정삭 여유량, 이송 속도 등의 가공 조건을 G72 기능에 지령하면 공구는 자동으로 단면을 황삭 가공한다.

```
G72 W_w₁_  R_r_  ;
G72 P_p_  Q_q_  U_u_  W_w₂_  F_f_  ;
N_p_  G00_Z_  ;
       G01_X_  ;
        .
        .
        .
N_q_  _____  ;
```

w_1 : 1회 절입량

r : 공구 도피량(보통 0.5로 지령)

p : 고정 사이클 구역을 지정하는 첫 번째 블록의 시퀀스 번호(sequence number)

q : 고정 사이클 구역을 지정하는 마지막 블록의 시퀀스 번호(sequence number)

u : X축 방향 정삭 여유량(± 부호, 직경치로 지령)

w_2 : Z축 방향 정삭 여유량(± 부호)

f : 황삭 가공의 이송 속도(mm/rev)

(3) 공구 이동 경로

공구는 ① 지점에서 45° 각도로 ② 지점으로 이동하고 지령이 된 절입량만큼 ③ 지점
으로 급속 이송 후 F의 이송 속도로 이동하면서 ④ 지점까지 수직 황삭 가공한 다음 45°
각도로 공구 도피량 ⑤ 지점까지 후퇴하는 사이클을 반복 실행한다. 가공이 종료되면 공

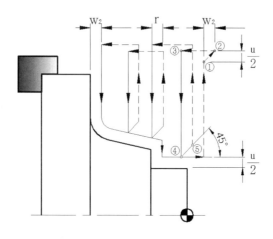

그림 5.28 단면 황삭 사이클의 공구 이동 경로

구는 가공 초기점으로 복귀한다.

(4) 정삭 여유량 부호

내·외경 황삭 사이클 G71 기능과 동일한 방법으로 결정한다.

예제 5.36

다음 도면을 G72 단면 황삭 사이클 기능으로 가공하려 한다. 프로그램을 작성하시오. 단, 1번 공구사용, 제2 원점의 좌표 X200. Z200., 절삭 속도 150m/min, 1회 절입량 2mm, X축 방향 정삭 여유량 0.3mm, Z축 방향 정삭 여유량 0.2mm, 이송 속도는 0.2mm/rev이다.

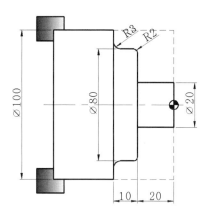

[풀이] O0010;

G30 U0. W0.;

G50 X200. Z200. S3000 T0100;

G96 S150 M03;

G00 X102. Z3. T0101 M08;

G72 W2. R0.5;

G72 P10 Q20 U0.3 W0.2 F0.2;

N10 G00 Z-30.;

G01 X86.;

G03 X80. Z-27. R3.; (또는 G03 X80. W3. R3.;)

G01 Z-22.;

G02 X76. Z-20. R2.; (또는 G02 X76. W2. R2.;)

G01 X20.;

N20 Z3.;

G00 X200. Z200. T0100 M09;

M05;

예제 5.37

다음 도면을 G72 단면 황삭 사이클 기능으로 가공하려 한다. 프로그램을 작성하시오. 단, 1번 공구사용, 제2 원점의 좌표 X200. Z200., 절삭 속도 150m/min, 1회 절입량 2mm, X축 방향 정삭 여유량 0.4mm, Z축 방향 정삭 여유량 0.2mm, 이송 속도는 0.25mm/rev이다.

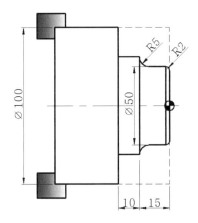

풀이   O0010;

G30 U0. W0.;

G50 X200. Z200. S3000 T0100;

G96 S150 M03;

G00 X102. Z3. T0101 M08;

G72 W2. R0.5;

G72 P10 Q20 U0.4 W0.2 F0.25;

N10 G00 Z-25.;

G01 X60.;

Z-15; (또는 W10.;)

G03 X50. Z-10. R5.; (또는 G03 X50. W5. R5.;)

G01 Z-2.;

N20 G02 X46. Z0. R2.; (또는 G02 X46. W2. R2.;)

G00 X200. Z200. T0100 M09;

M05;

예제 5.38

다음 도면을 G72 단면 황삭 사이클 기능으로 가공하려 한다. 프로그램을 작성하시오. 단, 1번 공구사용, 제2 원점의 좌표 X200. Z100., 절삭 속도 130m/min, 1회 절입량 1.5mm, X축 방향 정삭 여유량 0.2mm, Z축 방향 정삭 여유량 0.1mm, 이송 속도는 0.15mm/rev이다.

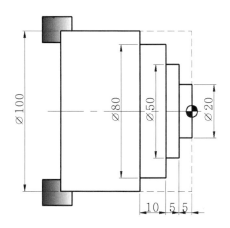

[풀이] O0010;

G30 U0. W0.;

G50 X200. Z100. S3000 T0100;

G96 S130 M03;

G00 X102. Z3. T0101 M08;

G72 W1.5 R0.5;

G72 P10 Q20 U0.2 W0.1 F0.15;

N10 G00 Z-20.;

G01 X80.;

Z-10; (또는 W10.;)

X50.;

Z-5.; (또는 W5.;)

X20.;

N20 Z3.; (또는 W8.;)

G00 X200. Z100. T0100 M09;

M05;

4 모방 가공 사이클(G73)

(1) 기능

주조품 또는 단조품 등과 같이 일정한 형태를 갖는 공작물이 완제품의 형상과 유사한 경우 최종 윤곽과 절삭 조건 등을 지령하면 사이클이 종료될 때까지 공구는 자동으로 가공을 반복하되 X, Z 방향 정삭 여유량은 남겨놓는다.

(2) 지령 형식

부품의 최종 윤곽 가공을 위해 X축 방향, Z축 방향의 황삭 가공량과 정삭 여유량, 황삭 가공 횟수, 이송 속도 등의 가공 조건을 G73 기능에 지령하면 공구는 자동으로 황삭 가공 횟수만큼 공작물의 일정량을 황삭 가공한다.

$$
\begin{aligned}
&\text{G73 U}\_\underline{u_1}\_\ \text{W}\_\underline{w_1}\_\ \text{R}\_\underline{r}\_\ ; \\
&\text{G73 P}\_\underline{p}\_\ \text{Q}\_\underline{q}\_\ \text{U}\_\underline{u_2}\_\ \text{W}\_\underline{w_2}\_\ \text{F}\_\underline{f}\_\ ; \\
&\text{N}\_\underline{p}\_\ \text{G00 X}\_\text{Z}\_\ ; \\
&\qquad\quad \text{G01 Z}\_\_\_\_\ ; \\
&\qquad\qquad\qquad . \\
&\qquad\qquad\qquad . \\
&\qquad\qquad\qquad . \\
&\text{N}\_\underline{q}\_\ \_\_\_\_\_\ ;
\end{aligned}
$$

u_1 : X축 방향 황삭 가공량(황삭 여유량)

w_1 : Z축 방향 황삭 가공량(황삭 여유량)

r : 황삭 가공 횟수(황삭 분할 횟수)

p : 고정 사이클 구역을 지정하는 첫 번째 블록의 시퀀스 번호(sequence number)

q : 고정 사이클 구역을 지정하는 마지막 블록의 시퀀스 번호(sequence number)

u_2 : X축 방향 정삭 여유량(± 부호, 직경치로 지령)

w_2 : Z축 방향 정삭 여유량(± 부호)

f : 황삭 가공의 이송 속도(mm/rev)

(3) 공구 이동 경로

공구는 ① 지점에서 45° 각도로 ② 지점으로 이동한 다음 지령이 된 절입량만큼 ③ 지

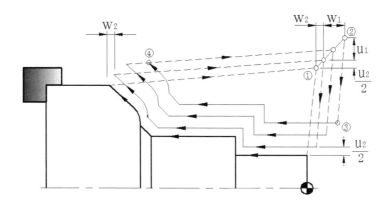

그림 5.29 모방 가공 사이클의 공구 이동 경로

점으로 급속 이송 후 지령이 된 F의 이송 속도로 ④ 지점까지 황삭 가공한 다음 45° 각도로 도피 후 급속 이송하여 복귀하는 사이클을 황삭 가공 횟수만큼 공작물의 윤곽을 따라 반복 실행한다. 가공이 종료되면 공구는 가공 초기점으로 복귀한다.

(4) 정삭 여유량 부호

내·외경 황삭 사이클 G71 기능과 동일한 방법으로 결정한다.

예제 5.39

다음 도면을 G73 모방 황삭 사이클 기능으로 가공하려 한다. 프로그램을 작성하시오. 단, 1번 공구사용, 제2 원점의 좌표 X150. Z100., 절삭 속도 120m/min, X, Z축 방향 황삭 가공량 5mm, X축 방향 정삭 여유량 0.2mm, Z축 방향 정삭 여유량 0.1mm, 가공 횟수 3회로 하고 이송 속도는 0.2mm/rev이다.

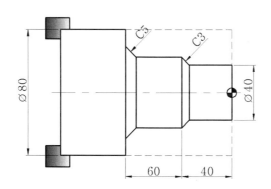

[풀이] O0010;

G30 U0. W0.;

G50 X150. Z100. S3000 T0100;

G96 S120 M03;

G00 X85. Z3. T0101 M08;

G73 U5. W5. R3;

G73 P10 Q20 U0.2 W0.1 F0.2;

N10 G00 X40.;

G01 Z-37.;

X46. Z-40.;

Z-95.;

X56. Z-100.;

N20 X82.;

G00 X150. Z100. T0100 M09;

M05;

■

예제 5.40

다음 도면을 G73 모방 황삭 사이클 기능으로 가공하려 한다. 프로그램을 작성하시오. 단, 1번 공구사용, 제2 원점의 좌표 X150. Z100., 절삭 속도 150m/min, X, Z축 방향 황삭 가공량 6mm, X축 방향 정삭 여유량 0.4mm, Z축 방향 정삭 여유량 0.2mm, 가공 횟수 3회로 하고 이송 속도는 0.3mm/rev이다.

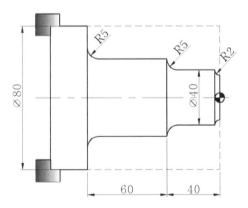

[풀이] O0010;

G30 U0. W0.;

G50 X150. Z100. S3000 T0100;

G96 S150 M03;

G00 X85. Z5. T0101 M08;

G73 U6. W6. R3;

G73 P10 Q20 U0.4 W0.2 F0.3;

N10 G00 X36.;

G01 Z0.;

G02 X40. Z-2. R2.;

G01 Z-35.;

G02 X50. Z-40. R5.;

G01 Z-95.;

G02 X60. Z-100. R5.;

N20 G01 X82.;

G00 X150. Z100. T0100 M09;

M05;

예제 5.41

다음 도면을 G73 모방 황삭 사이클 기능으로 가공하려 한다. 프로그램을 작성하시오. 단, 1번 공구사용, 제2 원점의 좌표 X100. Z100., 절삭 속도 120m/min, X축 방향 황삭 가공량 4mm, Z축 방향 황삭 가공량 3mm, X축 방향 정삭 여유량 0.5mm, Z축 방향 정삭 여유량 0.3mm, 가공 횟수 2회로 하고 이송 속도는 0.2mm/rev이다.

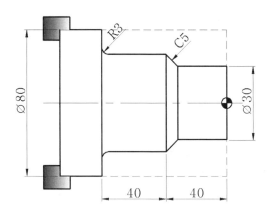

[풀이] O0010;

G30 U0. W0.;

G50 X100. Z100. S3000 T0100;

```
G96  S120  M03;
G00  X85.  Z3.  T0101  M08;
G73  U4.  W3.  R2;
G73  P10  Q20  U0.5  W0.3  F0.2;
N10  G00  X30.;
G01  Z-35.;
X40.  Z-40.;
Z-77.;
G02  X46.  Z-80.  R3.;
N20  G01  X82.;
G00  X100.  Z100.  T0100  M09;
M05;
```

5 단면 홈 가공 사이클(G74)

(1) 기능

홈 바이트 또는 드릴 공구가 공작물 단면의 Z 방향으로 일정 절입량을 가공하고 다시 일정량을 후퇴하는 동작을 자동 반복하면서 단면 홈을 가공한다. 이때 일정량 절입 후 일정량을 후퇴하는 공구의 동작을 펙(peck) 또는 펙킹(pecking)이라 한다. 연속적인 가공이 펙 동작으로 인해 단속 가공이 되면서 칩이 간헐적으로 발생이 된다. 홈 바이트 선단의 강도는 비교적 약하기 때문에 연속 가공으로 공구에 절삭 저항이 지속될 경우 공구 파손의 원인이 될 수 있다. 특히 드릴링 작업에서 칩이 연속적으로 길게 발생하면 구멍 내면과 드릴 날 사이의 칩 배출이 원활하지 않아 드릴링 작업이 매우 어려워진다. 이때, 펙 동작은 칩 배출을 원활하게 하는데 도움이 된다.

(2) 지령 형식

Z 방향으로 일정 절입량(q)과 후퇴량(r₁)을 G74 기능에 지령하면 공구는 자동으로 지령이 된 깊이까지 가공과 후퇴를 반복한 다음 X축 방향으로 지령한 만큼 이동(p)하여 다시 가공과 후퇴를 반복하면서 가공 종점까지 홈 가공을 한다.

G74 R _r₁_ ;

G74 X(U)___ Z(W)___ P_p_ Q_q_ R _r₂_ F_f_ ;

X(U)____ 와 P_p_ 값을 생략하면 드릴링 사이클이 된다.

r_1 : Z축 방향 공구 후퇴량
X(U) : 가공 종점의 X축 절대(증분) 좌표
Z(W) : 가공 종점의 Z축 절대(증분) 좌표
p : X축 방향 1회 절입량(절입폭 +로 지령, 바이트 폭의 2/3 정도 반경치로 지령)
q : Z축 방향 1회 절입량(+로 지령)
r_2 : X축 방향 공구 후퇴량
f : 이송 속도(mm/rev)

(3) 공구 이동 경로

그림 5.30과 같이 Z축 방향으로 일정 절입량(q)을 가공 후 후퇴(r_1)를 반복하면서 Z축 방향 가공 종점 ② 지점까지 가공한 다음 가공 초기점 ① 지점으로 복귀한다. 다시 X축 방향 1회 절입량(p)인 ③ 지점으로 이동하고 가공과 후퇴를 반복하여 Z축 방향 가공 종점까지 가공한다. 이와 같은 과정을 반복하면서 X축, Z축 방향 가공 종점 ④ 지점까지 반복적으로 홈 가공을 한다. ①→② 가공이 끝난 것만으로 공구를 후퇴시킬 수 없다.

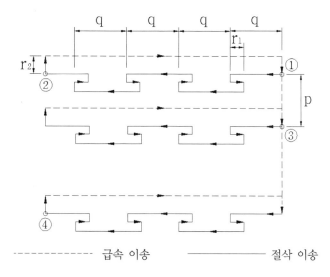

---------- 급속 이송   ──────── 절삭 이송

그림 5.30 단면 홈 가공 사이클의 공구 이동 경로

예제 5.42

다음 도면을 G74 단면 홈 가공 사이클 기능으로 가공하려 한다. 프로그램을 작성하시오. 단, 제 2 원점의 좌표 X150. Z100., 회전수 700rpm, 5번 공구를 사용하며 Z축 방향 1회 절입량 2mm, Z축 방향 공구 후퇴량 0.5mm, 이송 속도는 0.06mm/rev, 홈 바이트 폭은 4mm이다.

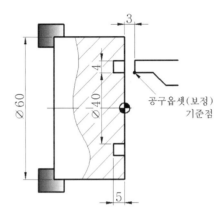

공구옵셋(보정)
기준점

풀이   O0010;

G30 U0. W0.;

G50 X150. Z100. S3000 T0500;

G97 S700 M03;

G00 X40. Z3. T0505 M08;

G74 R0.5; (Z축 방향 공구 후퇴량 0.5mm)

G74 Z-5. Q2000 F0.06; (Z축 방향으로 2mm 절입 후 0.5mm 후퇴를
                    반복하면서 Z-5. 지점까지 가공)

G00 X150. Z100. T0500 M09;

M05;

예제 5.43

다음 도면을 G74 단면 홈 가공 사이클 기능으로 가공하려 한다. 프로그램을 작성하시오. 단, 제2 원점의 좌표 X150. Z100., 회전수 700rpm, 5번 공구를 사용하며 X축 및 Z축 방향 1회 절입량 2mm, X축 및 Z축 방향 공구 후퇴량 0.5mm, 이송 속도는 0.06mm/rev, 홈 바이트 폭은 3mm이다.

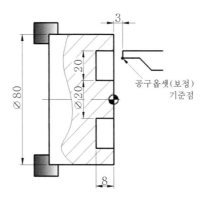

[풀이] O0010;

G30 U0. W0.;

G50 X150. Z100. S3000 T0500;

G97 S700 M03;

G00 X54. Z3. T0505 M08;

G74 R0.5; (Z축 방향으로 공구 후퇴량 0.5mm)

G74 Z-8. Q2000 F0.06; (X축 방향 공구 후퇴량 없이 가공)

G00 U-4.; (X축 방향 공구 후퇴량 지정을 위해 바이트 폭의 2/3만큼 공구 이동)

G74 X20. Z-5. P2000 Q2000 R0.5; (바이트 폭의 2/3만큼 X 축 방향 1회 절입량을
                                                      P2000으로 지령. X축의 후퇴량 R0.5 지령)

G00 X150. Z100. T0500 M09;

M05;

■

예제 5.44

다음 도면을 G74 단면 홈 가공 사이클 기능으로 가공하려 한다. 프로그램을 작성하시오. 단, 제 2 원점의 좌표 X150. Z150., 회전수 800rpm, 5번 공구를 사용하며 구멍의 지름 8mm, 깊이 50mm, Z축 방향 1회 절입량 3mm, Z축 방향 공구 후퇴량 0.5mm, 이송 속도는 0.08mm/rev이다.

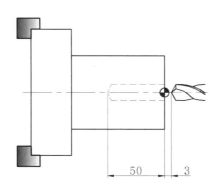

[풀이] O0010;
G30 U0. W0.;
G50 X150. Z150. S3000 T0500;
G97 S800 M03;
G00 X0. Z3. T0505 M08;
G74 R0.5; (Z축 방향 공구 후퇴량 0.5mm)
G74 Z-50. Q3000 F0.08;
G00 X150. Z150. T0500 M09;
M05;

■

6 내·외경 홈 가공 사이클(G75)

(1) 기능

홈 바이트가 공작물 내·외경면의 X 방향으로 일정 절입량을 가공한 후 다시 일정량 후퇴하는 동작을 자동 반복하면서 홈을 가공한다. 이와 같은 간헐적인 가공은 지속적인 절삭 저항에 의해 홈 바이트가 파손되는 것을 방지한다.

(2) 지령 형식

X 방향의 일정 절입량(p)과 후퇴량(r_1)을 G75 기능에 지령하면 공구는 자동으로 가공과 후퇴를 반복한 다음 Z축 방향으로 지령한 만큼 이동(q)하여 다시 가공과 후퇴를 반복하면서 가공 종점까지 홈 가공을 한다.

G75 R__r_1__ ;
G75 X(U)____ Z(W)____ P__p__ Q__q__ R__r_2__ F__f__ ;

Z(W)____ 와 Q__q__ 값을 생략하면 절단 가공 사이클이 된다.

r_1 : X축 방향 공구 후퇴량
X(U) : 가공 종점의 X축 절대(증분) 좌표
Z(W) : 가공 종점의 Z축 절대(증분) 좌표
p : X축 방향 1회 절입량(+ 반경치로 지령)
q : Z축 방향 1회 절입량(절입폭 +로 지령, 바이트 폭의 2/3정도로 지령)
r_2 : Z축 방향 공구 후퇴량   f : 이송 속도(mm/rev)

(3) 공구 이동 경로

그림 5.31과 같이 ① 지점에서 X 방향으로 일정 절입량(p)을 가공 후 후퇴(r_1)를 반복하며 X축 방향 가공 종점인 ② 지점까지 가공 후 가공 초기점 ① 지점으로 복귀한다. 다시 Z축 방향 1회 절입량(q)의 ③ 지점으로 이동하고 가공과 후퇴를 반복하며 X축 방향 가공 종점까지 가공한다. 이와 같은 과정을 반복하면서 X축, Z축 방향 가공 종점 ④ 지점까지 반복적으로 홈 가공을 한다. ① → ② 가공이 끝난 것만으로 공구를 후퇴시킬 수 없다.

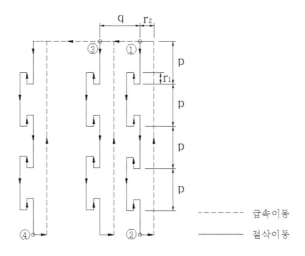

그림 5.31 내·외경 홈 가공 사이클의 공구 이동 경로

예제 5.45

오른쪽 도면을 G75 내·외경 홈 가공 사이클 기능으로 가공하려 한다. 프로그램을 작성하시오. 단, 제2 원점의 좌표 X150. Z150., 회전수 700rpm, 5번 공구를 사용하며 X축 방향 1회 절입량 2.5mm, X축 방향 공구 후퇴량 0.5mm, 이송 속도는 0.08mm/rev, 홈 바이트 폭은 4mm이다.

[풀이] O0010;

G30 U0. W0.;

G50 X150. Z150. S3000 T0500;

G97 S700 M03;

G00 X64. Z-10. T0505 M08;

G75 R0.5; (X축 방향 공구 후퇴량 0.5mm)

G75 X50. P2500 F0.08;

G00 X150. Z150. T0500 M09;

M05;

다음 도면을 G75 내·외경 홈 가공 사이클 기능으로 가공하려 한다. 프로그램을 작성하시오.
단, 제2 원점의 좌표 X150. Z100., 회전수 600rpm, 5번 공구를 사용하며 X축, Z축 방향 1회
절입량 2mm, X축, Z축 방향 공구 후퇴량 0.5mm, 이송 속도는 0.06mm/rev, 홈 바이트 폭은
3mm이다.

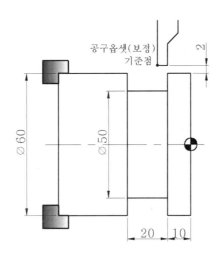

[풀이]   O0010;

G30 U0. W0.;

G50 X150. Z100. S3000 T0500;

G97 S600 M03;

G00 X64. Z-13. T0505 M08;

G75 R0.5; (X축 방향 공구 후퇴량 0.5mm)

G75 X50. P2000 F0.06; (Z축의 후퇴량 없이 가공)

G00 W-2.; (Z축 방향 공구 후퇴량 지정을 위해 바이트 폭의 2/3만큼 공구 이동)

G75 X50. Z-30. P2000 Q2000 R0.5; (바이트 폭의 2/3만큼 Z 축 방향 1회 절입량을
                        Q2000으로 지령. Z축의 후퇴량 R0.5 지령)

G00 X150. Z100. T0500 M09;

M05;

다음 도면을 G75 내·외경 홈 가공 사이클 기능으로 가공하려 한다. 프로그램을 작성하시오.

단, 제2 원점의 좌표 X150. Z150., 회전수 700rpm, 5번 공구를 사용하며 X축, Z축 방향 1회 절입량 2mm, X축, Z축 방향 공구 후퇴량 0.5mm, 이송 속도는 0.06mm/rev, 홈 바이트 폭은 3mm이다.

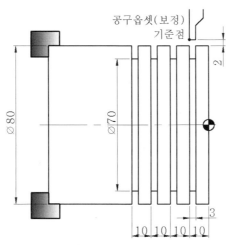

[풀이]　O0010;

　　　　G30 U0. W0.;

　　　　G50 X150. Z150. S3000 T0500;

　　　　G97 S700 M03;

　　　　G00 X84. Z-10. T0505 M08;

　　　　G75 R0.5;

　　　　G75 X70. Z-40. P2000 Q2000 F0.08;

　　　　G00 X150. Z150. T0500 M09;

　　　　M05;

7 자동 나사 가공 사이클(G76)

(1) 기능

나사 바이트가 자동으로 나사를 가공하는 사이클 기능으로 G32, G92 기능과는 차이가 있다.

(2) 지령 형식

나사산의 각도, 최초 절입량, 정삭 여유량, 이송 속도(리드) 등을 G76 기능에 지령하면 공구는 절입 → 나사 가공 → 이탈(후퇴) → 귀환 과정을 반복하면서 나사를 완성한다.

G76 P_ m r a _ Q q_1 _ R r_1 _ ;
G76 X(U)____ Z(W)____ P_ p _ Q q_2 _ R_ r_2 _ F_ f _ ;

m : 정삭 횟수

r : 챔퍼량(모따기량, 나사 가공 마지막 부분의 불완전 나사부의 가공량을 두 자리 수로 지령, 파라미터로 설정 가능)

a : 나사산 각도(지령 각도 0°, 29°, 30°, 55°, 60°, 80°, 두 자리 수로 지령, 파라미터로 설정 가능)

q_1 : 최소 절입량(반경치, 나사의 골지름과 최초 절입량을 지령하면 절입 횟수에 비례하여 자동으로 절입량이 감소된다.)

r_1 : 정삭 여유량(반경치, 그림 5.32와 같이 나사 바이트는 경사를 타고 내려가듯이 절입이 되므로 나사의 한쪽 표면이 좋지 못하다. 이때 최종 정삭 시 수직으로 절입하여 표면을 깨끗하게 한다.)

X(U) : 나사 가공 종점의 X축 절대[증분] 좌표(골지름)

Z(W) : 나사 가공 종점의 Z축 절대[증분] 좌표(나사 가공 길이)

p : 나사산의 높이(나사의 골지름과 나사산의 높이를 지령하면 CNC 선반은 나사의 외경을 계산하고 외경을 기준으로 최초 절입량이 결정된다.)

q_2 : 최초 절입량(반경치, 최초 절입량을 기준으로 절입량이 자동 계산된다.)

r_2 : 테이퍼량(± 반경치)

f : 이송 속도(mm/rev)

(3) 공구 이동 경로

그림 5.32와 같이 공구는 X 방향으로 최초 절입량(q_2) ② 지점까지 급속 절입된 후 F의 이송으로 ③ 지점까지 나사 가공 후 ④ 지점으로 후퇴하여 다시 ① 지점으로 복귀하는 과정을 나사 가공 종점까지 반복 실행한다. 최초 절입량 ② 지점 이후로는 자동 계산된 절입량으로 급속 이송 절입된다.

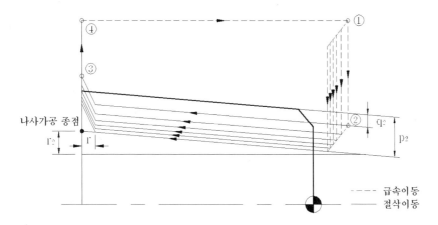

그림 5.32 자동 나사 가공 사이클의 공구 이동 경로

(4) 공구의 절입

자동 나사 가공에서 나사 바이트는 최초 절입량(q_2)이 절입이 되어 나사 가공된 후 절입량이 자동 계산되면서 그림 5.33과 같이 지령이 된 각도에 따라 절입된다.

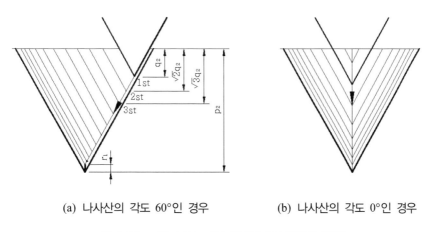

(a) 나사산의 각도 60°인 경우   (b) 나사산의 각도 0°인 경우

그림 5.33 자동 나사 가공 사이클에서 공구의 절입

예제 5.48

다음 도면과 같은 나사를 G76 자동 나사 가공 사이클 기능으로 가공하려 한다. 프로그램을 작성하시오. 단, 제2 원점의 좌표 X100. Z100., 회전수 700rpm, 7번 공구를 사용하며 최소 절입량 0.015mm, 정삭 여유량 0.02mm, 최초 절입량 0.3mm이다.

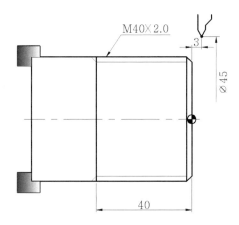

풀이 O0010;

G30 U0. W0.;

G50 X100. Z100. S3000 T0700;

G97 S700 M03;

G00 X45. Z3. T0707 M08;

G76 P011060 Q15 R20;

G76 X37.62 Z-42. P1190 Q300 F2.; (Z-42.는 나사 바이트 선단의 끝 지점 기준임)

G00 X100. Z100. T0700 M09;

M05;

M02;

예제 5.49

다음 도면과 같은 나사를 G76 자동 나사 가공 사이클 기능으로 가공하려 한다. 프로그램을 작성하시오. 단, 제2 원점의 좌표 X100. Z100., 회전수 600rpm, 7번 공구를 사용하며 최소 절입량 0.02mm, 정삭 여유량 0.03mm, 최초 절입량 0.3mm, 나사 바이트 폭은 3mm이다.

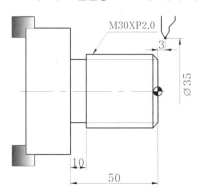

풀이　O0010;

　　　G30　U0.　W0.;

　　　G50　X100.　Z100.　S3000　T0700;

　　　G97　S600　M03;

　　　G00　X35.　Z3.　T0707　M08;

　　　G76　P011060　Q20　R30;

　　　G76　X27.62　Z-45.　P1190　Q300　F2.;

　　　G00　X100.　Z100.　T0700　M09;

　　　M05;

　　　M02;

예제 5.50

다음 도면의 나사는 피치 1.5mm인 미터 사다리꼴나사(TW)로서 G76 자동 나사 가공 사이클 기능으로 가공하려 한다. 프로그램을 작성하시오. 단, 제2 원점의 좌표 X100. Z100., 회전수 700rpm, 7번 공구를 사용하며 최소 절입량 0.015mm, 정삭 여유량 0.02mm, 최초 절입량 0.2mm이다.

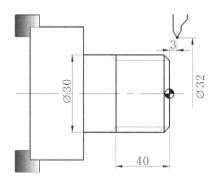

풀이　미터 사다리꼴나사(TW)는 나사산의 각도가 30°이다.

　　　O0010;

　　　G30　U0.　W0.;

　　　G50　X100.　Z100.　S3000　T0700;

　　　G97　S700　M03;

　　　G00　X32.　Z3.　T0707　M08;

　　　G76　P011030　Q15　R20;

　　　G76　X28.22　Z-42.　P890　Q200　F1.5.;

```
G00 X100. Z100. T0700 M09;
M05;
M02;
```

■

예제 5.51

다음 도면의 나사는 피치1.5mm인 미터 사다리꼴나사(TW)로서 G76 자동 나사 가공 사이클 기능으로 가공하려 한다. 프로그램을 작성하시오. 단, 제2 원점의 좌표 X100. Z100., 회전수 700rpm, 7번 공구를 사용하며 최소 절입량 0.020mm, 정삭 여유량 0.025mm, 최초 절입량 0.2mm, 나사 바이트 폭은 3mm이다.

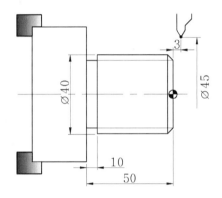

[풀이]
```
O0010;
G30 U0. W0.;
G50 X100. Z100. S3000 T0700;
G97 S700 M03;
G00 X45. Z3. T0707 M08;
G76 P011030 Q20 R25;
G76 X38.22 Z-45. P890 Q200 F1.5.;
G00 X100. Z100. T0700 M09;
M05;
M02;
```

■

5.10 금지 영역

금지 영역은 작업자와 공작기계의 안전을 위해 공작기계 운전 시 공구가 내, 외부로 진입하지 못하도록 설정한 특정 영역을 말한다.

1 제 1 금지 영역

제 1 금지 영역은 지정한 영역의 외부로 공구가 진입할 수 없도록 설정한 영역이다. 기계 제조사에서 파라미터로 설정한다.

2 제 2 금지 영역(G22, G23)

(1) 기능

작업자가 공작기계의 안전한 운전을 위해 공구가 일정한 영역을 침입하지 못하도록 설정하는 기능이다. 제 2 금지 영역은 작업자가 사용하는 공구에 따라 선택적으로 금지 영역을 설정할 수 있다. 일반적으로 공구가 척 또는 조(jaw)에 충돌하는 것을 방지하기 위해 설정한다.

(2) 지령 형식

그림 5.34에 나타나 있는 바와 같이 꼭지점 ①과 ②지점의 기계 좌푯값을 G22에 프로그램으로 지령하면 지령이 된 지점을 대각의 사각형으로 연결하여 금지 영역으로 설정한다.

G22 : 금지 영역 설정

G23 : 금지 영역 취소

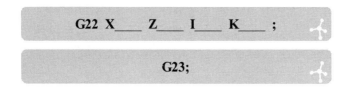

```
G22  X___  Z___  I___  K___  ;
```

```
                G23;
```

X : ① 지점의 X축 기계 좌표

Z : ① 지점의 Z축 기계 좌표

I : ② 지점의 X축 기계 좌표

K : ② 지점의 Z축 기계 좌표

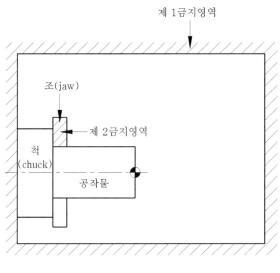

제 1금지영역

조(jaw)

제 2금지영역

척
(chuck)

공작물

그림 5.34   금지영역

5.11 측정 기능

측정 기능은 측정 장치를 부착하여 공작물의 측정이나 공구의 길이 보정 등을 자동으로 하기 위한 기능이다.

■ 스킵(skip) 기능(G31)

(1) 기능

스킵 기능 실행 도중 외부에서 스킵 신호가 입력이 되면 실행 중인 블록이 정지되고 자동으로 다음 블록이 실행된다. 공구 인선 반경 R이 보정된 상태에서는 사용할 수 없는 기능이므로 G40 기능이 실행된 이후에 사용한다.

(2) 지령 형식

공구는 지령이 된 종점의 좌표까지 F의 이송 속도로 이동하다가 스킵 신호가 입력이 되면 현재 실행 중인 블록이 정지되고 동시에 다음 블록을 실행시킨다.

$$G31 \ X(U)\_\_\_ \ Z(W)\_\_\_ \ F\_\_\_ \ ;$$

X(U) : 이동 종점의 X축 절대(증분) 좌표

Z(W) : 이동 종점의 Z축 절대(증분) 좌표

F : 이송 속도(mm/rev)

(3) 공구 이동 경로

그림 5.35와 같이 본래 공구의 이동 경로는 ①→②→③이다. 그러나 프로그램에 G31이 지령이 되고 ④지점에서 스킵 신호가 입력이 된다면 공구의 이동 경로는 ①→④→⑤의 경로로 바뀌게 된다.

(위 생략)

G01 Z50. F0.2;

G31 X10. F0.1;

G01 Z100. F0.2;

(아래 생략)

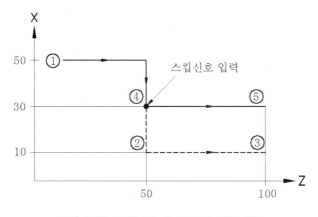

그림 5.35 스킵 기능과 공구의 이동 경로

② 자동 공구 보정(G36, G37)

(1) 기능

측정 기기인 터치 센서를 사용하여 공구의 길이 보정을 하는 기능이다. 터치 센서에 접촉되는 공구의 위치를 CNC 공작기계가 자동으로 측정, 계산한 값을 보정 화면에 자동으로 설정하는 기능이다.

(2) 지령 형식

각각의 공구를 터치 센서의 X, Z축 방향면에 접촉시켜 CNC 공작기계가 자동으로 측정, 계산한 값을 다음 형식에 따라 지령한다.

G36 : X축 자동 공구 보정
G37 : Z축 자동 공구 보정

> **G36 X____ ;**

> **G37 Z____ ;**

X : 터치 센서면의 X축 절대 좌표
Z : 터치 센서면의 Z축 절대 좌표

(3) 자동 공구 보정 방법

그림 5.36과 같이 터치 센서의 위치가 X190, Z100의 위치일 때

G00 X200. Z70. T0202;
G36 X190.; (절대 좌표계에서 X189.5mm이면 189.5-190=-0.5mm를 02번 보정 번호에 자동으로 설정한다.)
G00 X200.;
Z110.;
X160.;
G37 Z100.; (절대 좌표계에서 Z101mm이면 101-100=1mm를 02번 보정 번호에 자동으로 설정한다.)

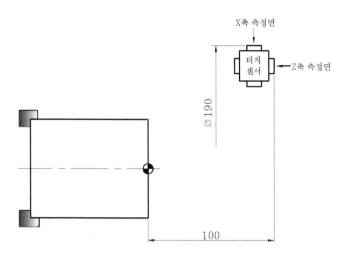

그림 5.36 터치 센서에 의한 자동 공구 보정

5.12 대향 공구대 좌표계(G68, G69)

1 기능

2개의 공구대가 서로 마주 보고 있어 대향 공구대라 한다. 대향 공구대 좌표계가 필요한 경우는 선반에서 공구대가 2개이거나 Gang type과 같이 공구대가 없는 공작기계를 운전할 때이다. 그림 5.37과 같이 공구대가 마주 보고 있는 경우에는 공구가 이동할 때 Z축 방향은 동일하나 X축 방향은 그 방향이 각각 +, -로 서로 다르다. 이와 같이 대향 공구대의 좌표는 X축 방향만 변화한다. 이때 대향 공구대 좌표계를 사용하면 어떤 공구를 사용하여 X축 방향으로 이동시켜도 그 방향을 동일하게 할 수 있어 편리하다. 기계 원점 방향이 G69, 즉 대향 공구대 좌표계 Off이다. 따라서 기계 원점 측(A 측)에 공구대가 있는 경우에는 지금까지 학습해왔던 방법으로 프로그램을 작성하면 된다. 기계 원점과 마주 보고 있는 B 측에 공구대가 있는 경우에는 G68, 즉 대향 공구대 좌표계 On 상태에서 프로그램을 실행한다.

2 지령 형식

대향 공구대 좌표계를 사용할 때에는 G68를 지령하며 일반적인 방법으로 프로그램을 작성할 때에는 G69를 지령한다. 작업자는 사용 공구의 이동 지령 이전에 단독 블록으로 지령한다. 공작기계의 전원 투입 시 G69는 기본으로 설정이 된다.

대향 공구대 좌표 On : G68
대향 공구대 좌표 Off : G69

> **G68 ;**

> **G69 ;**

❸ 공구 이동 경로

그림 5.37에서 G00 X60. Z0.;을 지령하면 A 공구는 ① 지점으로 이동하지만 B 공구는 ③ 지점으로 이동하여 공작물과는 떨어지게 된다. 이때 B 공구를 ② 지점으로 이동시키려면 G00 X-60. Z0.; 으로 지령해야 한다. 이와 같이 X 좌표에 매번 "–"부호를 사용하여 프로그램 작업을 하게 되면 작업자는 불편할 뿐만 아니라 실수로 프로그램 오류를 일으킬 수도 있다. 그러므로 A 공구를 이동시켰을 때와 동일한 프로그램을 실행시켜 B 공구가 ② 지점으로 이동하되 -부호를 생략할 수 있도록 G68 기능을 사용하면 편리하다.

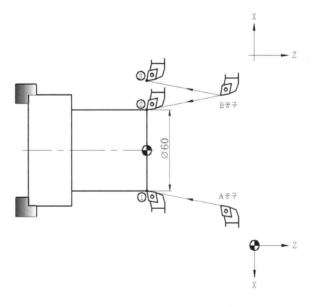

그림 5.37 대향 공구대 좌표계

5.13 보조 기능(M 기능)

1 기능

G-코드 외에 보조 장치들을 제어하기 위한 보조 기능인 M-코드는 어드레스 M과 2자리 수의 수치로 지령한다. 프로그램을 제어하기 위한 내부 기능 M-코드와 기계 작동을 제어하는 외부 기능 M-코드가 있다. 내부 기능 M-코드로서 M00, M01, M02, M30, M98, M99가 있으며 그 외는 외부 기능 M-코드이다. M-코드의 사용은 제조사마다 차이가 있다.

2 기능 설명

표 5.2 M-코드 일람표 및 기능

M-코드	기능 설명	비고
M00	프로그램 실행 정지 : 공작물 교환 작업 등을 하고 자동 개시 버튼 누르면 운전 재개	◎
M01	프로그램 실행 선택 정지 : M01 조작판의 스위치 On일 때 정지, Off일 때 통과	◎
M02	프로그램 실행 종료 : 커서 위치를 프로그램의 선두로 복귀시키는 기능도 있음	◎
M03	주축 정 회전(CW, 시계 방향 회전)	◎
M04	주축 역 회전(CCW 반시계 방향 회전)	◎
M05	주축 정지	◎
M08	절삭유 공급 : 조작판의 스위치 On으로도 절삭유 공급	◎
M09	절삭유 공급 차단 : 조작판의 스위치 Off 로도 절삭유 공급 차단	◎
M12	척 물림(페달로도 작동 가능) : 공작물을 척에 고정시키는 기능	
M13	척 풀림(페달로도 작동 가능) : 척에 고정된 공작물을 분리시키는 기능	
M14	심압대 센터 축 전진	
M15	심압대 센터 축 후진	
M30	프로그램 실행 종료 : 커서를 프로그램의 선두로 복귀시키는 기능과 재실행 기능 있음. M02 기능보다 많이 사용	◎

표 5.2 (연결)

M-코드	기 능 설 명	비 고
M30	프로그램 실행 종료 : 커서를 프로그램의 선두로 복귀시키는 기능과 재 실행 기능 있음. M02 기능보다 많이 사용	◎
M40	주축 기어 중립위치	
M41	주축 기어 저속위치	
M42	주축 기어 중속위치	
M43	주축 기어 고속위치	
M48	주축 속도 변환가능 : override switch의 사용으로도 주축 속도 조절 가능	
M49	주축 속도 변환 불가능 : override switch로 주축 속도 조절 불가	
M98	보조 프로그램 호출	◎
M99	보조 프로그램 실행 종료와 주 프로그램으로의 복귀	◎

❸ M-코드 특징

- 표 5.2의 비고란에 ◎표시는 공통으로 사용되고 있는 보조 기능이며, 그 외에는 공작 기계 제조사와 기종마다 차이가 있으니 매뉴얼을 참고하기 바란다.
- 동일 블록 내에서 M-코드는 1개만 사용이 가능하고 2개 이상 지령할 경우 뒤에 지령이 된 M-코드만 유효하다.
- 프로그램에 지령이 된 M-코드보다 조작판에 의한 기능이 우선한다.

CNC 프로그래밍 응용 예제 연습

다음의 가공 조건에 따라 도면을 가공하기 위한 프로그램을 작성하시오.

1 응용 예제(외경 가공)

순서	작업 내용	공구 조건	절삭 조건		공구 및 보정 번호	제2 원점 X150. Z150.
		종류	절삭 속도 (m/min)	이송 (mm/rev)		
1	외경 황삭 가공	외경 황삭 바이트	150	0.2	T0101	소재 및 재질 SM45C Ø60×100
2	외경 정삭 가공	외경 정삭 바이트	200	0.1	T0202	

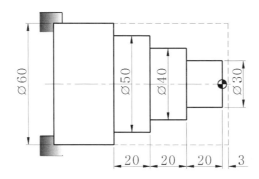

1 일반 프로그램

일반 프로그램을 이용하여 황삭과 정삭가공을 하는 과정을 프로그램으로 작성

```
O0010;
G30 U0. W0.;
G50 X150. Z150. S3000 T0100;
G96 S150 M03;
G00 X64. Z3. T0101 M08;
G01 Z0.1 F0.2;
X-2.;
G00 X55. Z3.;
G01 Z-59.9;
G00 U1. Z3.;
X50.4;
G01 Z-59.9;
G00 U1. Z3.;
X50.4;
G01 Z-59.9;
G01 U1. Z3.;
X45.;
G01 Z-39.9;
G00 U1. Z2.;
X40.4;
G01 Z-39.9;
```

```
G00 U1. Z3.;
X35.;
G01 Z-19.9;
G00 U1. Z3.;
X30.4;
G01 Z-19.9;
G00 X150. Z150. T0100 M09;
T0200;
G00 X32. Z3. S200 T0202 M08;
G01 Z0. F0.1;
X-2.;
G00 X30. Z3.;
G01 Z-20.;
X40.;
Z-40.;
X50.;
Z-60.;
X62.;
G00 X150. Z150. T0200 M09;
M05;
M02;
```

② 고정 사이클 프로그램

```
O0010;
G30 U0. W0.;
G50 X150. Z100. S3000 T0100;
G96 S180 M03;
G00 X64. Z0. T0101 M08;
G01 X-2. F0.3;
G00 X64. Z3.;
G71 U2. R0.5;
G71 P10 Q20 W0.4 W0.1 F0.3;
N10 G00 G42 X20.;
G01 Z-20.;
X40.;
Z-40.;
```

```
X50.;
Z-60.;
N20 X62.;
G00 G40 X150. Z100. T0100 M09;
T0200;
G00 X64. Z3. S200 T0202 M08;
G70 P10 Q20 F0.15;
G00 G40 X150. Z100. T0200 M09;
M05;
M02;
```

② 응용 예제(외경 가공)

순서	작업 내용	공구 조건 종류	절삭 조건 절삭 속도 (m/min)	이송 (mm/rev)	공구 및 보정 번호	제2 원점 X150. Z100.
1	외경 황삭 가공	외경 황삭 바이트	180	0.3	T0101	소재 및 재질 SM45C Ø60×100
2	외경 정삭 가공	외경 정삭 바이트	200	0.15	T0202	

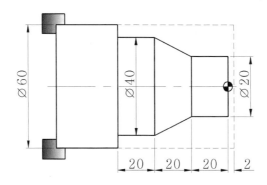

O0010;
G30 U0. W0.;
G50 X150. Z100. S3000 T0100;
G96 S180 M03;
G00 X62. Z0.1 T0101 M08;
G01 X-2. F0.3;
G00 X62. Z1.;
G71 U2. R0.5;
G71 P10 Q20 W0.4 W0.1 F0.3;
N10 G00 G42 X20.;
G01 Z-20.;
X40. Z-40.;

Z-60.;
N20 X62.;
G00 G40 X150. Z100. T0100 M09;
T0200;
G00 X22. Z0. S200 T0202 M08;
G01 X-2. F0.15;
G00 X61. Z1.;
G70 P10 Q20 F0.15;
G00 G40 X150. Z100. T0200 M09;
M05;
M02;

3 응용 예제(외경 가공)

순서	작업 내용	공구 조건	절삭 조건		공구 및 보정 번호	제2 원점 X100. Z50.
		종류	절삭 속도 (m/min)	이송 (mm/rev)		
1	외경 황삭 가공	외경 황삭 바이트	160	0.25	T0101	소재 및 재질
2	외경 정삭 가공	외경 정삭 바이트	200	0.15	T0303	SM45C Ø60×100

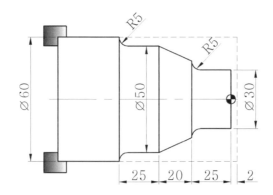

```
O0010;
G30 U0. W0.;
G50 X100. Z50. S3500 T0100;
G96 S160 M03;
G00 X62. Z0.1 T0101 M08;
G01 X-2. F0.2;
G00 X62. Z1.;
G71 U1.5 R0.5;
G71 P10 Q20 U0.4 W0.1 F0.25;
N10 G00 G42 X30.;
G01 Z-20.;
G02 X40. W-5. R5.;
```

```
G01 X50. Z-45.;
W-20.;
N20 G02 X60. W-5. R5.;
G00 G40 X100. Z50. T0100 M09;
T0300;
G00 X32. Z0. S200 T0303 M08;
G01 X-2. F0.15;
G00 X62. Z1.;
G70 P10 Q20 F0.15;
G00 G40 X100. Z50. T0300 M09;
M05;
M02;
```

4 응용 예제(외경 가공)

순서	작업 내용	공구 조건 종류	절삭 조건 절삭 속도 (m/min)	이송 (mm/rev)	공구 및 보정 번호	제2 원점 X100. Z100.
1	외경 황삭 가공	외경 황삭 바이트	180	0.25	T0101	소재 및 재질 SM45C Ø60×100
2	외경 정삭 가공	외경 정삭 바이트	220	0.15	T0202	

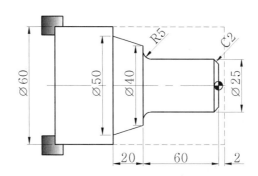

O0010;
G30 U0. W0.;
G50 X100. Z100. S3500 T0100;
G96 S180 M03;
G00 X62. Z0.1 T0101 M08;
G01 X-2. F0.25;
G00 X62. Z1.;
G71 U2. R0.5;
G71 P5 Q10 U04. W0.1 F0.25;
N5 G00 G42 X21.;
G01 Z0.;
X25. Z-2.;
Z-55.;

G02 X35. Z-60. R5.;
G01 X40.;
X50. Z-80.;
N10 X62.;
G00 G40 X100. Z100. T0100 M09;
T0200;
G00 X27. Z0. S220 T0202 M08;
G01 X-2. F0.15;
G00 X62. Z1.;
G70 P5 Q10 F0.15;
G00 X100. Z100. T0200 M09;
M05;
M02;

5 응용 예제(외경 가공)

순서	작업 내용	공구 조건	절삭 조건		공구 및 보정 번호	제2 원점 X150. Z100.
		종류	절삭 속도 (m/min)	이송 (mm/rev)		
1	외경 황삭 가공	외경 황삭 바이트	200	0.2	T0303	소재 및 재질 SM45C Ø80×80

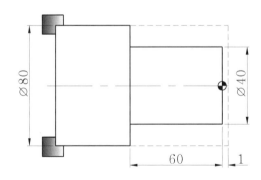

(1) 외경가공 사이클 (G90)을 이용한 프로그램

O0010; G30 U0. W0.; G50 X150. Z50. S3000 T0300; G96 S200 M03; G00 X82. Z0. T0303 M08; G01 X-2. F0.2; G00 X82. Z1.; G90 X76. Z-60. F0.2; X72.; X68.;	X64.; X60.; X56.; X52.; X48.; X44.; X40.; G00 X150. Z50. T0300 M09; M05; M02;

6 응용 예제(단면 황삭 가공)

순서	작업 내용	공구 조건	절삭 조건		공구 및 보정 번호	제2 원점 X100. Z100.
		종류	절삭 속도 (m/min)	이송 (mm/rev)		
1	외경 황삭 가공	외경 황삭 바이트	200	0.2	T0303	소재 및 재질 SM45C Ø100×50
2	외경 정삭 가공	외경 정삭 바이트	220	0.1	T0505	

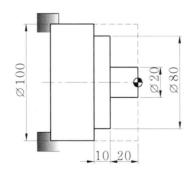

1 단면 황삭 가공 사이클(G72)을 이용한 프로그램

```
O0010;
G30 U0. W0.;
G50 X150. Z100. S3000 T0300;
G96 S200 M03;
G00 X102. Z2.0 T0303 M08;
G72 W2. R0.5;
G72 P5 Q10 U0.4 W0.1 F0.2;
N5 G00 Z-30.;
G01 X80.;
Z-20.;
```

```
X20.;
N10 Z1.;
G00 X150. Z100. T0300 M09;
T0500;
G00 X102. Z2.0 T0505 M08;
G70 P5 Q10 F0.1 S220;
G00 X150. Z100. T0500 M09;
M05;
M02;
```

7 응용 예제(단면 황삭 가공)

순서	작업 내용	공구 조건	절삭 조건		공구 및 보정 번호	제2 원점 X100. Z100.
		종류	절삭 속도 (m/min)	이송 (mm/rev)		
1	외경 황삭 가공	외경 황삭 바이트	150	0.25	T0101	소재 및 재질 SM45C Ø80×50
2	외경 정삭 가공	외경 정삭 바이트	200	0.15	T0202	

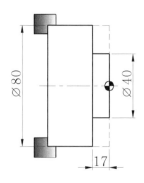

1 단면 황삭 가공 사이클(G72)을 이용한 프로그램

```
O0010;
G30 U0. W0.;
G50 X100. Z100. S3000 T0100;
G96 S150 M03;
G00 X82. Z2. T0101 M08;
G72 W2. R0.5;
G72 P10 Q20 U0.4 W0.15 F0.25;
N10 G00 Z-17.;
```

```
G01 X40.;
N20 Z0.;
G00  X100.  Z100.  T0100  M09
T0200;
G00 X82. Z2. T0202 M08;
G70 P10 Q20 F0.15 S200;
G00 X100. Z100. T0200 M09;
M05;
M02;
```

2 단면 황삭 가공 사이클(G94)을 이용한 프로그램

```
O0010;
G30 U0. W0.;
G50 X100. Z100. S300 T0100;
G96 S150 M03;
G00 X82. Z2. T0101 M08;
G94 X40. Z-1.5 F0.15;
Z-3.;
Z-4.5;
Z-6.;
Z-7.5;
```

```
Z-9.;
Z-10.5;
Z-12.;
Z-13.5;
Z-15.;
Z-16.5;
Z-17.;
G00 X100. Z100. T0100 M09;
M05;
M02;
```

8 응용 예제(외경 홈 가공)

순서	작업 내용	공구 조건	절삭 조건		공구 및 보정 번호	제2 원점 X100. Z100.
		종류	절삭 속도 (m/min)	이송 (mm/rev)		
1	외경 홈 가공	외경 홈 바이트	130	0.08	T0303	소재 및 재질 SM45C Ø80×100

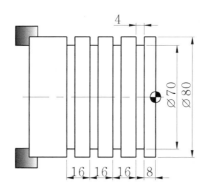

❶ 일반 프로그램

O0010;
G30 U0. W0.;
G50 X100. Z100 S1000 T0300;
G96 S130 M03;
G00 X82. Z-12. T0303 M08;
G01 X77. F0.08;
U0.5 F3.;
X74. F0.08;
U0.5 F3.;
X71. F0.08;
U0.5 F3.;
X70. F0.08;
G04 P1000;
G00 X82.;
W-16.;
G01 X77. F0.08;
U0.5 F3.;
X74. F0.08;
U0.5 F3.;
X71. F0.08;
U0.5 F3.;
X70. F0.08;
G04 P1000;
G00 X82.;

W-16.;
G01 X77. F0.08;
U0.5 F3.;
X74. F0.08;
U0.5 F3.;
X71. F0.08;
U0.5 F3.;
X70. F0.08;
G04 P1000;
G00 X82.;
W-16.;
G01 X77. F0.08;
U0.5 F3.;
X74. F0.08;
U0.5 F3.;
X71. F0.08;
U0.5 F3.;
X70. F0.08;
G04 P1000;
G00 X82.;
X100. Z100. T0300 M09;
M05;
M02;

2 외경 홈 가공 사이클(G75)을 이용한 프로그램

```
O0010;
G30 U0.W0.;
G50 X100. Z100. S1000 T0300;
G96 S130 M03;
G00 X82. Z-12. T0303 M08;
```

```
G75 R.5;
G75 X70. Z-60. P1500 Q16000
F0.08;
G00 X100. Z100. T0300 M09;
M05;
M02;
```

3 보조 프로그램을 이용한 일반 프로그램

① 주 프로그램

```
O0010;
G30 U0. W0.;
G50 X100. Z100. X1000 T0300;
G96 S130 M03;
G00 X82. Z-12. T0303 M08;
M98 P0012;
G00 W-16.;
```

```
M98 P0012;
G00 W-16.;
M98 P0012;
G00 X100. Z100. T0300 M09;
M05;
M02;
```

② 보조 프로그램

```
O0012;
G01 X77. F0.08;
U0.5 F3.;
X74. F0.08;
U0.5 F3.;
X71. F0.08;
```

```
U0.5 F3.;
X70. F0.08;
G04 P1000;
G00 X82.;
M99;
```

9 응용 예제(외경 홈 가공)

순서	작업 내용	공구 조건	절삭 조건		공구 및 보정 번호	제2 원점 X150. Z150.
		종류	절삭 속도 (m/min)	이송 (mm/rev)		
1	외경 홈 가공	외경 홈 바이트	140	0.06	T0303	소재 및 재질 SM45C Ø70×100

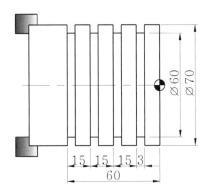

1 일반 프로그램

O0010;
G30 U0. W0.;
G50 X150. Z150. S1000 T0300;
G96 S140 M03;
G00 X72. Z-15. T0303 M08;
G01 X67. F0.06;
U0.5 F3.;
X64. F0.06;
U0.5 F3.;
X61. F0.06;
U0.5 F3.;
X60. F0.06;
G04 P1000;
G00 X72.;
W-15.;
G01 X67. F0.06;

X61. F0.06;
U0.5 F3.;
X60. F0.06;
G04 P1000;
G00 X72.;
W-15.;
G01 X67. F0.06;
U0.5 F3.;
X64. F0.06;
U0.5 F3.;
X61. F0.06;
U0.5 F3.;
X60. F0.06;
G04 P1000;
G00 X72.;
W-15.;

```
U0.5  F3.;
X64.  F0.06;
U0.5  F3.;
X61.  F0.06;
U0.5  F3.;
X60.  F0.06;
G04  P1000;
G00  X72.;
G01  X67.  F0.06;
U0.5  F3.;
X64.  F0.06;
U0.5  F3.;
```

```
G01  X67.  F0.06;
U0.5  F3.;
X64.  F0.06;
U0.5  F3.;
X61.  F0.06;
U0.5  F3.;
X60.  F0.06;
G04  P1000;
G00  X72.;
X150.  Z150.  T0300 M09;
M05;
M02;
```

❷ 외경 홈 가공 사이클(G75)을 이용한 프로그램

```
O0010;
G30  U0.  W0.;
G50  X150.  Z150.  S1000 T0300;
G96  S140  M03;
G00  X72.  Z-15.  T0303 M08;
G75  R0.5;
```

```
G75  X60.  Z-60.  P1500  Q15000
F0.08;
G00  X100.  Z100.  T0300 M09;
M05;
M02;
```

❸ 보조 프로그램을 이용한 일반 프로그램

① 주 프로그램

```
O0010;
G30  U0.  W0.;
G50  X150.  Z150.  S1000 T0300;
G96  S140  M03;
GOO  X72.  Z-15.  T0300 M08;
M98  P0020;
G00  W-15.;
M98  P0020;
```

```
G00  W-15.;
M98  P0020;
G00  W-15.;
M98  P0020;
G00  X100.  Z100.  T0300 M09;
M05;
M02;
```

② 보조 프로그램

O0020; G01 X67. F0.06; U0.5 F3.; X64. F0.06; U0.5 F3.; X61. F0.06;	U0.5 F3.; X60. F0.06; G04 P1000; G00 X72.; M99;

10 응용 예제(나사 가공)

순서	작업 내용	공구 조건	절삭 조건		공구 및 보정 번호	제2 원점 X100. Z100.
		종류	절삭 속도 (m/min)	이송 (mm/rev)		
1	외경 황삭 가공	외경 황삭 바이트	180	0.2	T0303	소재 및 재질 SM45C Ø60×80
2	외경 나사 가공	외경 나사 바이트	500rpm		T0505	

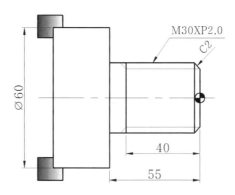

1 자동 나사 가공 사이클(G76)을 이용한 프로그램

O0010; G30 U0. W0.; G50 X100. Z100. S3000 T0300; G96 S180 M03;	Z-55.; N20 X62.; G00 G40 X100. Z100. T0300 M09; T0500;

```
G00 X62. Z0.1 T0303 M08;
G01 X-2. F0.2;
G00 X62. Z1.;
G71 U2. R0.5;
G71 P10 Q20 U0. W0. F0.2;
N10 G00 G42 X26.;
G01 Z0.;
X30. Z-2.;
```

```
G97 S500 M03;
G00 X32. Z2. T0505 M08;
G76 P011060 Q20 R40;
G76 X27.62 Z-42. P1190 Q300 F2.;
G00 X100. Z100. T0500 M09;
M05;
M02;
```

② 나사 가공 사이클(G92)을 이용한 프로그램

```
O0010;
G30 U0. W0.;
G50 X100. Z100. S3000 T0300;
G96 S180 M03;
G00 X62. Z0.1 T0303 M08;
G01 X-2. F0.2;
G00 X62. Z1.;
G71 U2. R0.5;
G71 P10 Q20 U0. W0. F0.2;
N10 G00 G42 X26.;
G01 Z0.;
X30. Z-2.;
G01 Z-55.;
N20 X62.;
```

```
G00 G40 X100. Z100. T0300 M09;
T0500;
G97 S500 M03;
G00 X32. Z2. T0505 M08;
G92 X29.4 Z-42. F2.;
X28.9;
X28.5;
X28.2;
X27.9;
X27.7;
X27.62;
G00 X100. Z100. T0500 M09;
M05;
M02;
```

11 응용 예제(나사 가공)

순서	작업 내용	공구 조건	절삭 조건		공구 및 보정 번호	제2 원점 X100. Z100.
		종류	절삭 속도 (m/min)	이송 (mm/rev)		
1	외경 황삭 가공	외경 황삭 바이트	180	0.2	T0101	
2	외경 홈 가공	외경 홈 바이트 (폭3mm)	140	0.06	T0303	소재 및 재질 SM45C Ø60×80
3	외경 나사 가공	외경 나사 바이트	600		T0505	

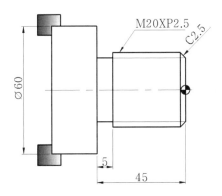

1 나사 가공(G32)을 이용한 프로그램

```
O0010;
G30 U0. W0.;
G50 X100. Z100. S3000 T0100;
G96 S180 M03;
G00 X62. Z0.1 T0101 M08;
G01 X-2. F0.2;
G00 X62. Z1.;
G71 U2. R0.5;
G71 P10 Q20 U0. W0. F0.25;
N10 G00 X15.;
G01 Z0.;
X20. Z-2.5;
```

```
G32 Z-44. F2.5;
G00 X22.;
Z3.;
X18.6;
G32 Z-44. F2.5;
G00 X22.;
Z3.;
X18.1;
G32 Z-44. F2.5;
G00 X22.;
Z3.;
X17.6;
```

G01 Z-45.;
N20 X62.;
G00 G40 X100. Z100. T0100 M09;
T0300;
G00 X62. Z-45. S140 T0303 M08;
G01 X15. F0.06;
G04 P1000;
G00 X22.;
W2.;
G01 X15. F0.06;
G04 P1000;
G00 X22.;
G00 X100. Z100. T0300 M09;
T0500;
G97 S600 M03;
G00 X20. Z3. T0505 M08;
X19.2;

G32 Z-44. F2.5;
G00 X22.;
Z3.;
X17.6;
G32 Z-44. F2.5;
G00 X22.;
Z3.;
X17.2;
G32 Z-44. F2.5;
G00 X22.;
Z3.;
X17.02;
G32 Z-44. F2.5;
G00 X22.;
X100. Z100. T0500 M09;
M05;
M02;

② 나사 가공 사이클(G92)을 이용한 프로그램

O0010;
G30 U0. W0.;
G50 X100. Z100. S3000 T0100;
G96 S180 M03;
G00 X62. Z0.1 T0101 M08;
G01 X-2. F0.2;
G00 X62. Z1.;
G71 U2. R0.5;
G71 P10 Q20 U0. W0. F0.25;
N10 G00 X15.;
G01 Z0.;
X20. Z-2.5;
G01 Z-55.;

G04 P1000;
G00 X22.;
W2.;
G01 X15. F0.06;
G04 P1000;
G00 X22.;
G00 X100. Z100. T0300 M09;
T0500;
G97 S600 M03;
G00 X20. Z3. T0505 M08;
G92 X19.2 Z-44. F2.5;
X18.6;
X18.1;

N20 X62.;
G00 G40 X100. Z100. T0100 M09;
T0300;
G00 X62. Z-55. S140 T0303 M08;
G01 X15. F0.06;

X17.6;
X17.2;
X17.02;
G00 X100. Z100. T0500 M09;
M05;
M02;

❸ 나사 가공 사이클(G76)을 이용한 프로그램

O0010;
G30 U0. W0.;
G50 X100. Z100. S3000 T0100;
G96 S180 M03;
G00 X62. Z0.1 T0101 M08;
G01 X-2. F0.2;
G00 X62. Z1.;
G71 U2. R0.5;
G71 P10 Q20 U0. W0. F0.25;
N10 G00 X15.;
G01 Z0.;
X20. Z-2.5;
G01 Z-45.;
N20 X62.;
G00 G40 X100. Z100. T0100 M09;
T0300;
G00 X62. Z-45. S140 T0303 M08;

G01 X15. F0.06;
G04 P1000;
G00 X22.;
W2.;
G01 X15. F0.06;
G04 P1000;
G00 X22.;
G00 X100. Z100. T0300 M09;
T0500;
G97 S600 M03;
G00 X20. Z3. T0505 M08;
G76 P011060 Q20 R20;
G76 X17.02 Z-44. P1490 Q400 F2.5;
G00 X100. Z100. T0500 M09;
M05;
M02;

12 응용 예제(단면 홈 가공)

순서	작업 내용	공구 조건	절삭 조건		공구 및 보정 번호	제2 원점 X100. Z100.
		종류	절삭 속도 (m/min)	이송 (mm/rev)		
1	외경 홈 가공	외경 홈 바이트 (폭4mm)	100	0.08	T0303	소재 및 재질 SM45C Ø80×80

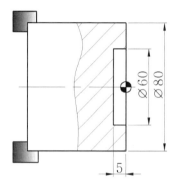

1 단면 홈 가공 사이클(G74)을 이용한 프로그램

```
O0010;
G30 U0. W0.;
G50 X100. Z100. S3000 T0300;
G96 S100 M03;
G00 X52. Z2. T0303 M08;
G74 R0.5;
```

```
G74 Z-5. Q2000 F0.08;
G00 U-2.5;
G74 X-1. Z-5. P2500 Q2000 R0.2;
G00 X100. Z100. T0300 M09;
M05;
M02;
```

13 응용 예제(단면 홈 가공)

순서	작업 내용	공구 조건	절삭 조건		공구 및 보정 번호	제2 원점 X120. Z120.
		종류	절삭 속도 (m/min)	이송 (mm/rev)		
1	외경 홈 가공	외경 홈 바이트 (폭3mm)	120	0.07	T0303	소재 및 재질 SM45C Ø80×80

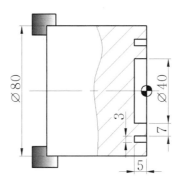

1 단면 홈 가공 사이클(G74)을 이용한 프로그램

```
O0010;
G30 U0. W0.;
G50 X120. Z120. S3500 T0300;
G96 S120 M03;
G00 X54. Z2. T0303 M08;
G74 R0.5;
G74 Z-5. Q1500 F0.07;
```

```
G00 X34.;
G74 Z-5. Q1500;
G00 U-2.;
G74 X-1. Z-5. P2000 Q1500 R0.2;
G00 X120. Z120. T0300 M09;
M05;
M02;
```

14 응용 예제(단면 홈 가공)

순서	작업 내용	공구 조건	절삭 조건		공구 및 보정 번호	제2 원점 X150. Z100.
		종류	절삭 속도 (m/min)	이송 (mm/rev)		
1	외경 홈 가공	외경 홈 바이트 (폭 3mm)	120	0.08	T0505	소재 및 재질 SM45C Ø80×80

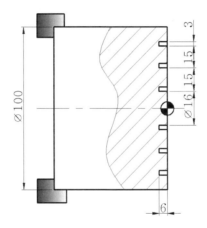

1 단면 홈 가공 사이클(G74)을 이용한 프로그램

```
G30 U0. W0.;
G50 X150. Z100. S3500 T0500;
G96 S120 M03;
G00 X38. Z2. T0505 M08;
G74 R0.5;
```

```
G74 X16. Z-5. P15000 Q2000 F0.08;
G00 X150. Z100. T0500 M09;
M05;
M02;
```

15 응용 예제(종합 가공)

순서	작업 내용	공구 조건 종류	절삭 조건 절삭 속도 (m/min)	절삭 조건 이송 (mm/rev)	공구 및 보정 번호	제2 원점 X150. Z100.
1	외경 황삭 가공	외경 황삭 바이트	200	0.25	T0101	소재 및 재질 SM45C Ø59×100
2	외경 정삭 가공	외경 정삭 바이트	250	0.1	T0303	
3	외경 홈 가공	외경 홈 바이트 (폭 3mm)	80	0.06	T0505	
4	외경 나사 가공	외경 나사 바이트			T0707	

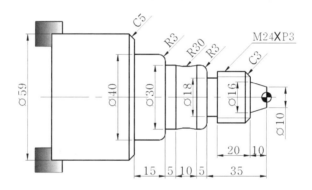

O0010;
G30 U0. W0.;
G50 X150. Z100. S3000 T0100;
G96 S200 M03;
G00 X62. Z0. T0101;
G01 X-2. F0.1 M08;
G00 X62. Z2.;
G71 U1.5 R0.5;
G71 P10 Q20 U0.4 W0.1 F0.25;
N10 G00 G42 X10.;
G01 Z0.;
X16. Z-10.;
X18.;

G01 X30.;
G02 W-10. R30.;
G00 G40 X150. Z100. T0300 M09;
T0500;
G00 X32. Z-35. S80 T0505 M08;
G01 X18. F0.06;
G04 P1000;
G00 X32.;
W2.;
G01 X18.;
G04 P1000;
G00 X32.;
X150. Z100. T0500 M09;

X24. W-3.;
Z-35.;
G03 X30. W-3. R3.;
G01 W-17.;
X34.;
G03 X40. W-3. R3.;
G01 W-12.;
X49.;
N20 X59. W-5.;
G00 G40 X150. Z100. T0100 M09;
T0300;
G00 X62. Z2. S250 T0303 M08;
G70 P10 Q20 F0.1;
G00 X32. Z-40.;

T0700;
G97 S500 M03;
G00 X24. Z-7. T0707 M08;
G92 X23.3 Z-32.5 F3.;
X22.5;
X21.5;
X21.1;
X20.8;
X20.6;
X20.5;
X20.42;
G00 X150. Z100. T0700 M09;
M05;
M02;

16 응용 가공 예제(종합 가공)

순서	작업 내용	공구 조건 종류	절삭 조건 절삭 속도 (m/min)	이송 (mm/rev)	공구 및 보정 번호	제2 원점 X150. Z100.
1	외경 황삭 가공	외경 황삭 바이트	180	0.3	T0101	소재 및 재질 SM45C Ø80×100
2	외경 정삭 가공	외경 정삭 바이트	220	0.1	T0303	
3	외경 홈 가공	외경 홈 바이트 (폭 3mm)	100	0.08	T0505	
4	외경 나사 가공	외경 나사 바이트	500rpm		T0707	

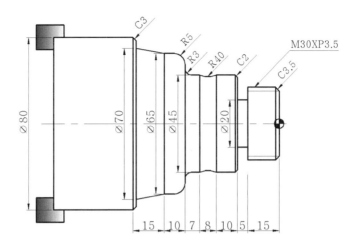

```
O0010;
G30 U0. W0.;
G50 X150. Z100. S3000 T0100;
G96 S180 M03;
G00 X82. Z0. T0101;
G01 X-2. F0.1 M08;
G00 X82. Z2.;
G71 U2. R0.5;
G71 P10 Q20 U0.4 W0.1 F0.3;
N10 G00 G42 X23.;
G01 Z0.;
X30. Z-3.5;
Z-20.;
X41.;
X45. W-2.;
W-20.;
G02 X51. W-3. R3.;
G01 X55.;
G03 X65. W-5. R5.;
G01 W-5.;
X70. W-12.;
X74.;
```

```
G02 W-8. R40.;
G00 G40 X150. Z100. T0300 M09;
T0500;
G00 X45. Z-20. S100 T0505 M08;
G01 X20. F0.08;
G04 P1000;
G00 X45.;
W2.;
G01 X20.;
G04 P1000;
G00 X45.;
X150. Z100. T0500 M09;
T0700;
G97 S500 M03;
G00 X30. Z4. T0707 M08;
G92 X29.2 Z-17.5 F3.5;
X28.5;
X27.9;
X27.4;
X27.1;
X26.7;
X26.5;
```

N20 X80. W-3.;
G00 G40 X150. Z100. T0100 M09;
T0300;
G00 X82. Z2. S220 T0303 M08;
G70 P10 Q20 F0.1;
G00 X47. Z-30.;
G01 X45.;

X26.3;
X26.1;
X26.;
X25.9;
X25.84;
G00 X150. Z100. T0700 M09;
M05;
M02;

07

머시닝 센터

7.1 머시닝 센터의 개요

원형 단면 형상의 부품은 선반에서 기본 가공을 시작하는 것이 일반적이다. 그 외의 형상 가공을 위해 많이 사용되는 공작기계가 밀링 머신이다. 범용 밀링 머신에 CNC(Computer Numerical Control) 장치가 있는 것을 CNC 밀링 머신이라 하고 여기에 자동 공구 교환 장치인 ATC(Automatic Tool Changer)를 장착한 공작기계를 머시닝 센터(machining center)라 한다.

머시닝 센터는 생산 시스템의 무인화 패러다임에 따라 기계 부품류를 제조하는 산업 현장에서 매우 중요한 공작기계이며, CNC 선반과 더불어 그 보급이 이미 일반화되었다. 특히, 20,000~50,000rpm 이상의 주축 회전수 능력을 갖는 고속 머시닝 센터의 보급은 고속 가공 기술의 발전에 기여하고 있으며 금형 생산 등 그 활용 범위가 점점 증대되고 있다. 더불어 5축 가공이 가능한 머시닝 센터의 보급은 임펠러와 같은 복잡한 형상의 부품을 고정밀 생산할 수 있는 기반이 되었다.

1 가공 범위

머시닝 센터는 NC 스핀들과 수치 제어 서보에 의해 주축 속도 및 위치 결정 제어가 된다. 머시닝 센터는 공구와 공작물의 단 한 번 세팅만으로 NC 프로그램에 의해 자동 운전되기 때문에 다공정 가공이 가능할 뿐만 아니라 다품종 소량 생산에도 능률적이어서 매우 편리한 공작기계이다. 머시닝 센터는 범용 밀링에서 작업할 수 있는 모든 가공을 할 수 있다. 평면가공, 홈 가공, 드릴링, 탭핑, 리밍, 나사 가공 등을 할 수 있을 뿐만 아니라 3차원 비대칭 형상의 가공이 가능하다. 머시닝 센터에서도 선반과 같이 원통형의 부품 가공이 가능하나 생산성과 가공 정밀도를 고려하면 선반에서 가공하는 것이 훨씬 더 유리하다.

② 머시닝 센터의 특징

머시닝 센터는 공구와 공작물 고정, 공작물 좌표계 설정, 공구 보정 등 작업자가 해야 할 기본적인 작업만 완료하면 모든 가공은 NC 프로그램에 의해 자동으로 실행되므로 가공 정밀도가 매우 우수한 부품을 신속하게 생산할 수 있다. 최근에는 IT 분야를 포함한 첨단 부품 가공 등에서 그 활용도가 더욱 커지고 있다. 운전 정밀도의 향상을 위해 특수 구조의 베드면과 볼 스크류를 이용한 위치 제어 기술이 향상되었고, 특히 5축 머시닝 센터의 활용도가 증대되고 있어 3차원의 복잡한 형상의 정밀 가공에도 유리하다. 범용 밀링에 비교한 머시닝 센터의 장점은 다음과 같이 간략하게 요약 정리할 수 있다.

- 공작기계 운전에 고도의 숙련이 불필요하다.
- 다양한 절삭 공정을 자동으로 신속하게 처리한다.
- 샘플 검사만으로 고품질의 제품을 대량 생산할 수 있다.
- 자가 진단이 가능하여 공작기계 및 프로그램의 이상 발견이 용이하다.
- 절삭 속도를 일정하게 제어할 수 있어 표면 조도가 우수하다.
- 프로펠러, 타이어 금형과 같은 고정밀의 곡면 윤곽 가공이 가능하다.

7.2 머시닝 센터의 종류

부품의 형상과 가공 방법에 따라 공작기계의 사양을 검토하여 적합한 머시닝 센터를 선정하여야 한다. 머시닝 센터는 일반적으로 주축의 장착 형태에 따라 그 종류를 구분한다.

① 수직형 머시닝 센터

공구를 고정하는 주축이 수직으로 설치되어 있고 수평으로 설치된 테이블 위에 고정된

공작물을 가공한다. 수직형 머시닝 센터는 구조적으로 가공점에 대하여 공구의 접근성이
좋고 테이블에 T자형 홈이 있어 가공물의 고정과 가공면의 감시에도 용이하다. 수직형 머
시닝 센터의 구조는 제조사에 따라 다를 수 있으며 테이블은 전후, 좌우로 이동하는 구조,
칼럼(column)이 전후로 이동하는 구조, 테이블이 고정된 구조 등 다양한 종류가 있다.

그림 7.1 수직형 머시닝 센터

2 수평형 머시닝 센터

공구를 고정하는 주축이 수평으로 설치되어 있고 공작물을 고정하는 회전 테이블이 수
평면 내에서 360° 선회하여 임의의 인덱싱과 연속 선회 가공이 가능하고 구조적으로 칩
의 회수 및 배출이 용이한 장점을 갖고 있다. 다면 가공을 필요로 할 때 공작물을 분리하
여 다시 고정하지 않고 한 번의 고정으로 다면 가공을 할 수 있어 편리하다.

그림 7.2 수평형 머시닝 센터

❸ 문형 머시닝 센터

칼럼이 두 개인 머시닝 센터로서 기계의 강성이 좋을 뿐만 아니라 대형 공작물의 이동이 용이하여 주로 대형 공작물을 가공할 때 적합한 머시닝 센터이다.

테이블이 전, 후로 이동하고 두 개의 칼럼(column)에 지지된 크로스 빔(cross beam)에 주축 헤드가 상하, 좌우로 이동한다. 공작물은 두 개 칼럼 사이에 있는 테이블을 따라 이동하고 수직 또는 수평 방향의 공구에 의해 가공된다.

❹ 5축 머시닝 센터

5축 머시닝 센터는 각각의 X, Y, Z 직교축에 대하여 회전 운동이 가능하여 임펠러와 같은 복잡한 형태의 가공에 필수적이며 그 수요가 점점 증가되고 있다. 5축 머시닝 센터의 가장 큰 장점은 공작물을 한 번 고정하면 가공을 위한 모든 공정을 끝마칠 수 있다는 것이다. 수직형 머시닝 센터를 사용하여 가공할 경우에는 다른 면의 가공을 위해 공작물을 분리한 후 테이블에 다시 고정하면서 발생하는 공작물 고정 오차는 고정밀, 고품질의 가공을 매우 어렵게 할 뿐만 아니라 이로 인한 리드 타임의 증가는 생산성을 약화시키는 단점이 있다. 5축 머시닝 센터를 사용하면 이러한 단점을 극복할 수 있다. 최근에는 납기 및 원가 절감을 위해 3축 가공으로도 생산이 가능한 부품을 5축 머시닝 센터를 사용하여 가공하기도 한다.

7.3 머시닝 센터의 사양 및 공구

❶ 머시닝 센터의 사양

머시닝 센터의 사양은 이송거리(mm), 급속 이송 속도(m/min), 최대 적재 하중(kg), 최대 회전수(rpm), 공구형식, 장착공구의 개수, 컨트롤러 등을 포함한다. 머시닝 센터의 주요 사양 정보를 표 7.1과 표 7.2에 나타내었다.

자사가 보유하고 있는 머시닝 센터의 기종이 표 7.1의 SIRIUS-UL+인 경우 X 방향 이송 길이가 1,050mm이다. 이를 초과하여 가공해야 할 경우에는 자사의 설비에서는 가공이 불가능하므로 협력업체에 외주를 맡겨야 한다. 이때에도 머시닝 센터의 사양은 검토되어야 하며 기한 내에 납품이 가능한지 여부도 확인한 후 외주를 맡겨야 한다. 이와 같이 공작기계의 사양을 확인하는 이유는 설계 도면에서 요구하는 부품을 가공하는 데에 적합한지 여부를 판단하기 위한 것이다.

표 7.1 화천기계공업의 머시닝 센터 사양

구분	단위	기종			
		SIRIUS-UL+		SIRIUS-UL+S	
이송 거리(X/Y/Z)	mm	1,050/600/550		1,050/600/350	
급속 이송 속도(X/Y/Z)	m/min	36/36/36		36/36/36	
테이블 크기	mm	1,200×600			
최대 적재 하중	kg	800			
주축 최대 회전수	rpm	20,000	14,000	20,000	14,000
주축 모터	kVA	22/18.5	37/22	22/18.5	37/22
공구 형식	-	MAS-403 BBT-40(Opt: CAT-40, HSK-A63)			
최대 공구 보유수	ea	30(Opt: 40)			
설치 면적(길이×폭)	mm	3,537×2,747			
NC Controller	-	Fanuc 31i-B			

표 7.2 두산공작기계의 머시닝 센터 사양

구분	단위	기종			
		DNM 4500	DNM 5700	DNM 6700	Mynx 5400
최대 회전수	rpm	8000{12000}			8000
최대 스핀들 모터 출력	kW	18.5{15**}			15
최대 스핀들 모터 토크	N·m	118{286**}			191.1{165.7}
공구 테이퍼		ISO#40			
이송 거리(X/Y/Z축)	mm	800/450/510	1050/570/510	1300/670/625	1020/540/530
공구 보유수	ea	30{40}			30
테이블 크기	mm	1000×450	1300×570	1500×670	1200×540
NC Controller		DOOSAN FANUC i			

{ }선택, **8000rpm 고토크 스핀들

2 머시닝 센터 작업 공구

절삭 공구 선정을 위한 공구의 재종 확인, 추천 절삭 속도를 포함한 절삭 조건 선정 등은 CNC 선반편을 참고하기 바란다. 머시닝 센터 작업을 위해 사용하는 공구는 그 종류가 매우 다양하다. 평면가공, 홈 가공, 드릴링, 탭핑, 윤곽 가공 등 다양한 가공을 할 수 있다. 일반적으로 많이 사용하는 공구는 정면 밀링커터와 엔드밀 공구를 예로 들 수 있다.

- 정면 밀링커터 : 넓은 평면가공을 위해 사용한다. 작업의 유형과 가공 소재의 재질에 적합한 커터를 커터의 지름, 리드각, 경사각 등을 고려하여 선택한다.
- 엔드밀 : 좁은 평면과 홈, 윤곽, 구멍 가공 등에 사용한다. 원주면과 단면에 날이 있는 공구로써 솔리드 타입, 인서트 타입 등이 있다.

그림 7.3, 7.4, 7.5, 7.6에는 다양한 밀링 공구를 나타내었다.

그림 7.3 정면 밀링커터와 인서트 팁

(a) 2날 엔드밀　　　　　(b) 4날 엔드밀　　　　　(c) 테이퍼 엔드밀

그림 7.4 솔리드 타입의 플랫 엔드밀

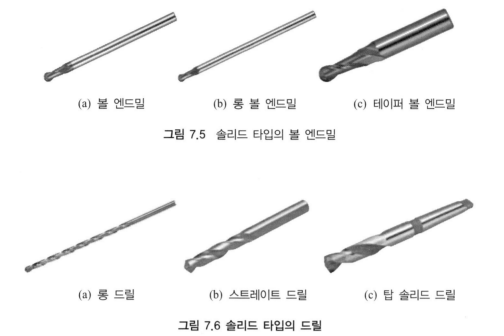

(a) 볼 엔드밀   (b) 롱 볼 엔드밀   (c) 테이퍼 볼 엔드밀

그림 7.5 솔리드 타입의 볼 엔드밀

(a) 롱 드릴   (b) 스트레이트 드릴   (c) 탑 솔리드 드릴

그림 7.6 솔리드 타입의 드릴

머시닝 센터 프로그램 기초

범용 밀링 머신은 테이블이 전후, 좌우, 상하로 이동하면서 가공한다. 그러므로 머시닝 센터의 공구 이동 방향은 X축, Y축, Z축 3개의 방향이 필요하다. 따라서 X축, Z축 두 개의 공구 이동 방향이 필요한 CNC 선반과는 프로그램 블록의 구성과 작성 방법에서 차이가 있다.

8.1 프로그램의 구성

1 워드(Word)의 형식

어드레스(address)는 영문 대문자 1개로 표시하며, 워드는 어드레스와 수치의 조합으로 구성한다. 워드의 선두에는 영문 대문자 1개만 사용할 수 있으며 소문자로 지령할 수 없다. 예를 들면 다음과 같다.

    M09; (1개의 워드)
    S1000 M03; (2개의 워드)
    G92 X50. Y100. Z150.; (4개의 워드)

2 블록(Block)의 형식

프로그램을 실행할 수 있는 최소 구성 요소로서 워드가 모여서 하나의 블록을 구성한다. 프로그래밍 작업은 작업자의 특성에 따라 그 구성이 달라질 수 있다. 그러므로 프로그래밍 완료 후 작업자마다 그 블록 수는 다를 수 있다.

세미콜론(;) 표시는 EOB(End Of Block), 즉 하나의 블록이 끝났음을 알려주는 기호이다. 블록이 끝났을 때에는 반드시 ";"기호로 표시하여야 한다. 단, PC에서 프로그램을 작성할 때에는 엔터 키(Enter key)가 ";"를 대신하므로 생략한다.

G90 G00 X20. Y20.; (1개 블록)

G43 Z20. H04 S800 M03; (1개 블록)

Z5.; (1개 블록)

G01 Z-5. F80 M08; (1개 블록)

위 프로그램은 모두 4개의 블록으로 구성되어 있다.

블록 구성의 기본 형식은 다음과 같다. 단, 시퀀스 번호(Sequence Number, 블록의 전개번호)는 생략이 가능하다.

N__ G__ X__ Y__ Z__ F__ T__ M__ S__ ;

N : 시퀀스 번호(Sequence Number)
G : 준비 기능
X, Y, Z : 가공 종점의 좌표
F : 이송 기능
T : 공구 기능
M : 보조 기능
S : 주축 기능
; : EOB(End of block), 블록의 끝

❸ 주 프로그램(main program)과 보조 프로그램(sub program)

(1) 주 프로그램

머시닝 센터를 이용한 가공은 정면 밀링커터, 엔드밀, 드릴 등 많은 공구들을 사용하여 가공한다. 이때 가공을 위해 작성되는 기본 프로그램이 주 프로그램이다.

(2) 보조 프로그램

주 프로그램을 작성할 때 동일 패턴의 가공이 반복되는 경우 반복 가공 부분을 계속 프로그램으로 작성하면 전체 프로그램 블록 수가 많아져 복잡해질 수 있다. 이때 반복 가공해야 할 부분을 별도의 프로그램(보조 프로그램)으로 작성하여 저장한 후 가공에 필요할 때마다 주 프로그램 내에서 호출하여 사용한다면 주 프로그램의 실행만으로도 부품 가공을 완성할 수 있다. 보조 프로그램은 이와 같은 별도의 프로그램으로서 적절히 사용하면 프로그램 블록 수를 줄일 수 있어 매우 편리하다. 자세한 것은 CNC 선반편을 참고하기 바란다.

8.2 좌푯값 지령 방식

좌푯값 지령 방식의 기본 개념은 CNC 선반과 동일하다. 다만 머시닝 센터는 CNC 선반에 비교하여 Y축 방향이 추가로 필요하므로 사용 어드레스에서 차이가 있다. 지령 방식은 절대 지령과 증분 지령 방식이 있으며 작업자가 편리에 따라 선택하여 지령한다. 머시닝 센터에서는 절대 지령과 증분 지령을 G-코드로 선택하여 지령한다.

1 절대 지령 방식

- 절대 좌표계에 근거하여 좌푯값을 지령하는 방식이다.
- 공작물 원점을 기준으로 이동 종점의 좌푯값을 지령한다.
- 공작물 원점을 기준으로 공구의 이동 방향을 ±로 구분한다.
- G90 기능을 사용하며 어드레스는 X, Y, Z이다.

  예 G90 G00 X10. Y20. Z30.;

2 증분 지령 방식

- 상대 좌표계에 근거하여 좌푯값을 지령하는 방식이다.
- 공작물 원점과는 무관하며 현재 공구의 위치를 원점으로 보고 이동 종점의 좌푯값을 지령한다.
- 공구의 현재 위치를 기준으로 이동 방향을 ±로 구분한다.

- G91 기능을 사용하며 어드레스는 X, Y, Z이다.

  예 G91 G00 X10. Y20. Z30.;

예제 8.1

다음 그림에서 공구가 ① 지점에 있다고 가정하고 ① → ② → ③ → ④ → ⑤ 지점으로 급속
이송하여 위치를 결정하는 프로그램을 절대 지령과 증분 지령 방식으로 각각 작성하시오. 단, 한
눈금의 거리는 10mm로 계산한다.

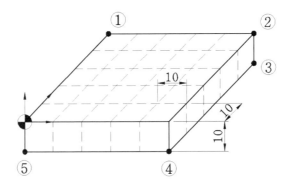

풀이   ① 절대 지령 방식

    G90 G00 X50.;   (②지점으로 이동)
    Z-10.;   (③지점으로 이동)
    Y0.;   (④지점으로 이동)
    X0.;   (⑤지점으로 이동)

    ② 증분 지령 방식

    G91 G00 X50.;   (②지점으로 이동)
    Z-10.;   (③지점으로 이동)
    Y-50.;   (④지점으로 이동)
    X-50.;   (⑤지점으로 이동)

예제 8.2

예제 8.1에서 공구가 지점 ⑤ 지점에 있다고 가정하고 ⑤ → ④ → ③ → ② → ① 지점으로
급속 이송하여 위치를 결정하는 프로그램을 절대 지령과 증분 지령 방식으로 각각 작성하시오.

절대 지령 방식

G90 G00 X50.;　　　(④ 지점으로 이동)

Y50.;　　　　　　　(③ 지점으로 이동)

Z0.;　　　　　　　　(② 지점으로 이동)

X0.;　　　　　　　　(① 지점으로 이동)

증분 지령 방식

G91 G00 X50.;　　　(④ 지점으로 이동)

Y50.;　　　　　　　(③ 지점으로 이동)

Z10.;　　　　　　　(② 지점으로 이동)

X-50.;　　　　　　　(① 지점으로 이동)

8.3 어드레스의 기능과 지령 범위

어드레스 각각의 기능과 지령 범위를 표 8.1에 정리하였다.

표 8.1 어드레스의 기능과 지령 범위

기 능	어드레스	의 미	지령값 범위(mm)
프로그램 번호	O	프로그램 번호	1 ~ 9999
Sequence 번호	N	Block의 번호	1 ~ 9999
준비 기능	G	동작 모드 지령	0 ~ 99
좌표어	X, Y, Z	가공 종점의 좌표	± 99999.999
	A, B, C	부가축의 좌표	
	R	원호의 반지름	
	I, J, K	원호의 중심점 좌표	
이송 기능	F	이송 속도(mm/min)	1 ~ 100000(mm/min)
주축 기능	S	주축 회전수(rpm)	0 ~ 20000*
공구 기능	T	공구 번호 지정	0 ~ 99
보조 기능	M	기계 조작 On/Off 제어	0 ~ 99
일시 정지(Dwell)	P, X	일시 정지 시간 지정	0 ~ 99999.999(sec)
옵셋(보정) 번호	H, D	공구 길이, 공구경 보정 번호	1 ~ 200
보조 프로그램 번호	P	보조 프로그램 번호 지정	1 ~ 9999
반복 횟수	P	보조 프로그램 반복 호출	1 ~ 9999
	K	고정 사이클 반복 횟수	1 ~ 9999
파라미터	P, Q	고정 사이클 파라미터	1 ~ 9999

* 고속 가공이 가능한 머시닝 센터가 보급되면서 주축 기능 S의 지령 범위가 20,000 이상이 되는 것도 있다.

8.4 G-코드(주기능)

G-코드는 어드레스 G에 두 자리의 숫자를 붙여서 하나의 워드로 된 것이며 그룹 번호 별로 각각 표시되어 있다. 모든 G-코드는 그 기능과 의미가 부여되어 있으며 자주 사용하는 G-코드는 작업자가 암기하고 있는 것이 기본이다. G-코드 기능의 연속 유효성 여부에 따라 One Shot G-코드와 Modal G-코드로 크게 구분하는 것은 CNC 선반과 같다.

1 One Shot G-코드

G-코드의 기능이 지령이 된 블록에서만 유효한 G-코드이다. 따라서 G-코드의 기능이 필요할 때마다 다른 블록에서도 계속 지령해야 하는 1회 유효성 G-코드이다. "00그룹"에 해당한다.

2 Modal G-코드

G-코드의 기능이 동일 그룹의 다른 G-코드가 아래 블록에 지령이 되기 전까지는 계속해서 유효한 G-코드이다. 그러므로 동일한 G-코드 기능을 연속적으로 필요로 할 때 한번 지령 후 아래 블록에 계속 지령하지 않아도 되는 연속 유효한 G-코드이다. "00 이외의 그룹"에 해당한다.

3 G-코드 일람표 및 기능

G-코드는 그룹 번호 별로 각각 표시되고 그 기능은 표 8.2에 정리하였다.

표 8.2 G-코드 일람표 및 기능

G-코드	기 능	그 룹	비고
G00	위치 결정(급속 이송)		◎
G01	직선 보간(절삭 이송)	01	
G02	원호 보간(시계 방향 원호 가공)		
G03	원호 보간(반시계 방향 원호 가공)		

표 8.2 G-코드 일람표 및 기능(계속)

G-코드	기 능	그 룹	비고
G04	Dwell	00	
G05	고속 Cycle 가공(Multi Buffer)		
G09	Exact Stop		
G10	Data 설정		
G11	Data 설정 취소		
G15	극좌표 지령 취소	17	◎
G16	극좌표 지령		
G17	X-Y 평면 지정	02	◎
G18	Z-X 평면 지정		
G19	Y-Z 평면 지정		
G20	Inch data 입력	06	
G21	Metric data 입력		
G22	금지 영역 설정 ON	00	
G23	금지 영역 설정 OFF		◎
G27	원점 복귀 Check		
G28	자동 원점 복귀		
G29	원점에서의 복귀		
G30	제2 원점 복귀		
G31	Skip 기능		
G37	공구 길이 자동 측정		
G40	공구경 보정 취소	07	◎
G41	공구경 좌측 보정		
G42	공구경 우측 보정		
G43	공구 길이 보정 "+"	08	
G44	공구 길이 보정 "−"		
G45	공구 위치 Offset 1배 신장	00	
G46	공구 위치 Offset 1배 축소		
G47	공구 위치 Offset 2배 신장		
G48	공구 위치 Offset 2배 축소		

표 8.2 G-코드 일람표 및 기능(계속)

G-코드	기 능	그 룹	비 고
G49	공구 길이 보정 취소	08	◎
G50	스켈링 취소	11	◎
G51	스켈링		
G52	로컬(Local) 좌표계 설정	00	
G53	기계 좌표계선택		
G54	워크 좌표계 선택 1	14	◎
G55	워크 좌표계 선택 2		
G56	워크 좌표계 선택 3		
G57	워크 좌표계 선택 4		
G58	워크 좌표계 선택 5		
G59	워크 좌표계 선택 6		
G60	한방향 위치 결정	00	
G61	Exact Stop 모드	15	
G62	자동 Corner Override		
G63	탭핑 모드		
G64	절삭 모드		◎
G65	커스텀 매크로(Custom Macro) 호출	12	
G66	커스텀 모달(Macro Modal) 호출		
G67	매크로 모달 호출 취소		◎
G68	좌표 회전	16	
G69	좌표 회전 취소		◎
G73	고속 심공 Drilling Cycle	09	
G74	역 Tapping Cycle		
G76	정밀 보링 Cycle		
G80	고정 Cycle 취소		◎
G81	Drilling Cycle, Spot Drilling	09	
G82	Drilling Cycle, Counter Boring		
G83	고속 심공 드릴링 사이클		
G84	탭핑 사이클		

표 8.2 G-코드 일람표 및 기능(계속)

G-코드	기 능	그 룹	비 고
G85	보링 사이클	09	
G86	보링 사이클		
G87	역보링 사이클		
G88	보링 사이클		
G89	보링 사이클		
G90	절대 지령	03	◎
G91	증분 지령		◎
G92	좌표계 설정	00	
G94	분당 이송	05	◎
G95	회전당 이송		
G96	주속 일정 제어	13	
G97	주속 일정 제어 취소		◎
G98	고정 사이클 초기점 복귀	10	◎
G99	고정 사이클 R점 복귀		

4 G-코드 특징

- 동일 그룹의 G-코드가 1개 블록에 2개 이상 지령이 될 경우 뒤에 지령이 된 G-코드만 유효하다.
- 다른 그룹의 G-코드는 같은 블록에 몇 개라도 지령이 가능하다.
- 표 8.2의 비고란에 ◎ 표시는 공작기계 전원 투입 시 기본으로 설정되는 G-코드이다.

09

머시닝 센터 프로그래밍

9.1 보간 기능

❶ 급속 위치 결정(GOO)

(1) 기능

공구가 지령이 된 위치로 급속 이송하여 이동하는 기능이다. 급속 이송 속도는 제조사에서 공작기계의 파라미터에 설정해 놓으며 임의로 변경하지 않는다. 주조작 패널의 RAPID 레버를 이용하여 급속 이송 속도를 조절(25%, 50%, 100%)할 수 있으며 공작기계에 따라 급속 이송 속도에 차이가 있다.

(2) 지령 형식

공구는 현재 위치에서 지령이 된 이동 종점의 위치로 급속 이송한다.

> **G90 G00 X____ Y____ Z____ ;**

> **G91 G00 X____ Y____ Z____ ;**

G90 : 절대 지령   G91 : 증분 지령
X : 이동 종점의 X축 좌표   Y : 이동 종점의 Y축 좌표
Z : 이동 종점의 Z축 좌표

(3) 공구 이동 경로

공구가 현재의 위치에서 지령이 된 위치로 급속 이동하는 경로는 직선 보간형과 비직선 보간형이 있으며 일반적으로 비직선 보간형으로 이동한다. 급속 이송 초기와 정지하기 직전에 자동으로 가감속하여 지령이 된 종점의 위치에 정확하게 도달한다.

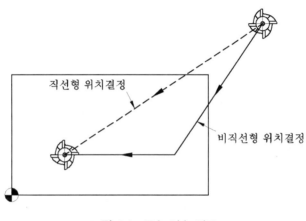

그림 9.1 급속 이송 경로

예제 9.1

다음 그림과 같이 공구가 ① A에서 B 지점으로 ② B에서 A 지점으로 각각 급속 이동할 때 절대 지령, 증분 지령 방식으로 프로그램을 작성하시오.

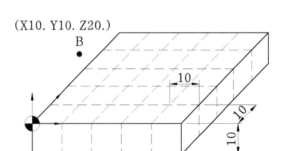

풀이 ① A에서 B 지점으로 급속 이동

절대 지령 방식   G90 G00 X10. Y10.;

Z20.;

증분 지령 방식   G91 G00 X-40. Y-60.;

Z-10.;

② B에서 A 지점으로 급속 이동

절대 지령 방식   G90 G00 Z30.;

X50. Y70.;

증분 지령 방식   G91 G00 Z10.;

X40. Y60.;

■

A 지점에서 B 지점으로 공구가 급속 이송할 때 예제 9.1과 같이 2개의 블록으로 지령하지 않고 1개의 블록으로 G90 G00 X10. Y10. Z20.; 와 같이 지령할 수 있다. 그러나 공구를 하향 이동시킬 때에는 X, Y축 방향으로 공구를 먼저 이동시킨 후 Z축 방향으로 이동시키는 것이 안전한 공구 경로이다. 일반적으로 X, Y, Z 3축을 동시에 이동시키면 공작물과 충돌하는 등 사고의 위험이 있다. 이동하고자 하는 Z축 좌표가 공작물 원점보다 아래에 위치해 있는 경우에는 특히 주의해야 한다. 공구를 상향 이동시킬 때에는 Z축 방향으로 공구를 먼저 이동시킨 후 X, Y축 방향으로 이동시키는 것이 안전한 공구 경로이다.

예제 9.2

다음 그림과 같이 공구가 ① A에서 B 지점으로 ② B에서 A 지점으로 각각 급속 이동할 때 절대 지령, 증분 지령 방식으로 프로그램을 작성하시오.

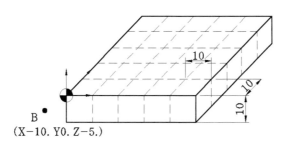

(X60. Y60. Z100.) ● A

B ●
(X-10. Y0. Z-5.)

풀이   ① A에서 B 지점으로 급속 이동

절대 지령 방식   G90 G00 X-10. Y0.;

Z-5.;

증분 지령 방식   G91 G00 X-70. Y-60.;

Z-105.;

② B에서 A 지점으로 급속 이동

절대 지령 방식   G90 G00 Z100.;

X60. Y60.;

증분 지령 방식   G91 G00 Z105.;

X70. Y60.;

■

❷ 직선 가공(G01)

(1) 기능

공구가 지령이 된 위치까지 F의 이송 속도로 직선 이동하면서 가공하는 기능이다. 이송 속도를 의미하는 어드레스 F는 Modal 지령으로 사용된다. 즉, 한번 이송 속도가 지령이 된 후 다음 블록에 이송 속도가 없으면 이전에 지령이 된 이송 속도로 이동한다.

(2) 지령 형식

공구는 현재 위치에서 지령이 된 종점의 좌표까지 F의 이송 속도로 이동하면서 직선 가공한다.

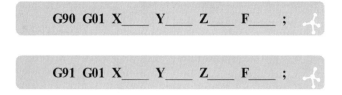

G90 G01 X____ Y____ Z____ F____ ;

G91 G01 X____ Y____ Z____ F____ ;

G90 : 절대 지령   G91 : 증분 지령

X : 이동 종점의 X축 좌표   Y : 이동 종점의 Y축 좌표

Z : 이동 종점의 Z축 좌표   F : 이송 속도(mm/min)

(3) 공구 이동 경로

그림 9.2와 같이 공구는 지령이 된 위치까지 F의 이송 속도로 이동한다.

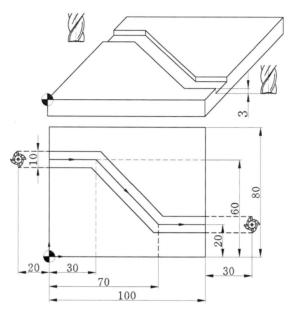

그림 9.2 직선 가공의 공구 이동 경로

예제 9.3

그림 9.2에 나타낸 도면을 직선 가공하는 프로그램을 작성하시오. 단, 이송 속도는 80mm/min이며 공구는 현재 X100. Y100. Z100.의 위치에 있다.

[풀이]   G90 G00 X-20. Y60.;

Z-3.;

G01 X30. F80;

X70. Y20.;

X130.;

■

예제 9.4

다음 도면과 같이 Φ6의 플랫 엔드밀 공구를 이용하여 직선 가공을 하려 한다. 프로그램을 작성하시오. 단, 이송 속도는 50mm/min이며 공구는 현재 공작물 원점의 위치에 있다.

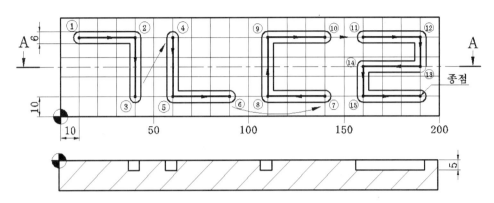

SECTION A-A

풀이	G90 G00 Z2.;	(원점에서 Z2. 지점까지 급속 이동)
	X10. Y40.;	(①점으로 이동)
	G01 Z-5. F50;	(Z-5. 지점까지 이송 속도 50mm/min으로 절입)
	X40.;	(②점까지 가공)
	Y10.;	(③점까지 가공)
	G00 Z2.;	(③점에서 Z2. 지점까지 급속 이동)
	X60. Y40.;	(④점으로 급속 이동)
	G01 Z-5.;	(Z-5. 지점까지 절입)
	Y10.;	(⑤점까지 가공)
	X90.;	(⑥점까지 가공)
	G00 Z2.;	(⑥점에서 Z2. 지점까지 급속 이동)
	X140.;	(⑦점까지 급속 이동)
	G01 Z-5.;	(Z-5. 지점까지 절입)
	X110.;	(⑧점까지 가공)
	Y40.;	(⑨점까지 가공)
	X140.;	(⑩점까지 가공)
	G00 Z2.;	(⑩점에서 Z2. 지점까지 급속 이동)
	X160.;	(⑪점까지 급속 이동)
	G01 Z-5.;	(Z-5. 지점까지 절입)
	X190.;	(⑫점까지 가공)
	Y25.;	(⑬점까지 가공)
	X160.;	(⑭점까지 가공)
	Y10.;	(⑮점까지 가공)
	X190.;	(종점까지 가공)
	G00 Z100.;	(Z100. 지점까지 급속 이동)

❸ 원호 가공(G02, G03)

(1) 기능

공구가 지령이 된 종점의 위치까지 F의 이송 속도로 반경 R의 원호를 가공하는 기능이다. 원호 가공 방향이 시계 방향(clockwise)이면 G02로 반시계 방향(counterclockwise)이면 G03으로 지령한다.

(2) 지령 형식

지령 방법은 다음과 같이 R 지령과 I, J, K 지령 두 가지 방법을 사용하며 가공 정밀도의 차이는 없다.

① R 지령

공구는 현재의 위치에서 지령이 된 종점의 위치까지 이송 속도 F로 이동하면서 반경 R의 원호를 가공한다. 시점과 종점의 좌표를 반경 R로 연결하여 가공하며 일반적으로 많이 사용하는 방법이다.

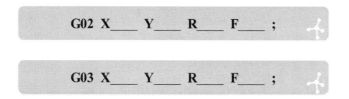

G02 X____ Y____ R____ F____ ;

G03 X____ Y____ R____ F____ ;

G02 : 시계 방향 원호 가공
G03 : 반시계 방향 원호 가공
X : 원호 가공 종점의 X축 좌표
Y : 원호 가공 종점의 Y축 좌표
R : 원호의 반지름
F : 이송 속도(mm/min)

② I, J, K 지령

공구는 현재의 위치에서 지령이 된 종점의 위치까지 이송 속도 F로 이동하면서 원호가공 시점으로부터 원호의 중심점까지 X축과 Y축 방향으로 떨어진 거리만큼 원호를 가공한다. 원호의 시점과 종점의 좌표 그리고 원호의 중심점을 연결하여 원호 성립 여부를 판별하고 원호 성립이 되지 않으면 알람을 발생시킨다.

G02 X___ Y___ I___ J___ F___ ;

G03 X___ Y___ I___ J___ F___ ;

X : 원호 가공 종점의 X축 좌표

Y : 원호 가공 종점의 Y축 좌표

I : 원호의 시점에서 중심점까지 X축 방향으로 떨어진 거리

J : 원호의 시점에서 중심점까지 Y축 방향으로 떨어진 거리

F : 이송 속도(mm/min)

I, J의 ± 부호는 원호의 시점에서 중심점까지의 거리 측정 방향에 따라 결정된다. 그림 9.3과 같이 원호의 시점을 기준으로 중심점까지의 거리가 모두 +(−)방향으로 측정되면 I, J 부호는 +(−)이다.

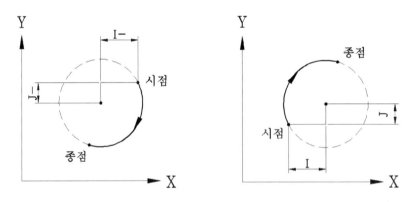

그림 9.3 원호 가공에서 I, J 부호의 결정

(3) 공구 이동 경로

머시닝 센터에서 원호 가공을 할 때에는 평면의 선택에 따라 G17, G18, G19를 사용한다. G17은 X-Y 평면, G18은 Z-X 평면, G19는 Y-Z 평면을 선택하는 경우이다. 일반적인 머시닝 센터는 X-Y 평면이 기본으로 설정되며 기계 전원 투입 시 초기 On 상태로 된다. 원호 가공 시 공구의 회전 방향에 따라 그림 9.4와 같이 공구가 이동한다.

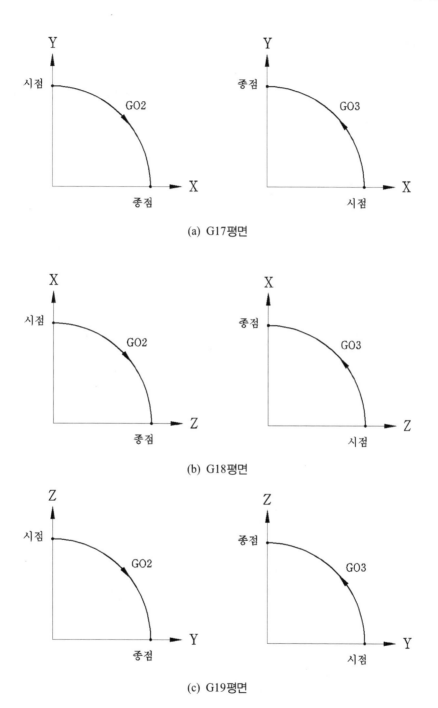

(a) G17평면

(b) G18평면

(c) G19평면

그림 9.4 원호 가공 시 공구의 이동 경로

예제 9.5

다음 도면과 같이 공구가 공작물 원점을 시점으로 해서 종점까지 라인을 따라 윤곽 가공을 하려한다. 원호 가공을 R 지령과 I, J 지령으로 작성하되 각각 절대 지령과 증분 지령 방식으로 프로그램을 작성하시오. 단, 이송 속도는 100mm/min이다.

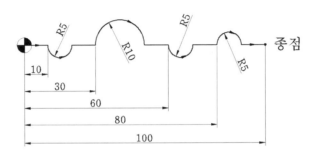

풀이 ① R 지령

절대 지령 방식   G90 G01 X10. F100;

G03 X20. R5.;

G01 X30.;

G02 X50. R10.;

G01 X60.;

G03 X70. R5.;

G01 X80.;

G02 X90. R5.;

G01 X100.;

증분 지령 방식   G91 G01 X10. F100;

G03 X10. R5.;

G01 X10.;

G02 X20. R10.;

G01 X10.;

G03 X10. R5.;

G01 X10.;

G02 X10. R5.;

G01 X10.;

② I, J 지령

절대 지령 방식   G90 G01 X10. F100;

G03 X20. I5.;

```
                        G01  X30.;
                        G02  X50.  I10.;
                        G01  X60.;
                        G03  X70.  I5.;
                        G01  X80.;
                        G02  X90.  I5.;
                        G01  X100.;
```

증분 지령 방식
```
                        G91  G01  X10.  F100;
                        G03  X10.  I5.;
                        G01  X10.;
                        G02  X20.  I10.;
                        G01  X10.;
                        G03  X10.  I5.;
                        G01  X10.;
                        G02  X10.  I5.;
                        G01  X10.;
```

■

예제 9.6

다음 도면과 같이 공구가 공작물 원점을 가공의 시점과 종점으로 하는 프로그램을 작성하시오.
단, 원호 가공을 R 지령과 I, J 지령으로 작성하되 각각 절대 지령과 증분 지령 방식으로 작성하
시오. 단, 이송 속도는 100mm/min이다.

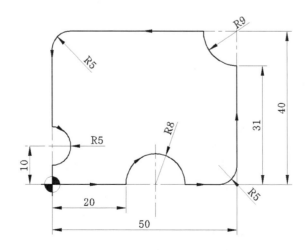

[풀이] ① R 지령

절대 지령 방식 G90 G01 X20. F100;

G02 X36. R8.;

G01 X45.;

G03 X50. Y5. R5.;

G01 Y31.;

G02 X41. Y40. R9.;

G01 X5.;

G03 X0. Y35. R5.;

G01 Y15.;

G02 Y5. R5.;

G01 Y0.;

증분 지령 방식 G91 G01 X20. F100;

G02 X16. R8.;

G01 X9.;

G03 X5. Y5. R5.;

G01 Y26.;

G02 X-9. Y9. R9.;

G01 X-36.;

G03 X-5. Y-5. R5.;

G01 Y-20.;

G02 Y-10. R5.;

G01 Y-5.;

② I, J 지령

절대 지령 방식 G90 G01 X20. F100;

G02 X36. I8.;

G01 X45.;

G03 X50. Y5. J5.;

G01 Y31.;

G02 X41. Y40. J9.;

G01 X5.;

G03 X0. Y35. J-5.;

G01 Y15.;

G02 Y5. J-5.;

G01 Y0.;

증분 지령 방식 G91 G01 X20. F100;

```
G02  X16.  I8.;
G01  X9.;
G03  X5.  Y5.  J5.;
G01  Y26.;
G02  X-9.  Y9.  J9.;
G01  X-36.;
G03  X-5.  Y-5.  J-5.;
G01  Y-20.;
G02  Y-10.  J-5.;
G01  Y-5.;
```

■

4 180° 이상 360° 미만의 원호 가공

(1) 기능

공구가 지령이 된 종점의 위치까지 F의 이송 속도로 이동하면서 180° 이상 360° 미만의 원호를 가공하는 기능이다.

(2) 지령 형식

지령 방법은 다음과 같이 R 값에 "-" 부호가 붙는다는 것 외에는 이전의 R 지령 형식과 같다.

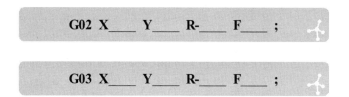

$$\boxed{G02\ X\_\_\_\_\ \ Y\_\_\_\_\ \ R\text{-}\_\_\_\ \ F\_\_\_\ ;}$$

$$\boxed{G03\ X\_\_\_\_\ \ Y\_\_\_\_\ \ R\text{-}\_\_\_\ \ F\_\_\_\ ;}$$

G02 : 시계 방향 원호 가공
G03 : 반시계 방향 원호 가공
X : 원호 가공 종점의 X축 좌표
Y : 원호 가공 종점의 Y축 좌표
R : 원호의 반지름
F : 이송 속도(mm/min)

(3) 공구 이동 경로

그림 9.5와 같은 원호를 가공하려 할 때 원호의 시점과 종점 그리고 반경 R은 모두 동일하지만 공구의 이동 경로 ①, ②에 따라 원호 가공의 형상이 달라진다. 이때 경로 ①과 같이 180° 이상의 원호를 가공하는 경우 R 값에 "-"부호를 붙여서 180° 이상의 원호임을 알려주어야 한다.

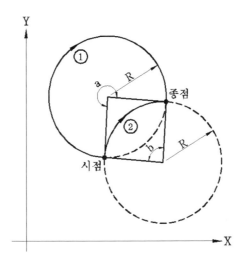

경로 ①의 경우 각도 a가 180° 이상인 경우 : R−

경로 ②의 경우 각도 b가 180° 이하인 경우 : R+

그림 9.5 공구의 이동 경로와 R 지령 원호의 부호 관계(G02)

예제 9.7

다음과 같은 원호를 ∅6의 플랫 엔드밀을 사용하여 가공할 때 가공 경로가 ① → ②일 경우와 ② → ①일 경우 절대 지령과 증분 지령 방식으로 각각 프로그램을 작성하시오. 단, 공구는 현재 공작물 원점에 위치해 있으며, 이송 속도는 50mm/min이다.

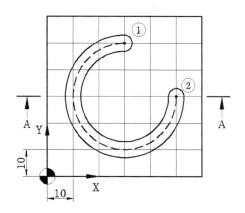

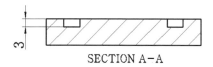

SECTION A-A

풀이 가공 경로 ① → ②일 때

절대 지령
```
G90 G00 Z2.;
X30. Y50.;
G01 Z-3. F50;
G03 X50. Y30. R-20.;
G00 Z100.;
```

증분 지령
```
G91 G00 Z2.;
X30. Y50.;
G01 Z-5. F50;
G03 X20. Y-20. R-20.;
G00 Z100.;
```

가공 경로 ② → ①일 때

절대 지령
```
G90 G00 Z2.;
X50. Y30.;
G01 Z-3. F50;
G02 X30. Y50. R-20.;
G00 Z100.;
```

증분 지령
```
G91 G00 Z2.;
X50. Y30.;
G01 Z-5. F50;
G02 X-20. Y20. R-20.;
G00 Z100.;
```

5 360°의 원호 가공

(1) 기능

공구가 지령이 된 F의 이송 속도로 이동하면서 360°의 원호를 가공하는 기능이다.

(2) 지령 형식

시점과 종점의 좌표가 동일하므로 X, Y 좌표는 생략하며 I, J를 사용하여 지령한다.

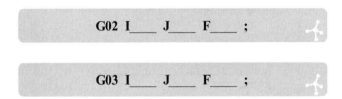

G02 : 시계 방향 원호 가공
G03 : 반시계 방향 원호 가공
I : 원호의 시점에서 중심점까지의 X축 방향 거리
J : 원호의 시점에서 중심점까지의 Y축 방향 거리
F : 이송 속도(mm/min)

(3) 공구 이동 경로

그림 9.6과 같이 360° 원호는 시점과 종점은 같다.

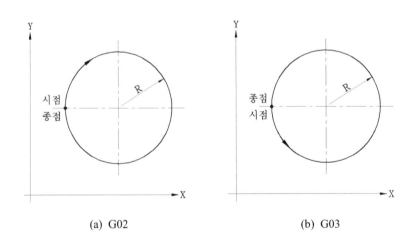

(a) G02   (b) G03

그림 9.6 360° 원호의 공구 이동 경로

예제 9.8

다음과 같은 원을 ∅6의 플랫 엔드밀을 사용하여 가공할 때 절대 지령과 증분 지령 방식으로 각
각 프로그램을 작성하시오. 단, 공구는 현재 공작물 원점에 위치해 있으며, 이송 속도는
30mm/min이다.

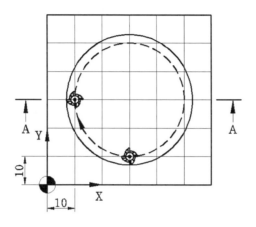

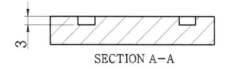

SECTION A−A

[풀이]   절대 지령 방식   G90 G00 Z2.;

X30. Y10.;

G01 Z-3. F30;

G02 J20.;

G00 Z100.;

증분 지령 방식   G91 G00 Z2.;

X30. Y10.;

G01 Z-5. F30;

G02 J20.;

G00 Z100.;

6 헬리컬(Helical) 가공

(1) 기능

2개의 축은 원호를, 1개의 축은 직선 가공을 동시에 실행하여 나선형 가공을 하는 기능이다. 내, 외경 나사 가공 또는 원통형의 캠 가공 등에 주로 사용하며 나사 가공 시에는 전용 커터를 사용한다.

(2) 지령 형식

3개의 축을 동시에 제어하면서 공구는 지령이 된 종점의 좌표까지 반경 R로 헬리컬 가공을 한다. 360° 원호의 나사 가공 시 I, J 방식으로 지령하며 원호 가공 종점의 좌표 X, Y는 생략한다.

> G02 X___ Y___ Z___ R___ F___ ;

> G03 X___ Y___ Z___ R___ F___ ;

> G02 Z___ I___ J___ F___ ;

> G03 Z___ I___ J___ F___ ;

G02 : 시계 방향 원호 가공
G03 : 반시계 방향 원호 가공
X : 원호 가공 종점의 X축 좌표
Y : 원호 가공 종점의 Y축 좌표
Z : 직선 가공 종점의 Z축 좌표
R : 원호의 반지름
I : 원호의 시점에서 중심점까지의 X축 방향 거리
J : 원호의 시점에서 중심점까지의 Y축 방향 거리
F : 이송 속도(mm/min)

(3) 공구 이동 경로

그림 9.7은 X-Y 평면(G17)에서 원호 가공과 동시에 Z축 방향으로 직선 가공을 실행하

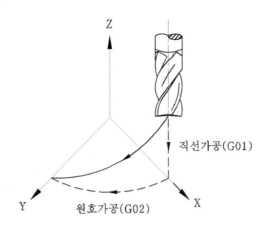

그림 9.7 헬리컬 가공 시 공구의 이동 경로

여 헬리컬 가공을 할 때 공구의 이동 경로를 나타낸 것이다.

9.2 이송 기능

1 분당 이송(G94)

(1) 기능

1분 동안 공구의 이동 거리를 F의 값으로 나타낸 것이다. 분당 이송 기능 G94는 머시닝 센터에서 전원 투입 시 기본으로 설정이 되며 주축이 정지한 상태에서도 지령할 수 있다. 때때로 작업자의 필요에 의해 반자동 모드에서 회전당 이송(G95) 기능을 실행했을 경우 G94 지령이 없이 작성된 프로그램을 실행하면 회전당 이송으로 인식하여 알람이 발생하니 유의해야 한다.

(2) 지령 형식

F의 값은 소수점을 사용하지 않는다. 공작물과 공구의 재질 및 기계적 특성을 고려하여 이송 속도를 결정한다.

$$G94 \ F\_\_\_ \ ;$$

F : 분당 공구의 이동 거리(mm/min)
지령 범위 : F1 ~ F100000

(3) 공구 이동 경로

지령이 된 종점의 좌표까지 지령이 된 이송 속도로 이동한다.

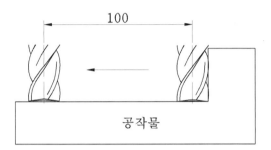

그림 9.8 공구의 분당 이송(100mm/min)

예제 9.9

Ø16인 4날 엔드밀을 사용하여 절삭 속도 50m/min, 날당 0.02mm 이송으로 가공할 때 테이블의 이송량은 얼마인가?

[풀이]

$$N = \frac{1000\,V}{\pi d} = \frac{1000 \times 50}{3.14 \times 16} = 994.72 \fallingdotseq 995\,rpm$$

$$f = f_z \times z \times N = 0.02 \times 4 \times 995 = 79.6 \fallingdotseq 80\,mm/\min$$

2 회전당 이송(G95)

(1) 기능

주축이 1회전하는 동안 공구의 이동 거리를 F 값으로 나타낸 것이다. 주축이 회전하지 않으면 이송은 정지하며, 일반적으로 선반 가공에서 사용하는 기능이다.

(2) 지령 형식

$$G95\ F\_\_\_\_\ ;$$

F : 주축 1 회전당 공구의 이동 거리(mm/rev)
지령 범위 : F0.0001 ~ F500.0

(3) 공구 이동 경로

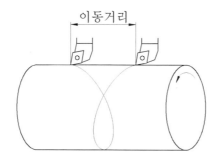

그림 9.9 회전당 공구의 이송

❸ 자동 코너 오버라이드(G62)

(1) 기능

프로그램 지령에 의한 이송 속도는 공구의 중심 경로를 따라 이동하는 속도이다. 그림 9.10과 같이 원주 날에 의해 가공이 되는 엔드밀 공구 등을 코너부 가공에 사용할 경우 엔드밀 중심 경로보다 실제 가공하는 원주 날의 경로가 더 바깥쪽에 있으므로 엔드밀 중심 경로보다 원주 날의 이송 속도가 더 빠르다. 그림 9.10에 나타낸 원호 ① 은 엔드밀 중심 경로이고 원호 ② 는 원주 날의 이동 경로이다. 단위 시간당 이동 거리는 원호 ② 가 더 많으므로 실제로 이송 속도가 빠르다는 것을 알 수 있다. 이와 같이 이송 속도가 빠르면 가공면의 표면 조도는 거칠어지게 되어 전체적으로 표면이 균일하지 못하게 된다. 따라서 코너부의 가공면을 개선하기 위한 기능이 요구되는데 이때에 사용하는 기능이 자동 코너 오버라이드 G62 기능이다. G62 기능을 사용하면 코너부 A점에서 B점까지의 이송 속도를 자동 감속시켜 표면 조도를 개선시킬 수 있다. 이때 감속 속도는 공작기계의 파라미터에 설정되어 있다. 이 기능은 코너부의 직선 가공에서도 적용할 수 있다.

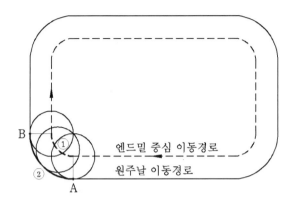

그림 9.10 자동 코너 오버라이드 기능이 필요한 경우

(2) 지령 형식

코너부를 자동 감속하면서 지령이 된 종점의 좌표까지 가공한다.

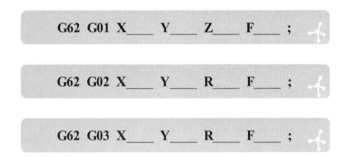

G02 : 시계 방향 원호 가공
G03 : 반시계 방향 원호 가공
X : 가공 종점의 X축 좌표
Y : 가공 종점의 Y축 좌표
Z : 가공 종점의 Z축 좌표
R : 원호의 반지름
F : 이송 속도(mm/min)

4 Exact Stop(G09)과 Exact Stop 모드(G61)

(1) 기능

그림 9.11과 같이 코너부의 가공에서 수평 가공부와 수직 가공부의 연결 모서리 종점의
위치에 공구를 정확히 도달하게 하여 코너부를 정밀하게 가공하는 기능이다. G09 또는

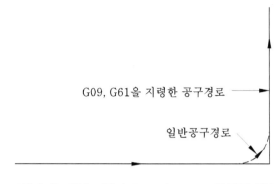

그림 9.11 일반 가공과 Exact Stop 모드의 공구 경로

G61 기능을 사용하지 않는 일반적인 가공 방법과의 가공 편차량이 약 R0.02로 매우 적기 때문에 가공 정밀도에 미치는 영향이 매우 적어 많이 사용하지는 않는다.

(2) 지령 형식

주로 코너 종점의 일정 부분 내에서 감속하여 정밀 가공한다. 감속은 파라미터에 설정되어 있다.

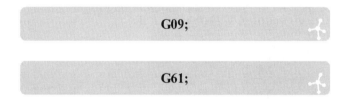

5 연속 절삭 모드(G64)

(1) 기능

Exact Stop 모드(G61)와 자동 코너 오버라이드(G62) 기능을 취소시켜 일반 절삭 가공을 실행한다.

(2) 지령 형식

G64 지령 이후의 블록에서는 파라미터에 설정된 감속이 없이 일반적인 가공을 실행한다.

G64;

예제 9.10

다음 도면에서 ① → ② → ③ → ④의 경로로 가공하는 프로그램을 일반 프로그램 방식과
G09, G61 기능을 사용한 방식으로 각각 작성하시오. 단, 공구는 원점에 위치하고 있으며 절입
깊이 3mm, 이송은 100mm/min이다.

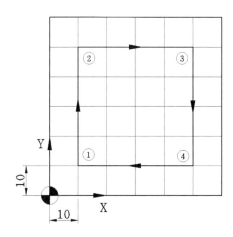

풀이

일반 프로그램	G00 Z2.;
	X10. Y10.;
	G01 Z-3. F100;
	Y50.;
	X50.;
	Y10.;
	G00 Z100.;
Exact Stop 지령	G00 Z2.;
(G09)	X10. Y10.;
	G01 Z-3. F100;
	G09 Y50.;
	G09 X50.; (G09는 One Shot G-코드)
	Y10.;
	G00 Z100.;
Exact Stop 모드	G00 Z2.;
(G61)	X10. Y10.;
	G01 Z-3. F100;

G61 Y50.; (G61는 Modal G-코드)

X50.;

G64;

Y10.;

G00 Z100.;

6 Dwell Time(G04)

(1) 기능

지령이 된 시간 동안 공구의 이송이 정지되는 기능이다. 선반에서 홈의 진원도 개선을 위해 홈 가공 종점의 좌표에서 지령하거나 머시닝 센터에서 코너부를 가공할 때 코너부의 정밀도 향상을 위해 사용한다. 단, 공구의 이송만 정지하는 것일 뿐 주축의 회전과 절삭유 급유 등은 계속된다.

(2) 지령 형식

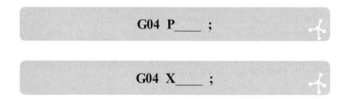

G04 P____ ;

G04 X____ ;

P : 소수점 사용 불가

X : 소수점 사용

최대 지령시간 : 99999.999(sec)

예제 9.11

가공 중 공구의 이송을 2초간 정지시키기 위한 프로그램 블록을 작성하시오.

[풀이] G04 P2000;

또는

G04 X2.;

9.3 주축 기능

🔟 주속 일정 제어(G96)

(1) 기능

주로 CNC 선반 가공에서 이용하는 기능으로 절삭 속도를 일정하게 유지하면서 가공할 때 사용한다. CNC 선반편을 참고 바람. 머시닝 센터에서는 부가축을 설치하여 보링 가공을 할 때 사용할 수 있다.

(2) 지령 형식

공작물을 정회전 또는 역회전시키면서 지령이 된 절삭 속도를 유지한다.

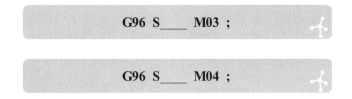

```
G96  S____   M03 ;
```

```
G96  S____   M04 ;
```

S : 절삭 속도(m/min)
M03 : 주축 정회전(시계 방향 회전)
M04 : 주축 역회전(반시계 방향 회전)

2️⃣ 회전수 일정 제어(G97)

(1) 기능

공구는 항상 지령이 된 회전수로만 일정하게 회전한다. 1분당 회전수로 지령하고 일반적으로 머시닝 센터에서 이 방식을 사용하며 기계의 전원 투입 시 기본으로 설정된다.

(2) 지령 형식

주축에 설치된 공구를 정회전 또는 역회전시키면서 지령이 된 회전수로 회전시킨다.

> **G97 S____ M03 ;**

> **G97 S____ M04 ;**

S : 1분당 회전수(rpm)
M03 : 주축 정회전(시계 방향 회전)
M04 : 주축 역회전(반시계 방향 회전)

예제 9.12

다음 프로그램 블록을 설명하시오.

G97 S1000 M03;

[풀이] 공구를 시계 방향으로 매분 1000회전시킨다.

3 주축 최고 회전수 지정(G92)

(1) 기능

주축이 회전할 수 있는 최고 회전수를 제한하는 기능이다. 공작기계의 특성이나 공구 또는 공작물의 특성에 따라 일정 회전수를 초과하면 공작기계의 안전에 악영향을 초래하거나 또는 공구의 수명에 손상을 입힐 수 있는데, 이때 최고 회전수를 제한하면 편리하다. G92 기능은 작업자의 실수에 의한 과도한 회전수 지령으로 인한 오작동을 보호함으로써 안전한 운전을 할 수 있도록 제어한다.

(2) 지령 형식

주축에 설치된 공구가 지령이 된 최고 회전수를 초과하여 운전할 수 없도록 제어한다.

> **G92 S____ ;**

S : 1분당 회전수(rpm)

예제 9.13

다음 프로그램 블록을 설명하시오.

G92 S5000:

[풀이] 공구의 최고 회전수를 5000rpm으로 제한한다.

9.4 원점(Reference point)

일반적으로 원점이란 기계 원점을 의미하며 제1 원점이라고도 한다. 기계 원점의 위치는 기계 내부의 임의의 점으로 공작기계 제조사에서 파라미터로 설정한다. 기계 원점은 기계 조작의 기준이 되는 지점으로, 설정된 파라미터는 변경하지 않으며 불가피한 경우에는 제조사와 상의한다.

공작기계 전원을 투입 후 기계 원점 복귀를 하여야 기계 좌표계를 인식한다. 기계 좌표계는 기계 원점을 기준으로 설정되며 반드시 전원 투입 후에는 기계 원점 복귀를 하여야 하고 비상 스위치를 눌렀을 경우에도 기계 원점 복귀를 하여야 한다.

1 기계 원점 복귀 방법

(1) 수동 원점 복귀

모드 선택(Mode Selection)을 원점 복귀 모드(◆, REF 또는 ZRN)에 위치시키고 수동 이송 축 선택 키 버튼(X, Y, Z 키 버튼)을 이용하여 X, Y, Z 각 축으로 급속 이송하여 기계 원점에 복귀시킨다. 안전을 위해 Z축을 먼저 원점으로 복귀시킨 후 X, Y축 원점을 복귀시킨다.

(2) 자동 원점 복귀

모드 선택을 자동(Auto) 또는 반자동(MDI) 모드에 위치시키고 G28 기능을 이용하여 공구를 X, Y, Z 각 축으로 급속 이송하여 기계 원점에 복귀시킨다.

❷ 자동 원점 복귀(G28)

(1) 기능

자동(Auto) 또는 반자동(MDI) 모드에서 프로그램 지령에 의해 기계 원점으로 자동 복귀시킨다. 단, Machine Lock On 상태에서는 실행할 수 없다.

(2) 지령 형식

절삭 공구는 급속 이송으로 중간 경유 좌표점 X, Y, Z를 지나 기계 원점으로 복귀한다.

$$G28\ X\_\_\_\_\ \ Y\_\_\_\_\ \ Z\_\_\_\_\ ;$$

X : 중간 경유점의 X축 좌표
Y : 중간 경유점의 Y축 좌표
Z : 중간 경유점의 Z축 좌표

자동 원점 복귀를 할 때에는 절대 지령(G90) 또는 증분 지령(G91) 방식에 따라 공구의 이동 경로가 다르니 유의해야 한다. 예를 들어 G90 G28 X0. Y0. Z0.;으로 지령할 경우, 공구는 공작물 원점을 중간 경유점으로 하여 기계 원점으로 복귀한다. 그러나 G91 G28 X0. Y0. Z0.;으로 지령하면 공구는 현재의 위치를 중간 경유점으로 인식하여 기계 원점으로 복귀하므로 실제로는 중간 경유점이 없는 것과 같다. 절대 지령과 증분 지령 방식은 프로그램 작업 시 다른 G-코드 기능에서도 주의해야 한다.

(3) 공구 이동 경로

그림 9.12와 같은 경우에 공구를 기계 원점으로 바로 복귀시키면 공작물과 충돌한다. 그러므로 충돌을 방지하기 위해서 공구를 안전한 위치로 이동시킨 후 기계 원점으로 복귀해야 한다. 이때 작업자가 임의로 지정해 놓는 안전한 위치가 중간 경유점이며, 공구는 중간 경유점의 좌표로 먼저 이동한 후 기계 원점으로 복귀하기 때문에 공작물과 충돌없이 안전하게 기계 원점으로 복귀할 수 있다.

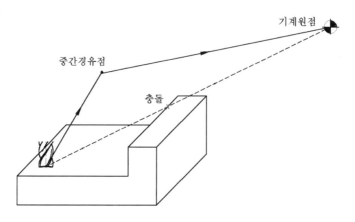

그림 9.12 중간 경유점을 이용한 기계 원점 복귀

예제 9.14

다음과 같은 도면에서 공구를 기계 원점으로 자동 복귀하는 프로그램을 ① 절대 지령과 ② 증분 지령 방식으로 각각 작성하시오.

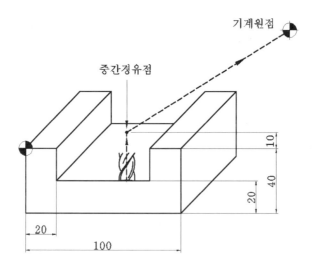

[풀이] ① 절대 지령 방식

G90 G28 Z10.;

② 증분 지령 방식

G91 G28 Z30.;

예제 9.15

다음 그림에서 공구를 중간 경유점이 없이 기계 원점으로 자동 복귀하는 프로그램을 작성하시오.

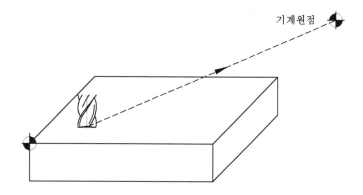

기계원점

풀이 중간 경유점이 없어도 충돌할 염려가 없으면 기계 원점으로 복귀하되, 지령 형식은 갖추어야 한다.

G91 G28 X0. Y0. Z0.;

만일 G90 G28 X0. Y0. Z0.;으로 지령하면 중간 경유점인 공작물 원점을 지나서 기계 원점으로 복귀하게 되므로 주의해야 한다.

3 기계 원점 복귀 확인(G27)

(1) 기능

자동 원점 복귀(G28)를 실행한 후 기계 원점에 정확하게 복귀하였는지를 확인하는 기능이다.

(2) 지령 형식

기계 원점에 정확하게 복귀했을 때에는 램프(lamp)가 점등되며, 그렇지 않으면 알람(alarm)이 발생한다.

$$\boxed{\text{G27 X}\_\_\_ \text{ Y}\_\_\_ \text{ Z}\_\_\_ \text{ ;}}$$

X : 중간 경유점의 X축 좌표
Y : 중간 경유점의 Y축 좌표
Z : 중간 경유점의 Z축 좌표
중간 경유점 X, Y, Z 좌표는 G28에 의해 지령이 된 좌표와 동일하다.

4 제2 원점 복귀(G30)

(1) 기능

기계 운전의 편리를 위해 작업자가 임의로 설정한 제2, 제3, 제4 원점의 위치로 공구를 복귀시키는 기능이다. 이때 급속 이송으로 중간 경유점을 지나 복귀시킨다. 일반적으로 제2 원점은 공구 교환 위치로 사용된다.

(2) 지령 형식

$$\boxed{\text{G30 P}\_\_\_ \text{ X}\_\_\_ \text{ Y}\_\_\_ \text{ Z}\_\_\_ \text{ ;}}$$

P : P2, P3, P4를 나타내고 각각 제2, 제3, 제4 원점을 의미한다. P를 생략하면 제2 원점
    이 자동으로 선택된다.
X : 중간 경유점의 X축 좌표
Y : 중간 경유점의 Y축 좌표
Z : 중간 경유점의 Z축 좌표

(3) G27, G28, G30 기능을 싱글 블록(single block) 상태에서 지령하면 중간 경유점에
    서 정지한다.

(4) G27, G28, G30 기능을 지령할 때 1개 축 좌푯값만 지령하면 지령이 된 축만 원점
    복귀한다. 예를 들어 G28 Z0.;와 같이 지령하면 Z축만 원점 복귀한다.

9.5 좌표계 설정(Coordinate system setting)

1 기계 좌표계 선택(G53)

(1) 기능

기계 원점 복귀를 하면 기계 좌표계는 자동으로 설정된다. 기계 원점을 기준으로 임의의 지점으로 이동시킬 때 사용하는 기능이다. G53 지령은 급속 이송 기능을 포함하므로 공구는 급속 이동을 한다.

(2) 지령 형식

G53 기능은 절대 지령에서만 실행되며 지령이 된 좌표는 기계 원점에서 임의의 지점까지의 거리이므로 "-" 부호를 포함한 기계 좌푯값을 사용한다. 지령이 된 기계 좌표의 위치로 급속 이동 한다.

$$G53 \ X\_\_\_\_ \quad Y\_\_\_\_ \quad Z\_\_\_\_ \ ;$$

X : 이동 종점의 X축 기계 좌표
Y : 이동 종점의 Y축 기계 좌표
Z : 이동 종점의 Z축 기계 좌표

2 공작물 좌표계 설정(G92)

(1) 기능

공작물 좌표계 설정이란 CNC 공작기계가 공작물 원점을 인식할 수 있도록 설정하는 것이다. 공작물 원점은 프로그램 작성 시 좌푯값의 기준이 되는 지점으로 공작물 좌표계 설정을 공작물 원점 설정이라고도 한다.

(2) 지령 형식

현재 공구의 위치는 지령이 된 X, Y, Z 좌표점의 위치로 인식한다.

$$G90 \ G92 \ X\_\_\_\_ \quad Y\_\_\_\_ \quad Z\_\_\_\_ \ ;$$

G90 : 절대 지령

X : 공작물 원점에서 공구 위치까지의 X축 거리

Y : 공작물 원점에서 공구 위치까지의 Y축 거리

Z : 공작물 원점에서 공구 위치까지의 Z축 거리

그림 9.13과 같이 공작물 원점으로부터 공구의 위치가 X축으로 200mm, Y축으로 200mm, Z축으로 50mm 떨어져 있다면 반자동(MDI) 모드에서 다음과 같이 지령하면 된다.

G90 G92 X200. Y200. Z50.;

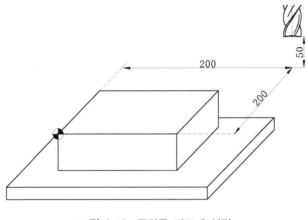

그림 9.13 공작물 좌표계 설정

또는 공구를 공작물 원점에 위치시킨 후의 기계 좌푯값이 X-100. Y-150. Z-200. 일 경우 머시닝 센터를 운전하기 전에 프로그램 상단에 다음 블록을 삽입하여도 된다.

G28 G91 X0. Y0. Z0.;

G90 G92 X100. Y150. Z200.;

자동 원점 복귀(G28) 상태이므로 공작물 원점에서 공구 위치까지 떨어진 거리는 결과적으로 기계 좌푯값 X, Y, Z에서 "-"부호를 삭제한 것과 같다.

❸ 워크 좌표계 선택(G54, G55, G56, G57, G58, G59)

1) 기능

이미 설정된 여러 개의 워크 좌표계(공작물 원점)를 작업자가 선택할 수 있도록 하는 기능이다. 각각의 워크 좌표계의 좌푯값은 공구가 공작물 원점에 있을 때, 기계 원점의 위치에서 공작물 원점까지의 거리(기계 좌푯값)를 각각 보정 화면에 미리 설정하여야 한다. 그리고 공구를 원점 복귀하면 설정되며, 공작기계 전원 투입 시 G54가 기본으로 설정이 된다.

2) 지령 형식

테이블에 설치된 공작물 위치에 따라 선택하고자 하는 좌표계를 지령한다.

> **G90 G54 X____ Y____ Z____ ;**

> **G90 G55 X____ Y____ Z____ ;**

> **G90 G56 X____ Y____ Z____ ;**

> **G90 G57 X____ Y____ Z____ ;**

> **G90 G58 X____ Y____ Z____ ;**

> **G90 G59 X____ Y____ Z____ ;**

G90 : 절대 지령
X : 기계 원점에서 각 공작물 원점까지의 X축 거리
Y : 기계 원점에서 각 공작물 원점까지의 Y축 거리
Z : 기계 원점에서 각 공작물 원점까지의 Z축 거리

G92 기능은 공작물을 1개 고정해 놓고 작업하는 경우에 주로 사용하는 기능이다. 그러

나 워크 좌표계 선택 기능은 그림 9.14와 같이 다수의 공작물을 고정시켜 놓고 작업자가 선택하여 사용하는 편리한 기능이다. 그림과 같이 공작물을 한 번에 6개를 고정하여 가공하면 1개씩 고정하여 가공하는 것보다 훨씬 생산성이 높다. 각각의 공작물에 대하여 워크 좌표계만 설정하여 주면 6개의 공작물을 한 번에 가공할 수 있어 매우 편리하다.

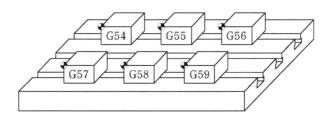

그림 9.14 워크 좌표계 선택

예제 9.16

다음과 같이 워크 좌표계가 설정된 경우 G00 기능을 사용해서 공구를 ① → ② → ③ → ④ → ⑤ → ⑥ → ⑦ → ⑧로 이동하기 위한 프로그램을 작성하시오. 단, 공작물의 크기는 모두 동일하고 공구는 현재 G54 원점에 위치해 있다.

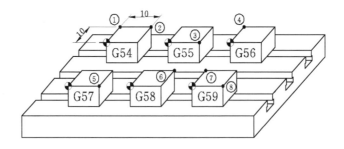

[풀이]　G90 G54 G00 X0. Y10.; (①의 위치)

　　　　X10.; (②의 위치)

　　　　G55 X10. Y0.; (③의 위치)

　　　　G56 X0. Y10.; (④의 위치)

　　　　G57 X10. Y0.; (⑤의 위치)

　　　　G58 X10. Y10.; (⑥의 위치)

　　　　G59 X0. Y10.; (⑦의 위치)

　　　　X10. Y0.; (⑧의 위치)

19 4 로컬(local) 좌표계(G52)

(1) 기능

이미 설정된 워크 좌표계 내에서 임의의 지점에 로컬 좌표계를 설정할 수 있다. 로컬 좌표계는 프로그램 작성 시 좌푯값 계산의 편리를 위해 사용한다. 로컬 좌표계에서 작업이 끝난 후 이미 설정된 워크 좌표계로 다시 이동하려면 먼저 로컬 좌표계 취소 지령을 해야 한다. 또는 리셋하거나 수동 원점 복귀 시 로컬 좌표계는 취소된다.

(2) 지령 형식

이미 설정된 워크 좌표계 내에서 작업자가 편리한 위치에 설정한다.

$$G90 \ G52 \ X\_\_\_ \ Y\_\_\_ \ Z\_\_\_ \ ;$$

로컬 좌표계를 취소할 때에는 다음과 같이 지령한다.

$$G90 \ G52 \ X0. \ Y0. \ Z0.;$$

G90 : 절대 지령
X : 공작물 원점에서 로컬 좌표계 원점까지의 X축 거리
Y : 공작물 원점에서 로컬 좌표계 원점까지의 Y축 거리
Z : 공작물 원점에서 로컬 좌표계 원점까지의 Z축 거리

예제 9.17

다음과 같이 워크 좌표계가 설정된 경우 G00 기능을 사용해서 공구를 ① → ② → ③ → ④로 이동하기 위한 프로그램을 작성하시오. 단, 공작물의 크기는 모두 동일하다.

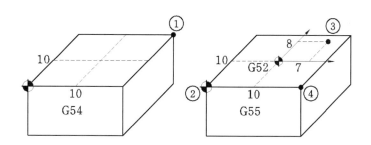

[풀이]

```
G90 G54 G00 X20. Y20.;    (①의 위치)
G55 X0. Y0.;              (②의 위치)
G52 X10. Y10.;           (로컬 좌표계 설정)
X7. Y8.;                  (③의 위치)
G52 X0. Y0.;
X20. Y0.;                 (④의 위치)
```

9.6 공구 기능

1 공구의 선택

머시닝 센터에서 부품 가공을 위해서는 다양한 공구를 필요로 하며 생산성을 효율적으로 높이기 위해서는 적절한 공구를 선택해서 사용할 수 있어야 한다. 넓은 평면의 가공을 위해서는 정면 밀링커터를 사용해야 하며 세부 형상 가공을 위해 플랫 엔드밀, 볼 엔드밀, 드릴, 탭 공구 등 다양한 공구들을 사용한다.

(1) 기능

가공에 사용할 공구를 선택하여 교환하는 기능이다.

(2) 지령 형식

지령이 된 번호의 공구가 선택되어 교환된다.

> **T□□ M06;**

□□ : 선택할 공구 번호(두 자리 숫자)

M06 : 공구 교환

❷ 공구 보정

머시닝 센터에서 사용하는 공구는 매우 다양하다. 넓은 평면가공을 위해 정면 밀링커터를 사용한 후 홈 가공을 위해 엔드밀을 사용하고 탭 작업을 위해 센터 드릴로 센터 작업 후 드릴로 구멍을 뚫고 탭 공구를 사용해서 탭 작업을 한다. 이때 사용되는 공구의 길이는 모두 다르다. 만일 이러한 공구의 길이 차이를 무시한다면 정밀한 부품을 가공할 수 없다. 따라서 기준 공구와 비교할 때 다른 공구들이 갖는 길이 차이를 보상하여 가공할 수 있도록 그 차이를 보정해 주어야 한다. 또한 플랫 엔드밀 등과 같이 NC 프로그램 작성의 기준점인 공구의 중심부와 실제 가공하는 외주 날까지의 거리 차이가 있는 공구에 대하여 공구 지름 보정을 해주어야 한다.

❸ 공구 보정량 입력

(1) 기능

작업자는 기준 공구와 비교한 모든 공구의 길이 차이를 보정 화면에 보정량으로 설정한다. 또한 플랫 엔드밀 등과 같이 가공 기준점인 공구의 중심부와 외주 날까지의 거리 차이가 있는 공구의 반경값을 보정량으로 설정한다. 가공 전, 공구의 길이와 지름 보정량(반경값)은 머시닝 센터의 보정 화면에 미리 설정하여 보상할 수 있도록 해야 한다.

(2) 지령 형식

정밀 가공을 위해서는 각각의 보정 번호에 해당 공구의 반경값과 기준 공구와의 길이 차이만큼 보정량으로 입력을 해 주어야 한다. 이때 보정량을 입력 해주는 방법은 공작기계의 보정 화면에 작업자가 직접 수동 입력하는 방법과 다음과 같이 프로그램 지령에 의한 방법으로 보정 화면에 등록시킬 수 있다.

$$G10\ P\_\_\_\_\ R\_\_\_\_\ ;$$

P : 보정 번호
R : 보정량(공구의 반경 또는 길이값)

4 공구 길이 보정(G43, G44, G49)

(1) 기능

프로그램의 작성에서는 공구 길이를 고려하지 않는다. 실제 가공의 예를 들면 기준 공구인 플랫 엔드밀로 가공 후 드릴 작업을 위해 드릴 공구(기준 공구와 비교하여 50mm 더 길다) 그 길이 차이를 보상하지 않고 가공한다고 가정해보자. 플랫 엔드밀에 대하여 G01 Z-10. F50; 과 같이 지령했을 때 정확하게 공작물 원점에 대하여 아래 방향으로 10mm 지점까지 직선 가공 한다. 그러나 드릴 공구로 교환 후 동일하게 지령했을 때에는 공작물 원점 아래 방향으로 60mm 지점까지 직선 가공이 실행될 것이다. 플랫 엔드밀에 대하여 G00 Z10.;을 지령했을 경우에는 정확하게 공작물 원점 위 방향 10mm 지점으로 이동하겠지만 드릴 공구에 대하여 동일한 지령을 했을 경우, 공작물 원점 아래 방향으로 40mm 지점으로 이동하려 하기 때문에 테이블 또는 공작물과 충돌을 일으킬 수 있다. 그러므로 기준 공구와 비교하여 다른 공구가 얼마만큼의 길이 차이가 나는지 공작기계가 인식할 수 있도록 설정해 주는 것은 매우 중요하다.

(2) 지령 형식

지령이 된 좌표로 이동하면서 해당 공구의 길이 보정을 실행한다. 공구 길이 보정을 지령하기 전에는 보정 화면에 반드시 해당 공구의 보정량(±)이 설정되어 있어야 한다. 공구 길이 보정은 공구 교환 후 Z축으로 하향 이송과 동시에 지령하는 것이 안전하다. 또한 공구 길이 보정 취소는 해당 공구의 작업을 종료한 후 Z축으로 안전하게 도피하도록 상향 이송과 동시에 지령하는 것이 바람직하다. 단, 취소 시 Z 좌푯값 지령은 현재 공구의 위치에서 공구 길이 이상 더 크게 지령하는 것이 안전하다. 다음과 같은 지령으로 공구 길이를 보정 또는 취소할 수 있다.

> **G43 Z____ H____ ;**

> **G44 Z____ H____ ;**

> **G49 Z____ ;**

G43 : 공구 길이 보정(+)

G44 : 공구 길이 보정(-)

G49 : 공구 길이 보정 취소

Z : 공구 이동 종점의 Z축 좌표

H : 공구 길이 보정 번호

(3) 공구 길이 보정 예

표 9.1에 머시닝 센터 보정 화면(제조사마다 차이가 있음)을 나타내었다. NO는 공구 보정 번호를 의미하고 D는 공구경 보정을 의미하는 어드레스로써 아래 칸에는 해당 공구의 보정량(반경값)을 입력한다. H는 공구의 길이 보정 번호를 의미하는 어드레스로써 해당 칸에는 해당 공구의 길이 보정량을 입력한다. 공구 길이를 보정하는 방법은 G43과 G44 두 가지 방법이 있다. G43은 공구 길이 보정을 +로 하는 방법으로 1번 공구를 기준 공구(∅10 엔드밀)로 가정하면 기준 공구는 길이 보정량이 없으므로 표 9.1에서 보정 번호 01의 H는 0(zero)이다. 그림 9.15와 같이 2번 공구(∅14 엔드밀)는 기준 공구보다 그 길이가 10mm 더 길다. 따라서 보정 번호 02의 H는 10이다. 3번 공구(∅8 엔드밀)는 기준 공구보다 5mm 더 짧다. 따라서 보정 번호 03의 H는 −5이다. 그리고 4번 공구(∅16 엔드밀)는 기준 공구보다 15mm 더 길다. 따라서 보정 번호 04의 H는 15이다. 또한 1, 2, 3, 4번 공구는 엔드밀 공구로써 형상 가공을 할 때에 외주 날에 의한 가공이 되므로 공구의 지름이 달라지면 가공 기준점인 공구의 중심부로부터 원주 날까지의 거리가 모두 다르기 때문에 공구경 보정을 한 후 가공해야 한다. 공구경 보정은 공구 중심부로부터 원주 날까지의 거리(반경값)를 입력한다. 따라서 보정 번호 01의 D에는 5, 보정 번호 02의 D에는 7, 보정

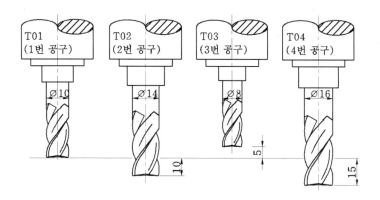

그림 9.15 공구 길이 보정 예

표 9.1 공구 보정 화면 예

NO	DATA(D)	NO	DATA(H)
001	5.000	001	0.000
002	7.000	002	10.000
003	4.000	003	-5.000
004	8.000	004	15.000
005	0.000	005	0.000
006	0.000	006	0.000
007	0.000	007	0.000
008	0.000	008	0.000

번호 03의 D에는 4, 보정 번호 04의 D에는 8을 입력 한다. 만일 센터 드릴 또는 드릴 공구와 같이 공구의 센터를 중심으로 가공하는 공구일 경우에는 공구경 보정은 하지 않는다.

4) 공구 이동 경로

그림 9.16(a)에서 주축에 장착된 공구는 5번 공구로 교환된 상태이고 기준 공구보다 그 길이가 100mm 길다고 가정하면 보정 번호 05번 H에는 100이 입력되어 있어야 한다. 이 때 G00 G43 Z10. H05; 을 지령하면 공구 선단은 공작물 원점으로부터 10mm 상향하여 위치할 것이다. 만일 5번 공구로 교환 후 공구 길이 보정 지령을 하지 않은 상태에서 G00 Z10.; 을 지령하면 5번 공구 선단은 공작물 원점으로부터 90mm 하향하여 위치할 것이기 때문에 공작물과 충돌하여 공구는 파손될 수 있다. 그러므로 공구 길이 보정은 공구 교환 후 Z축으로 하향 이송과 동시에 지령하는 것이 안전하다.

그림 9.16(b)는 공구 길이를 보정한 6번 공구를 사용하여 공작물을 관통 구멍 가공한 후 드릴 공구가 공작물 내부에서 회전 중인 상태이다. 6번 공구는 기준 공구보다 80mm 가 더 길다고 가정하면 보정 번호 06번 H에는 80이 입력되어 있을 것이다. 그런데 이때 G00 G49 Z100.;을 지령하면 공구 선단은 공작물 원점으로부터 20mm 상향으로 위치해 있을 것이다. 그러나 만일 G00 G49 Z20.;으로 지령하면 6번 공구는 공작물 원점으로부터 60mm 하향으로 위치할 것이기 때문에 공구는 테이블과 충돌하여 파손될 수 있다. 그러므로 공구 길이 보정 취소는 해당 공구의 작업을 종료한 후 Z 좌표를 현재 공구의 위치에

서 공구 길이 이상 더 크게 지령하여 Z축으로 안전하게 상향 도피하도록 해야 한다.

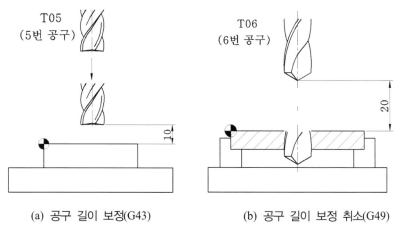

(a) 공구 길이 보정(G43)   (b) 공구 길이 보정 취소(G49)

그림 9.16 공구 길이 보정 및 취소 시 공구의 이동 경로

예제 9.18

아래 테이블은 공구 보정 화면 일부를 나타낸 것이다. 1, 2, 3번 공구는 플랫 엔드밀, 4번 공구
는 ∅3 센터 드릴, 5번 공구는 ∅10 드릴이다.

NO	DATA(D)	NO	DATA(H)
001	3.000	001	0.000
002	5.000	002	5.000
003	10.000	003	15.000
004	0.000	004	-15.000
005	0.000	005	10.000
006	0.000	006	0.000
007	0.000	007	0.000
008	0.000	008	0.000

① 1, 2, 3번 공구의 지름은 얼마인가?

[풀이] 공구 보정 화면에서 보정 번호 1, 2, 3의 D 값은 공구의 반경을 입력한 것이므로 공구의
지름은 1번 공구 3×2=∅6, 2번 공구 5×2=∅10, 3번 공구 10×2=∅20

② 각 공구에 대하여 공구 길이 보정을 무시하고 G90 G00 Z50.;을 지령하면 공작물 원점으로
부터 공구의 위치는?

[풀이] 1번 공구(기준 공구), 공작물 원점으로부터 상향 50mm 지점

2번 공구(기준 공구보다 5mm 더 길다. 50-5=45mm), 공작물 원점으로부터 상향 45mm
지점

3번 공구(기준 공구보다 15mm 더 길다. 50-15=35mm), 공작물 원점으로부터 상향
35mm 지점

4번 공구(기준 공구보다 15mm 더 짧다. 50+15=65mm), 공작물 원점으로부터 상향
65mm 지점

5번 공구(기준 공구보다 10mm 더 길다. 50-10=40mm), 공작물 원점으로부터 상향
45mm 지점

③ 모든 공구를 길이 보정 후 공작물 원점으로부터 Z10.의 위치로 급속 이동하도록 각각의 공구
에 대하여 프로그램을 작성하시오. 단, 기준 공구는 1번 공구이다.

[풀이] 1번 공구 G90 G00 Z10.; (또는 G90 G43 G00 Z10. H01;)

2번 공구 G90 G43 G00 Z10. H02; (보정량 5mm만큼 보상하면서 Z10.의 위치로 이동)

3번 공구 G90 G43 G00 Z10. H03; (보정량 15mm만큼 보상하면서 Z10.의 위치로 이동)

4번 공구 G90 G43 G00 Z10. H04; (보정량 -15mm만큼 보상하면서 Z10.의 위치로 이동)

5번 공구 G90 G43 G00 Z10. H05; (보정량 10mm만큼 보상하면서 Z10.의 위치로 이동)

5 공구경 보정(G40, G41, G42)

(1) 기능

작업자가 NC 프로그램 작성시 공구의 이동 경로는 공구의 중심부를 기준으로 한다. 공
구의 외주 날을 사용하여 가공하는 플랫 엔드밀 공구는 가공 기준점인 공구의 중심부에
서 실제 가공하는 외주 날까지는 반경값만큼 편차가 발생한다. 이와 같은 경우 공구경 보
정은 가공 전에 공구의 반경값을 보정하는 기능이다. 공구경 보정 지령을 이용하면 공구
간섭이 발생하지 않는 한 예제 9.19의 ∅10 플랫 엔드밀 공구를 사용하여 윤곽 가공한 프
로그램을 ∅12의 플랫 엔드밀 공구를 사용하여 프로그램의 변경이 없이도 가공할 수 있
다. 단 공구의 반경값 만큼의 공구경 보정량은 머시닝 센터에 항상 미리 설정해 놓아야
한다.

(2) 지령 형식

지령이 된 좌표로 이동 중 공구경 보정 또는 취소를 실행한다. 공구경 보정을 지령하기 전에 머시닝 센터의 공구 보정 화면에는 반드시 해당 공구의 보정량(반경값)이 입력되어 있어야 한다. 일반적으로 가공 시작 이전 블록에서 공구경 보정(G41, G42) 지령을, 가공이 종료되면 공구경 보정 취소(G40) 지령을 한다. 공구경 보정을 취소하면 공구의 중심부가 공구의 이동 경로가 된다.

G40 X____ Y____ ;

G41 X____ Y____ D____ ;

G42 X____ Y____ D____ ;

G40 : 공구경 보정 취소
G41 : 공구경 좌측 보정
G42 : 공구경 우측 보정
X : 공구 이동 종점의 X축 좌표
Y : 공구 이동 종점의 Y축 좌표
D : 공구경 보정 번호

(3) 공구 이동 경로

공구의 이동 경로에 따라 G40, G41, G42 지령이 결정된다. 공구경 보정을 지령하지 않은 경우 즉, 공구경 보정을 취소한 경우에는 그림 9.17 (a)와 같이 공구의 중심부를 기준으로 공구 경로를 생성한다. 공구경 좌측 보정(G41)을 지령하면 프로그램에 지령이 된 좌표간 연결부(점선부)를 기준으로 좌측에서 공구 경로를 생성하고 공구경 우측 보정(G42)을 지령하면 지령이 된 좌표 간 연결부(점선부)를 기준으로 우측에서 공구 경로를 생성한다. 다른 설명으로 그림 9.18과 같이 G41 지령에서는 공구가 공작물의 좌측 방향에서 공구 경로를 생성하여 가공하고 G42 지령에서는 공구가 공작물의 우측 방향에서 공구 경로를 생성하며 가공한다.

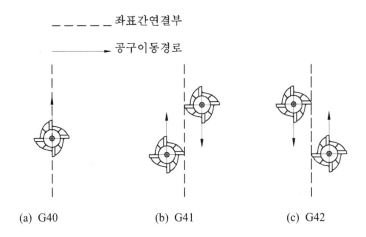

그림 9.17 공구경 보정 시 공구의 이동 경로(Ⅰ)

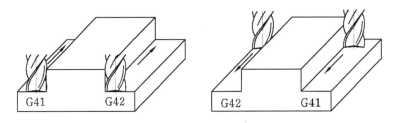

그림 9.18 공구경 보정 시 공구의 이동 경로(Ⅱ)

(4) 스타트 업 블록(start up block)

스타트 업 블록이란 공구경 보정을 취소(G40)하거나 공구경 보정(G41, G42)을 지령하는 블록을 말한다. 그림 9.19와 같이 공구가 이동하는 다음 블록에 대하여 수직 방향으로 지령하는 것이 바람직하다. 즉, 공구경 보정 지령 블록에서는 X, Y 좌표 중 1개 좌표만 사용하여 지령하는 것이 좋다. 특히 공구경 보정 시 G00 기능을 이용하여 급속 이동시키는 경우에는 공작물과 충돌이 발생되지 않도록 좌푯값의 지령 시 유의해야 한다. 스타트 업 블록에서 공구의 이동량은 공구의 반경 값 이상이 되어야 한다.

G41 또는 G42 지령으로 프로그램 실행 중 공구의 이동 지령으로 연속해서 2블록 이상 X 또는 Y 좌푯값을 지령하지 않을 경우 공구경 보정이 정상 작동하지 않는다. 다음 예와 같이 N40에서 공구경 좌측 보정 G41이 실행된 이후 N70과 N80 두 개의 블록에서 연속해서 X, Y 이동량이 없으므로 정상적인 공구경 보정이 실행되지 않는다.

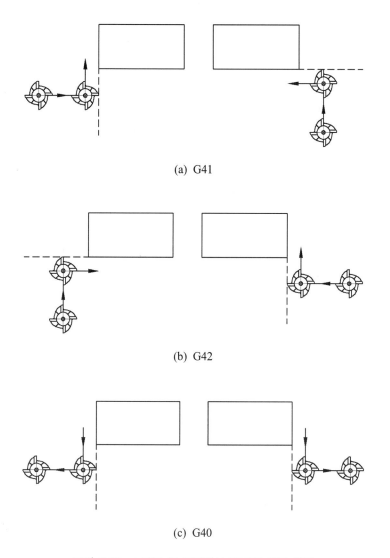

(a) G41

(b) G42

(c) G40

그림 9.19 스타트 업 블록에서 공구의 이동 경로

■ 예 - 공구경 보정 지령에서 2블록 이상 X, Y 이동 지령이 없는 경우

```
(위 생략)
N10 G90 G00 X-10. Y-10.;
N20 G97 S1000 M03;
N30 G43 Z-5. H02;
N40 G01 G41 X5. D02 F100 M08;
N50 Y90.;
N60 G02 X10. R5.;
```

N70 G04 P1000;

N80 M09

N90 G00 Y20.;

N100 G01 X40. M08;

N110 G03 X60. R10.;

(아래 생략)

예제 9.19

다음 도면을 가공할 때 ① 공구경 보정을 하지 않은 프로그램 ② 공구경 좌측 보정 ③ 공구경 우측 보정 기능을 사용한 프로그램으로 각각 작성하시오. 단, ∅10 엔드밀 공구(1번 공구) 사용, 길이 보정은 무시하고 공구의 현재 위치 X100. Y100. Z100.에 있으며 이송 속도는 100mm/min 이다.

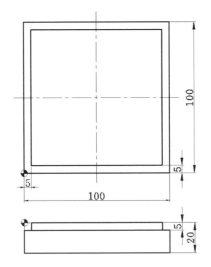

풀이 ① 공구경 보정 무시(G40)

(위 생략)

G90 G00 X-10. Y0.;

G97 S1000 M03; (회전수 1000rpm, 정회전)

G00 Z-5.;

G01 X100. F100 M08;

Y100.;

X0.;

Y-10. M09;

(아래 생략)

② 공구경 좌측 보정(G41)

(위 생략)

G90 G00 X-10. Y-10.;

G97 S1000 M03;

G00 Z-5.;

G01 G41 X5. D01 F100 M08; (공구경 보정 번호 01에는 보정량 5 입력되어 있어야 함)

Y95.;

X95.;

Y5.;

X-10.;

G40 Y-10. M09;

(아래 생략)

③ 공구경 우측 보정(G42)

(위 생략)

G90 G00 X-10. Y-10.;

G97 S1000 M03;

G00 Z-5.;

G01 G42 Y5. D01 F100 M08; (공구경 보정 번호 01에는 보정량 5 입력되어 있어야 함)

X95.;

Y95.;

X5.;

Y-10.;

G40 X-10. M09;

(아래 생략)

예제 9.20

다음 도면을 가공할 때 ① G41 기능, ② G42 기능을 사용한 프로그램으로 각각 작성하시오. 단, ∅16 플랫 엔드밀(2번 공구, 기준 공구인 1번 공구보다 10mm 더 길다.) 사용, 공구의 현재 위치 X100. Y100. Z200.에 있으며 이송 속도는 100mm/min이다.

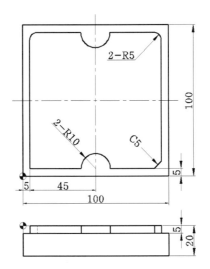

[풀이] ① 공구경 좌측 보정(G41)

(위 생략)

G90 G00 X-10. Y-10.;

G97 S1000 M03;

G43 Z-5. H02; (공구 길이 보정 번호 02에는 보정량 10이 입력되어 있어야 함)

G01 G41 X5. D02 F100 M08; (공구경 보정 번호 02에는 보정량 8 입력되어 있어야 함)

Y90.;

G02 X10. Y95. R5.;

G01 X40.;

G03 X60. R10.;

G01 X90.;

G02 X95. Y90. R5.;

G01 Y10.;

X90. Y5.;

X60.;

G03 X40. R10.;

G01 X-10.;

G40 Y-10. M09; (공구경 보정 취소, 공구 중심부가 Y-10. 좌표로 이동, 절삭유 급유 정지)

G49 G00 Z200.; (공구 길이 보정 취소, 공작물 원점보다 190mm 상향 이동)

(아래 생략)

② 공구경 우측 보정(G42)

(위 생략)

G90 G00 X-10. Y-10.;

G97 S1000 M03;

G43 Z-5. H02; (공구 길이 보정 번호 02에는 보정량 10이 입력되어 있어야 함)

G01 G42 Y5. D02 F100 M08; (공구경 보정 번호 02에는 보정량 8 입력되어 있어야 함)

X40.;

G02 X60. R10.;

G01 X90.;

X95. Y10.;

Y90.;

G03 X90. Y95. R5.;

G01 X60.;

G02 X40. R10.;

G01 X10.;

G03 X5. Y90. R5.;

G01 Y-10.;

G40 X-10 M09; (공구경 보정 취소, 공구 중심부가 X-10. 좌표로 이동, 절삭유 급유정지)

G49 G00 Z200.; (공구 길이 보정 취소, 공작물 원점보다 190mm 상향 이동)

(아래 생략)

예제 9.21

다음 도면을 가공할 때 ① G41 기능, ② G42 기능을 사용한 프로그램으로 각각 작성하시오. 단, ∅12 엔드밀 공구(3번 공구, 기준 공구인 1번 공구보다 5mm 더 길다.) 사용, 공구의 현재 위치 X100. Y100. Z200.에 있으며 이송 속도는 80mm/min이다.

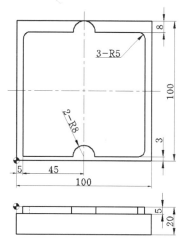

[풀이] ① 공구경 좌측 보정(G41)

(위 생략)

G90 G00 X-10. Y-10.;

G97 S1000 M03;

G43 Z-5. H03; (공구 길이 보정 번호 03에는 보정량 5가 입력되어 있어야 함)

G01 G41 X5. D03 F80 M08; (공구경 보정 번호 03는 보정량 6 입력되어 있어야 함)

Y87.;

G02 X10. Y92. R5.;

G01 X42.;

G02 X58. R8.;

G01 X90.;

G02 X95. Y87. R5.;

G01 Y8.;

G02 X90. Y3. R5.;

G01 X58.;

G03 X42. R8.;

G01 X-10.;

G40 Y-10. M09; (공구경 보정 취소, 공구 중심점이 Y-10.좌표로 이동, 절삭유 급유
정지)

G49 G00 Z200.; (공구 길이 보정 취소, 공작물 원점보다 195mm 상향 이동)

(아래 생략)

② 공구경 우측 보정(G42)

(위 생략)

G90 G00 X-10. Y-10.;

G97 S1000 M03;

G43 Z-5. H03; (공구 길이 보정 번호 03에는 보정량 5가 입력되어 있어야 함)

G01 G42 Y3. D03 F80 M08; (공구경 보정 번호 03는 보정량 6 입력되어 있어야 함)

X42.;

G02 X58. R8.;

G01 X90.;

G03 X95. Y8. R5.;

G01 Y87.;

G03 X90. Y92. R5.;

G01 X58.;

G03 X42. R8.;

G01 X10.;

G03 X5. Y87. R5.;

G01 Y-10.;

G40 X-10. M09; (공구경 보정 취소, 공구 중심점이 X-10.좌표로 이동, 절삭유 급유 정지)

G49 G00 Z200.; (공구 길이 보정 취소, 공작물 원점보다 195mm 상향 이동)

(아래 생략)

9.7 고정 사이클 기능

1 고정 사이클 기능의 일반

(1) 기능

머시닝 센터에서 사이클 기능은 많은 수의 블록으로 프로그램을 작성해야 하는 것을 하나의 블록으로 작성할 수 있는 기능이다. 고정 사이클 기능을 이용하여 드릴링, 탭핑, 보링 등의 공정을 간단하게 프로그래밍 할 수 있다. 고정 사이클은 12종류(G73, G74, G76, G81, G82, G83, G84, G85, G86, G87, G88, G89)가 있으며 사이클 취소는 G80을 지령하면 된다. 고정 사이클을 잘 이해하면 프로그래밍 작업을 매우 편리하게 할 수 있다.

2) 공구 이동 경로

고정 사이클 기능을 지령하면 공구는 가공 초기점의 위치에서 사이클을 시작하여 다시 가공 초기점의 위치로 복귀하면서 종료한다. 그러므로 고정 사이클에서는 적절한 가공 초기점의 위치 지정이 매우 중요하다. 가공 초기점의 위치는 고정 사이클 기능을 지령하기 직전 공구의 Z 좌표 위치이다.

동작 1 (①→②) 구멍 가공 위치(가공 초기점)로 이동(급속 이송)

동작 2 (②→③) 가공 시작점(절삭 이송 개시, 복귀점)까지 이동(급속 이송)

동작 3 (③→④) 구멍 가공(F 이송)

동작 4 (④) 구멍 바닥에서의 동작(드웰, 이송)

동작 5 (④→⑤) 가공 시작점으로 복귀(급속 이송)

동작 6 (④→⑥) 가공 초기점으로 복귀(급속 이송)

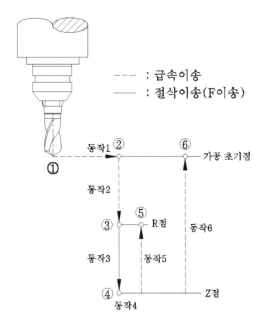

그림 9.20 고정 사이클의 공구 이동 경로

표 9.2 고정 사이클 기능 및 동작

G-코드	기능	동작3번 절삭방향 절입동작	동작4번 구멍 바닥에서의 동작	동작 5번 절삭방향 도피동작
G73	고속 심공 Drilling Cycle	간헐적 절삭 이송		급속 이송
G74	역 Tapping Cycle	절삭 이송	주축 정회전	절삭 이송
G76	정밀 보링 Cycle	절삭 이송	주축 정위치 정지	급속 이송
G80	고정 Cycle 취소			
G81	Drilling Cycle, Spot Drilling	절삭 이송		급속 이송
G82	Drilling Cycle, Counter Boring	절삭 이송	드웰(Dwell)	급속 이송
G83	고속 심공 드릴링 사이클	간헐적 절삭 이송		급속 이송
G84	탭핑 사이클	절삭 이송	주축 역회전	절삭 이송
G85	보링 사이클	절삭 이송		절삭 이송
G86	보링 사이클	절삭 이송	주축 정지	급속 이송
G87	역보링 사이클	절삭 이송	주축 정위치 정지	급속 이송
G88	보링 사이클	절삭 이송	드웰(Dwell), 주축 정지	급속 이송 수동 개입
G89	보링 사이클	절삭 이송	드웰(Dwell)	절삭 이송

3) 가공 초기점 복귀(G98)과 가공 시작점 복귀(G99)

① 가공 초기점

가공 초기점은 고정 사이클 기능을 지령하기 직전에 위치한 공구의 Z축 위치(G18과 G19 평면에서는 각각 Y축과 X축 위치)이다. 즉, 고정 사이클의 시작 위치이며 동시에 가공이 종료되면 급속 이송으로 공구가 도피하는 지점이다. 가공 초기점에서 가공 시작점까지는 급속 이송으로 이동하나 그 거리가 너무 멀리 떨어져 있으면 그만큼의 시간이 소요되므로 적절한 위치로 지정한다.

② 가공 시작점(R점)

가공 시작점은 지령이 된 F 이송으로 가공을 개시하는 지점이며 가공 종료 후 공구가 도피, 복귀하는 지점이기도 한다. 이때 가공 종료 후 복귀는 급속 이송으로 한다. 또한 가공 시작점은 가공면으로부터 너무 멀리 떨어져 있으면 허공에서 가공면까지 F 이송하는 시간을 낭비하게 되므로 적절한 위치를 정하여 프로그래밍해야 하며, 보통 3mm 정도로 한다. 가공 시작점은 프로그램에서 R로 지령하므로 R점이라고도 한다.

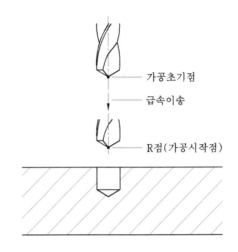

그림 9.21 가공 초기점과 가공 시작점(R점)

2 고정 사이클 취소(G80)

(1) 기능

고정 사이클 기능은 구멍의 위치 좌표만 지령하면 계속해서 가공을 실행하는 모달 지령이다. 고정 사이클 기능을 취소하기 위해서는 G80을 지령한다.

(2) 지령 형식

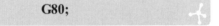

G80;

9.8 고정 사이클의 종류

1 드릴링 사이클(G81)

(1) 기능

일반적인 드릴링, 센터 드릴, 스폿 드릴링 작업에 사용하며 칩 배출이 용이한 공작물을 대상으로 펙킹(pecking) 기능없이 F 이송으로 드릴링 한다.

(2) 지령 형식

지령이 된 구멍 가공 종점의 좌표까지 F 이송으로 드릴링 한다.

$$G81 \ G98 \ X\_ \ Y\_ \ Z\_ \ R\_ \ F\_ \ K\_ \ ;$$

$$G81 \ G99 \ X\_ \ Y\_ \ Z\_ \ R\_ \ F\_ \ K\_ \ ;$$

G98 : 고정 사이클 가공 초기점 복귀
G99 : 고정 사이클 가공 시작점(R점) 복귀
X : 구멍 가공 위치의 X 좌표
Y : 구멍 가공 위치의 Y 좌표
Z : 구멍 가공 종점의 Z 좌표
R : 가공 시작점(F 이송 시작점), 복귀점
F : 이송 속도(mm/min)
K : 고정 사이클 반복 횟수(증분 지령과 함께 지령함)

(3) 공구 이동 경로

그림 9.22와 같이 가공 초기점에서 R점까지 급속 이송한 후 구멍 가공 종점까지 F 이송 한 다음 R점 또는 가공 초기점까지 급속 이송으로 복귀한다.

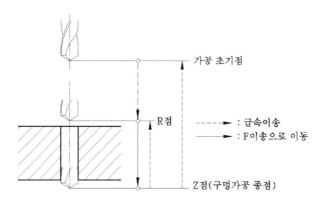

그림 9.22 드릴링 사이클에서 공구의 이동 경로

예제 9.22

다음 도면과 같은 드릴 작업을 하고자 한다. ① 일반 프로그램과 ② 고정 사이클 G81 기능을 이용한 프로그램으로 각각 작성하시오. 단, ∅8 드릴(3번 공구) 사용, 공구의 현재 위치 X100. Y100. Z200.에 있으며 회전수 800rpm, 이송 속도는 50mm/min이다.

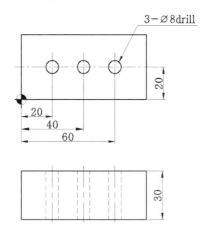

풀이 ① 일반 프로그램

(위 생략)

G90 G00 X20. Y20.;

G43 Z20. H03 S800 M03; (공구 길이 보정하여 가공 초기점 위치 Z20.으로 급속 이동)

Z3. M08;

G01 Z-35. F50; (드릴의 선단 각도 부분의 길이를 고려하여 관통 구멍 가공을 위해 공작물 두께보다 5mm 추가하여 Z-35.로 지령. 이것은 공구의 지름에 비례하여 추가한다.)

G00 Z3.;

X40.;

G01 Z-35.;

G00 Z3.

X60.;

G01 Z-35.;

G49 G00 Z200. M09; (공구 길이 보정 취소하여 Z200.의 위치로 급속 이동)

(아래 생략)

② 고정 사이클(G81 기능)을 이용한 프로그램

(위 생략)

G90 G00 X20. Y20.;

G43 Z20. H03 S800 M03; (공구 길이 보정하여 가공 초기점 위치 Z20.로 급속 이동)

G81 G99 Z-35. R3. F50 M08; (가공 표면에서 3mm 떨어진 지점부터 80mm/min으

X40.;   로 Z-35.까지 드릴링 후 R점 복귀)

X60.;

G80 M09;

G49 G00 Z200.; (공구 길이 보정 취소하여 Z200.의 위치로 급속 이동)

(아래 생략)

■

예제 9.23

다음 도면과 같은 드릴 작업을 하고자 한다. 고정 사이클 G81 기능을 이용한 프로그램으로 작성하시오. 단, ∅6 드릴(5번 공구)사용, 공구의 현재 위치 X100. Y100. Z200.에 있으며 회전수 1000rpm, 이송 속도는 50mm/min이다.

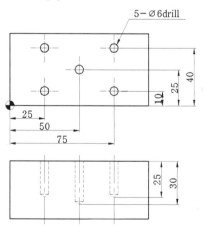

풀이 (위 생략)

G90 G00 X25. Y10.;

G43 Z20. H05 S1000 M03; (가공 초기점 위치 Z20.)

G81 G99 Z-25. R3. F50 M08; (가공 표면에서 3mm 떨어진 지점부터 100mm/min으로
Y40.;   Z-35.까지 드릴링)

X75.;

Y10.;

G98 X50. Y25. Z-30.; (마지막 구멍 가공 후 가공 초기점 복귀)

G80 M09;

G49 G00 Z200.;

(아래 생략)

예제 9.24

다음 도면과 같은 드릴 작업을 하고자 한다. 고정 사이클 G81기능을 이용한 프로그램을 작성하시오. 단, ∅10 드릴(2번 공구)사용, 공구의 현재 위치 X100. Y100. Z200.에 있으며 회전수 600rpm, 이송 속도는 30mm/min이다.

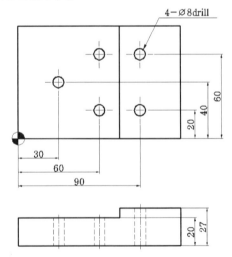

4−∅8drill

60
40
20

30
60
90

20
27

풀이 (위 생략)

G90 G00 X30. Y40.;

G43 Z20. H02 S600 M03; (가공 초기점 위치 Z20.)

G81 G99 Z-25. R10. F30 M08; (가공 초기점 복귀 G98 지령으로 단이 있는 구멍 위치

　　로 이동 시 충돌 방지)

　　X60. Y60.;

　　Y20.;

　　X90.;

　　Y60.;

　　G80 M09;

　　G49 G00 Z200.;

　　(아래 생략)

2 카운터 보링 사이클(G82)

(1) 기능

카운터 보링은 볼트 머리부를 자리 잡기 위한 가공이다. 볼트 머리부 바닥면을 평평하게 하기 위해 바닥면에서 드웰(일정 시간 이송 정지)을 지령할 수 있다.

(2) 지령 형식

지령이 된 구멍 가공 종점의 좌표까지 F 이송으로 카운터 보링을 한다. 드웰 지령을 제외하면 G81 기능과 같다.

$$G82\ G98\ X\_\ \ Y\_\ \ Z\_\ \ R\_\ \ P\_\ \ F\_\ \ K\_\ \ ;$$

$$G82\ G99\ X\_\ \ Y\_\ \ Z\_\ \ R\_\ \ P\_\ \ F\_\ \ K\_\ \ ;$$

G98 : 고정 사이클 가공 초기점 복귀

G99 : 고정 사이클 가공 시작점(R점) 복귀

X : 구멍 가공 위치의 X 좌표

Y : 구멍 가공 위치의 Y 좌표

Z : 구멍 가공 종점의 Z 좌표

R : 가공 시작점(F 이송 시작점), 복귀점

P : 구멍 가공 종점(바닥면)에서 드웰 타임

F : 이송 속도(mm/min)

K : 고정 사이클 반복 횟수(증분 지령과 함께 지령함)

(3) 공구 이동 경로

그림 9.23과 같이 가공 초기점에서 R점까지 급속 이송한 후 가공 종점까지 F 이송한 다음 R점 또는 가공 초기점까지 급속 이송으로 복귀한다.

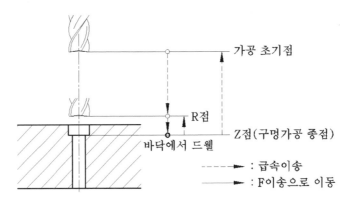

그림 9.23 카운터 보링 사이클에서 공구의 이동 경로

예제 9.25

다음과 같이 볼트 머리 자리 파기를 하려 한다. 프로그램을 작성하시오. 단, ∅17 플랫 엔드밀(2번 공구)사용, 공구의 현재 위치 X100. Y100. Z200.에 있으며 회전수 800rpm, 이송 속도는 30mm/min, 드웰 1초이다.

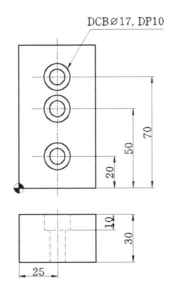

풀이 (위 생략)

G90 G00 X25. Y20.;

G43 Z20. H02 S800 M03; (가공 초기점 위치 Z20.)

G82 G99 Z-10. R3. P1000 F30 M08; (가공 시작점 R점 복귀)

Y50.;

Y70.;

G80 M09;

G49 G00 Z200.;

(아래 생략)

예제 9.26

다음과 같이 볼트 머리 자리 파기를 하려 한다. 프로그램을 작성하시오. 단, ⌀17 플랫 엔드밀(3번 공구)사용, 공구의 현재 위치 X100. Y100. Z200.에 있으며 회전수 800rpm, 이송 속도는 30mm/min, 드웰 0.5초이다.

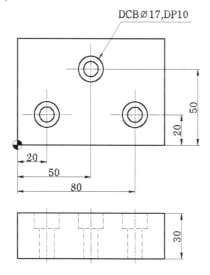

풀이 (위 생략)

G90 G00 X20. Y20.;

G43 Z20. H03 S800 M03; (가공 초기점 위치 Z20.)

G82 G99 Z-10. R3. P500 F30 M08; (가공 시작점 R점 복귀)

X50. Y50.;

X80. Y20.;
G80 M09;
G49 G00 Z200.;
(아래 생략)

■

❸ 고속 심공 드릴링 사이클(G73)

1) 기능

깊은 구멍을 가공할 때 칩이 길게 연속해서 발생하면 칩이 공구에 엉켜 공작물에 흠집을 내거나 드릴 날과 구멍 사이에서 칩 배출이 원활하지 않아 가공이 어렵고 드릴 날이 파손될 수 있다. 이때 고속 심공 드릴링 사이클 G73 기능을 사용하면 간헐적인 이송으로 칩을 짧게 끊을 수 있는 펙킹(pecking) 동작을 반복하며 드릴링 한다.

2) 지령 형식

가공 시작점에서 F 이송으로 1회 절입한 후 펙킹으로 칩을 짧게 끊는 동작을 반복하며 구멍 종점의 좌표까지 드릴링 한다.

G73 G98 X_ Y_ Z_ R_ Q_ F_ K_ ;

G73 G99 X_ Y_ Z_ R_ Q_ F_ K_ ;

G98 : 고정 사이클 가공 초기점 복귀
G99 : 고정 사이클 가공 시작점(R점) 복귀
X : 구멍 가공 위치의 X 좌표
Y : 구멍 가공 위치의 Y 좌표
Z : 구멍 가공 종점의 Z 좌표
R : 가공 시작점(F 이송 시작점), 복귀점
Q : 1회 절입량
F : 이송 속도(mm/min)
K : 고정 사이클 반복 횟수(증분 지령과 함께 지령함)

3) 공구 이동 경로

그림 9.24와 같이 가공 초기점에서 R점까지 급속 이송 후 1회 절입량(Q)만큼 F 이송으로 가공한 후 다시 d만큼 후퇴를 반복하면서 가공 종점까지 드릴링 한 다음 R점 또는 가공 초기점까지 급속 이송으로 복귀한다. 후퇴량 d는 공작기계의 파라미터에 설정되어 있으며 작업자가 수정할 수 있다.

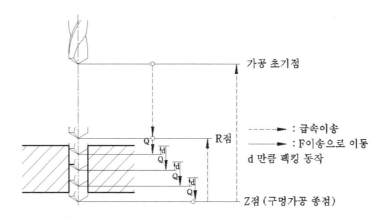

그림 9.24   고속 심공 드릴링 사이클에서 공구의 이동 경로

예제 9.27

다음 도면과 같이 드릴링하는 프로그램을 일반 프로그램과 G73 기능을 이용한 프로그램으로 각각 작성하시오. 단, ∅8 드릴(4번 공구)사용, 1회 절입량 5mm, 공구의 현재 위치 X100. Y100. Z200.에 있으며 회전수 800rpm, 이송 속도는 50mm/min이다.

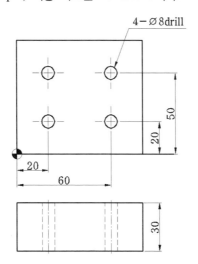

풀이 ① 일반 프로그램

(위 생략)

G90 G00 X20. Y20.;

G43 Z20. H04 S800 M03;

Z5.;

G01 Z-5. F50 M08;

G00 Z-3.;

G01 Z-10.;

G00 Z-8.;

G01 Z-15.;

G00 Z-13.;

G01 Z-20.;

G00 Z-18.;

G01 Z-25.;

G00 Z-23.;

G01 Z-30.;

G00 Z-28.;

G01 Z-35.; (드릴의 선단 각도 부분의 길이를 고려하여 공작물 두께보다 5mm 추가하여 Z-35.로 지령)

G49 G00 Z200. M09;

(아래 생략)

② G73 지령

(위 생략)

G90 G00 X20. Y20.;

G43 Z20. H04 S800 M03;

G73 G99 Z-35. R3. Q5000 F50 M08; (드릴의 선단 각도 부분의 길이를 고려하여 공작물 두께보다 5mm 추가하여 Z-35.로 지령)

Y50.;

X60.;

Y20.;

G80 M09;

G49 G00 Z200.;

(아래 생략)

예제 9.28

다음 도면과 같이 드릴링하는 프로그램을 G73 기능을 사용하여 프로그램을 작성하시오. 단, ∅6 드릴(3번 공구)사용, 1회 절입량 3.5mm, 공구의 현재 위치 X100. Y100. Z200.에 있으며 회전수 800rpm, 이송 속도는 50mm/min이다.

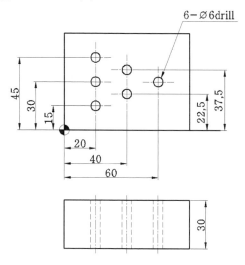

풀이 (위 생략)

G90 G00 X20. Y15.;

G43 Z20. H03 S800 M03;

G73 G99 Z-35. R3. Q3500 F50 M08; (드릴의 선단 각도 부분의 길이를 고려하여 공작
물 두께보다 5mm 추가하여 Z-35.로 지령)

Y30.;

Y45.;

X40. Y37.5;

Y22.5;

X60. Y30.;

G80 M09;

G49 G00 Z200.;

(아래 생략)

❹ 심공 드릴링 사이클(G83)

1) 기능

깊은 구멍을 드릴링 할수록 칩 배출과 절삭유의 공급이 어렵다. 이때 칩의 배출과 절삭유의 공급을 원활하게 하기 위해 1회 절입량만큼 드릴링한 후 가공 시작점(R점)까지 공구를 후퇴시킨 다음 다시 드릴링 작업을 반복하면서 드릴링 종점의 좌표까지 가공을 완료하는 기능이다. 특히 난삭재의 구멍 가공에 효과적이다.

2) 지령 형식

가공 시작점에서 F 이송으로 1회 절입한 후 다시 가공 시작점(R점)까지 공구의 후퇴를 반복하면서 구멍 종점의 좌표까지 드릴링 한다.

> **G83 G98 X__ Y__ Z__ R__ Q__ F__ K__ ;**

> **G83 G99 X__ Y__ Z__ R__ Q__ F__ K__ ;**

G98 : 고정 사이클 가공 초기점 복귀
G99 : 고정 사이클 가공 시작점(R점) 복귀
X : 구멍 가공 위치의 X 좌표
Y : 구멍 가공 위치의 Y 좌표
Z : 구멍 가공 종점의 Z 좌표
R : 가공 시작점(F 이송 시작점), 복귀점
Q : 1회 절입량
F : 이송 속도(mm/min)
K : 고정 사이클 반복 횟수(증분 지령과 함께 지령함)

3) 공구 이동 경로

그림 9.25와 같이 가공 초기점에서 R점까지 급속 이송 후 1회 절입량(Q)만큼 F 이송으로 가공한 후 R점까지 후퇴를 반복하면서 가공 종점까지 드릴링 한 다음 R점 또는 가공 초기점까지 급속 이송으로 복귀한다. 후퇴량 d는 공작기계의 파라미터에 설정되어 있으며 작업자가 수정할 수 있다.

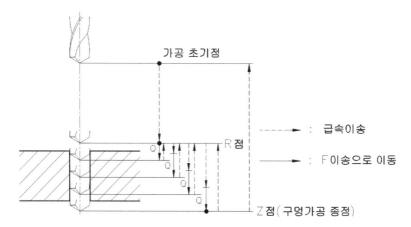

그림 9.25 고속 심공 드릴링 사이클에서 공구의 이동 경로

예제 9.29

예제 9-27을 G83 기능으로 프로그램 작성하시오.

[풀이] (위 생략)

G90 G00 X20. Y20.;

G43 Z20. H04 S800 M03;

G83 G99 Z-35. R3. Q5000 F50 M08;

Y50.;

X60.;

Y20.;

G80 M09;

G49 G00 Z200.;

(아래 생략)

예제 9.30

예제 9-28을 G83 기능으로 프로그램 작성하시오.

[풀이] (위 생략)

G90 G00 X20. Y15.;

G43 Z20. H03 S800 M03;

G83 G99 Z-35. R3. Q3500 F50 M08;
Y30.;
Y45.;
X40. Y37.5;
Y22.5;
X60. Y30.;
G80 M09;
G49 G00 Z200.;
(아래 생략)

⑤ 탭핑 사이클(G84)

(1) 기능

오른 나사 탭 공구를 사용해서 암나사를 가공하는 기능이다.

(2) 지령 형식

가공 시작점에서 정회전하여 F 이송으로 지령 종점까지 탭 가공을 한 후 역회전하여 가공 시작점(R점)까지 복귀한 다음 다시 정회전을 한다.

G84 G98 X__ Y__ Z__ R__ F__ K__ ;

G84 G99 X__ Y__ Z__ R__ F__ K__ ;

G98 : 고정 사이클 가공 초기점 복귀
G99 : 고정 사이클 가공 시작점(R점) 복귀
X : 탭 가공 위치의 X 좌표
Y : 탭 가공 위치의 Y 좌표
Z : 탭 가공 종점의 Z 좌표
R : 가공 시작점(F 이송 시작점), 복귀점
F : 이송 속도(mm/min)
K : 고정 사이클 반복 횟수(증분 지령과 함께 지령함)

탭 가공 이송 속도는 다음 식과 같이 주축의 회전수와 피치를 곱하여 계산한다.

$$F = N \times p \ (N : 회전수, \ p : 피치)$$

예를 들어 탭 M8×P1.25를 회전수 500rpm으로 가공할 경우 이송 속도 계산은 다음과 같이 한다.

$$F=500×1.25=625mm/min$$

(3) 공구 이동 경로

그림 9.26과 같이 가공 초기점에서 R점까지 급속 이송 후 F 이송으로 가공 종점까지 정회전으로 탭 가공한 다음 역회전으로 R점까지 후퇴하면 다시 정회전 한다. R점에서 가공 초기점까지는 급속 이송으로 복귀한다. 탭 가공 중 Z 방향 이송이 정지되어 공구가 파손되는 것을 예방하기 위해 탭 가공 중 이송 정지 버튼이 On 되었을 경우는 실행 중인 블록의 탭 가공을 종료한 후 정지한다.

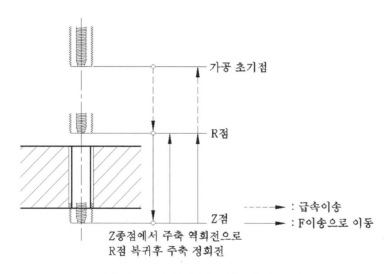

그림 9.26 탭핑 사이클에서 공구의 이동 경로

예제 9.31

다음 도면과 같이 탭 가공을 하기 위한 프로그램을 작성하시오. 단, 회전수 600rpm, 탭 공구(3번 공구)는 M8×P1.25를 사용한다.

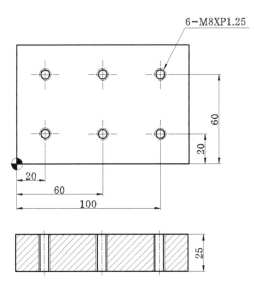

풀이 (위 생략)

    G90 G00 X20. Y20.;

    G43 Z20. H03 S600 M03;

    G84 G99 Z-30. R3. F750 M08;

    X60.;

    X100.;

    Y60.;

    X60.;

    X20.;

    G80 M09;

    G49 G00 Z200.;

    (아래 생략)

예제 9.32

다음 도면과 같이 탭 가공을 하기 위한 프로그램을 작성하시오. 단, 회전수 500rpm, 탭 공구(5번 공구)는 M10×P1.5를 사용한다.

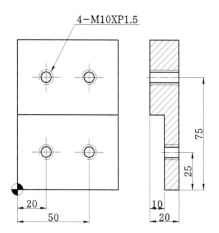

4-M10XP1.5

75

25

20

50

10

20

풀이 (위 생략)

G90 G00 X20. Y25.;

G43 Z30. H05 S500 M03;

G84 G98 Z-15. R13. F750 M08;

X50.;

Y75.;

X20.;

G80 M09;

G49 G00 Z200.;

(아래 생략)

6 역 탭핑 사이클(G74)

(1) 기능

왼 나사 탭 공구를 사용해서 암나사를 가공하는 것 외에는 G84와 동일한 기능이다.

(2) 지령 형식

가공 시작점에서 역회전하여 F 이송으로 지령 종점의 좌표까지 탭 가공을 한 후 정회
전하여 가공 시작점(R점)까지 복귀하면 다시 역회전을 한다.

$$G74 \ G98 \ X\_ \ Y\_ \ Z\_ \ R\_ \ F\_ \ K\_ \ ;$$

G74 G99 X_ Y_ Z_ R_ F_ K_ ;

G98 : 고정 사이클 가공 초기점 복귀
G99 : 고정 사이클 가공 시작점(R점) 복귀
X : 탭 가공 위치의 X 좌표
Y : 탭 가공 위치의 Y 좌표
Z : 탭 가공 종점의 Z 좌표
R : 가공 시작점(F 이송 시작점), 복귀점
F : 이송 속도(mm/min)
K : 고정 사이클 반복 횟수(증분 지령과 함께 지령함)

(3) 공구 이동 경로

그림 9.27과 같이 가공 초기점에서 R점까지 급속 이송 후 F 이송으로 가공 종점까지 역회전으로 탭 가공한 다음 정회전으로 R점까지 후퇴하면 다시 역회전을 한다. R점에서 가공 초기점까지는 급속 이송으로 복귀한다.

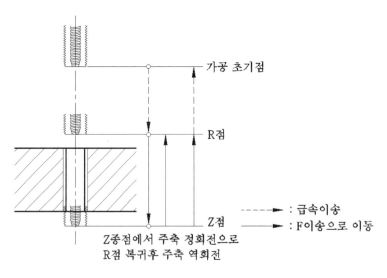

그림 9.27 탭핑 사이클에서 공구의 이동 경로

7 보링 사이클(G85)

(1) 기능

보링은 뚫려있는 구멍을 넓히는 작업이다. 주로 구멍 내면을 다듬질하기 위한 리밍(reaming)용으로 많이 사용한다.

(2) 지령 형식

지령이 된 가공 종점까지 F 이송으로 보링을 하고 복귀 시에도 F 이송으로 복귀한다.

G85 G98 X__ Y__ Z__ R__ F__ K__ ;

G85 G99 X__ Y__ Z__ R__ F__ K__ ;

G98 : 고정 사이클 가공 초기점 복귀
G99 : 고정 사이클 가공 시작점(R점) 복귀
X : 구멍 가공 위치의 X 좌표
Y : 구멍 가공 위치의 Y 좌표
Z : 구멍 가공 종점의 Z 좌표
R : 가공 시작점(F 이송 시작점), 복귀점
F : 이송 속도(mm/min)
K : 고정 사이클 반복 횟수(증분 지령과 함께 지령함)

(3) 공구 이동 경로

그림 9.28과 같이 가공 초기점에서 R점까지 급속 이송 후 F 이송으로 가공 종점까지 보링을 한 다음 다시 R점까지 F 이송으로 후퇴한다. R점에서 가공 초기점까지는 급속 이송으로 복귀한다.

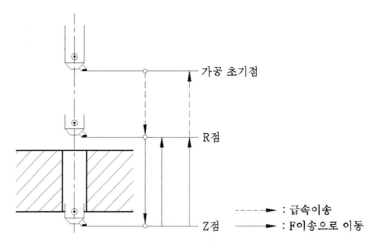

그림 9.28 G85 보링 사이클에서 공구의 이동 경로

8 보링 사이클(G86)

(1) 기능

일반적인 황삭 보링용이다.

(2) 지령 형식

지령이 된 가공 종점까지 F 이송으로 보링을 하고 종점에서 주축 정지 후 급속 이송으로 복귀한다.

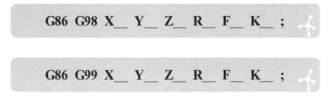

G86 G98 X__ Y__ Z__ R__ F__ K__ ;

G86 G99 X__ Y__ Z__ R__ F__ K__ ;

G98 : 고정 사이클 가공 초기점 복귀
G99 : 고정 사이클 가공 시작점(R점) 복귀
X : 구멍 가공 위치의 X 좌표
Y : 구멍 가공 위치의 Y 좌표
Z : 구멍 가공 종점의 Z 좌표
R : 가공 시작점(F 이송 시작점), 복귀점
F : 이송 속도(mm/min)
K : 고정 사이클 반복 횟수(증분 지령과 함께 지령함)

(3) 공구 이동 경로

그림 9.29와 같이 가공 초기점에서 R점까지 급속 이송 후 F 이송으로 가공 종점까지 보링을 한 다음 주축 정지 상태에서 R점 또는 가공 초기점까지 급속 이송으로 복귀한다.

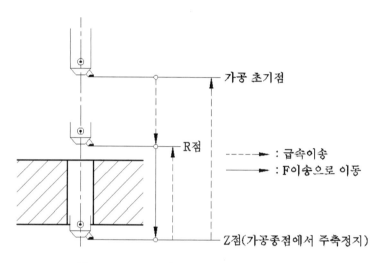

그림 9.29 G86 보링 사이클에서 공구의 이동 경로

9 보링 사이클(G88)

(1) 기능

지령 종점까지 보링 후 수동으로 공구를 이송시킬 때 사용하는 기능이다.

(2) 지령 형식

지령이 된 가공 종점까지 F 이송으로 보링을 하고 종점에서 지령이 된 시간 동안 드웰한 후 주축은 정지한다. 이때 작업자가 공구를 임의의 위치까지 후퇴시킨 후 자동 개시 (cycle start)를 실행하면 급속 이송으로 복귀한다.

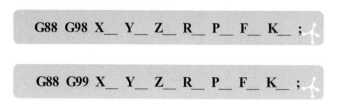

G88 G98 X_ Y_ Z_ R_ P_ F_ K_ ;

G88 G99 X_ Y_ Z_ R_ P_ F_ K_ ;

G98 : 고정 사이클 가공 초기점 복귀   G99 : 고정 사이클 가공 시작점(R점) 복귀

X : 구멍 가공 위치의 X 좌표   Y : 구멍 가공 위치의 Y 좌표
Z : 구멍 가공 종점의 Z 좌표   R : 가공 시작점(F 이송 시작점), 복귀점
P : 구멍 가공 종점(바닥면)에서 드웰 타임   F : 이송 속도(mm/min)
K : 고정 사이클 반복 횟수(증분 지령과 함께 지령함)

(3) 공구 이동 경로

그림 9.30과 같이 가공 초기점에서 R점까지 급속 이송 후 F 이송으로 가공 종점까지 보링을 하고 지령이 된 시간 동안 드웰한 후 주축은 정지한다. 이때 작업자가 공구를 임의의 위치까지 후퇴시킨 후 자동개시(cycle start)를 실행하면 급속 이송으로 복귀한다.

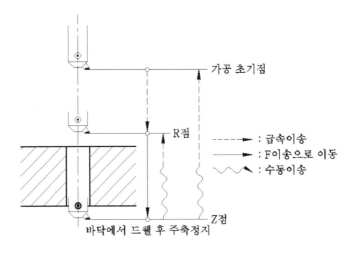

그림 9.30 G88 보링 사이클에서 공구의 이동 경로

🔟 보링 사이클(G89)

(1) 기능

보링과 리밍(reaming)을 위한 G85 보링 사이클 기능에 드웰 지령이 추가된 기능이다.

(2) 지령 형식

지령이 된 가공 종점까지 F 이송으로 보링을 하고 지정 시간 동안 드웰 후 다시 F 이송으로 복귀한다.

G89 G98 X_ Y_ Z_ R_ P_ F_ K_ ;

$$\text{G89 G99 X\_ Y\_ Z\_ R\_ P\_ F\_ K\_ ;}$$

G98 : 고정 사이클 가공 초기점 복귀

G99 : 고정 사이클 가공 시작점(R점) 복귀

X : 구멍 가공 위치의 X 좌표

Y : 구멍 가공 위치의 Y 좌표

Z : 구멍 가공 종점의 Z 좌표

R : 가공 시작점(F 이송 시작점), 복귀점

P : 구멍 가공 종점(바닥면)에서 드웰 타임

F : 이송 속도(mm/min)

K : 고정 사이클 반복 횟수(증분 지령과 함께 지령함)

(3) 공구 이동 경로

그림 9.31과 같이 가공 초기점에서 R점까지 급속 이송 후 F 이송으로 가공 종점까지 보링을 한 다음 일정 시간 드웰 후 다시 R점까지 F 이송으로 후퇴한다. R점에서 가공 초기점까지는 급속 이송으로 복귀한다.

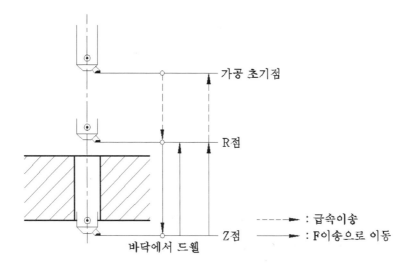

그림 9.31 G89 보링 사이클에서 공구의 이동 경로

11 정밀 보링 사이클(G76)

(1) 기능

가공 종점까지 보링 후 공구가 가공 면과 접촉 상태에서 R점 또는 가공 초기점으로 복귀하면 공구의 이송 흔적, 즉 툴 마크(tool mark)가 남게 된다. 이것을 보완하기 위해 종점까지 보링 후 공구를 구멍 내면에서 Q에 지령이 된 이동량만큼 후퇴시킨 상태에서 급속 이송으로 복귀하는 기능이다.

(2) 지령 형식

지령이 된 가공 종점까지 F 이송으로 보링을 하고 Q에 지령 된 이동량만큼 공구 선단 반대 방향으로 후퇴 후 공구는 급속 이송으로 R점 또는 가공 초기점으로 복귀한다.

G76 G98 X__ Y__ Z__ R__ Q__ F__ K__ ;

G76 G99 X__ Y__ Z__ R__ Q__ F__ K__ ;

G98 : 고정 사이클 가공 초기점 복귀
G99 : 고정 사이클 가공 시작점(R점) 복귀
X : 구멍 가공 위치의 X 좌표
Y : 구멍 가공 위치의 Y 좌표
Z : 구멍 가공 종점의 Z 좌표
R : 가공 시작점(F 이송 시작점), 복귀점
Q : 이동(shift)량
F : 이송 속도(mm/min)
K : 고정 사이클 반복 횟수(증분 지령과 함께 지령함)

이동량 Q는 가공이 종료되고 주축 한 방향 정지 후 이동하고 이동 방향은 파라미터에서 설정할 수 있다. Q 지령을 생략하면 이동하지 않는다.

(3) 공구 이동 경로

그림 9.32와 같이 가공 초기점에서 R점까지 급속 이송 후 F 이송으로 가공 종점까지 보링을 하면 주축 한 방향 정지(spindle orientation stop)가 되고 이후 Q에 지령이 된 양

만큼 공구가 후퇴한 후 다시 R점 또는 가공 초기점까지 급속 이송으로 복귀한다.

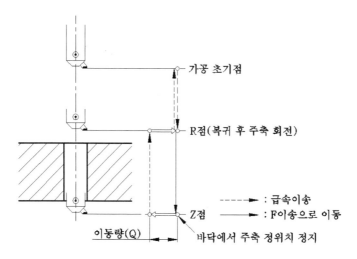

그림 9.32   G76 정밀 보링 사이클에서 공구의 이동 경로

🔢 백 보링 사이클(G87)

(1) 기능

지금까지 설명했던 보링 사이클과는 달리 반대 방향으로 공구가 이송하면서 보링하는 기능이다. 즉, 공구는 공작물 바닥 아래로부터 위로 이송하면서 보링한다.

(2) 지령 형식

지령이 된 가공 종점까지 F 이송으로 보링을 하고 Q에 지령이 된 이동량만큼 공구 선단 반대 방향으로 후퇴 후 공구는 급속 이송으로 가공 초기점으로 복귀한다. R점은 공작물 바닥면 아래에 위치하므로 R점 복귀 G99 지령은 할 수 없다.

$$\text{G87 G98 X\_ Y\_ Z\_ R\_ Q\_ F\_ K\_ ;}$$

G98 : 고정 사이클 가공 초기점 복귀
G99 : 고정 사이클 가공 시작점(R점) 복귀
X : 구멍 가공 위치의 X 좌표
Y : 구멍 가공 위치의 Y 좌표
Z : 구멍 가공 종점의 Z 좌표

R : 가공 시작점(F 이송 시작점), 복귀점
Q : 이동(shift)량
F : 이송 속도(mm/min)
K : 고정 사이클 반복 횟수(증분 지령과 함께 지령함)

이동량 Q는 가공이 종료되고 주축 한 방향 정지 후 이동하고 이동 방향은 파라미터에서 설정할 수 있다.

(3) 공구 이동 경로

그림 9.33과 같이 공구는 가공 초기점 주축 한 방향 정지 상태에서 Q에 지령이 된 양만큼 공구 선단의 반대 방향으로 이동하고 R점까지 급속 이송 후 공구 선단 방향으로 다시 이동 절입한 후 F 이송으로 이동 종점까지 보링한다. 보링이 종료되면 다시 주축 한 방향 정지 상태에서 Q에 지령이 된 양만큼 공구 선단의 반대 방향으로 이동하여 가공 초기점으로 급속 이송 복귀하고 공구는 다시 선단 방향으로 이동 후 주축 회전한다.

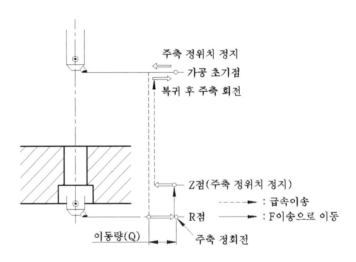

그림 9.33 G87 백 보링 사이클에서 공구의 이동 경로

9.9 평면 선택 기능

1 기능

3축 수직 머시닝 센터에서의 가공은 Z축 방향으로 절입하고 X-Y 평면상에서 형상 가공을 한다. 그러나 복잡하고 고차원의 부품을 가공해야 하는 경우에는 새로운 평면을 가공 평면으로 지정해서 부품을 생산해야 할 때가 있다. 원호 또는 곡면 가공을 할 때 형상 조건에 따라 Z-X 또는 Y-Z평면에서 실행해야 한다. 평면 선택 기능은 제품가공을 위해 작업자가 필요한 새로운 평면을 지정하는 기능이다. 평면 선택 기능의 사용은 주로 원호 보간, 공구경 및 길이 보정, 좌표 회전이 필요한 경우 등이다. 공작기계 전원 투입 시에는 X-Y 평면(G17)이 기본으로 설정된다.

2 지령 형식

선택하고자 하는 좌표 평면에 따라 G17, G18, G19로 지령한다.

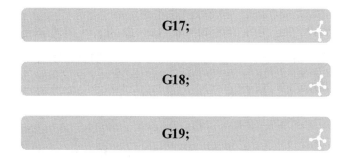

G17;

G18;

G19;

G17 : X-Y 평면선택
G18 : Z-X 평면선택
G19 : Y-Z 평면선택

9.10 금지 영역

금지 영역은 작업자와 공작기계의 안전을 위해 공작기계 운전 시 공구가 내, 외부로 진입하지 못하도록 설정한 특정 영역을 말한다.

1 제 1 금지 영역

제 1 금지 영역은 지정한 영역의 외부로 공구가 진입할 수 없도록 설정한 영역으로, 공구가 이동 가능한 최대 이송 거리로 설정된다. 기계 제조사에서 파라미터로 설정한다. 제 1 금지 영역에 진입하려 하면 Over travel 알람이 발생되고 이때에는 핸들을 이용하여 안전한 위치로 이동 후 리셋 버튼을 누르면 해제된다.

2 제 2 금지 영역(G22, G23)

(1) 기능

공작기계의 안전한 운전을 위해 공구가 일정한 영역의 내, 외측으로 침입하지 못하도록 설정하는 기능이다. 내, 외측의 구분은 파라미터로 설정한다. 제 2 금지 영역은 파라미터 또는 프로그램 지령으로 설정할 수 있으며 프로그램을 작성하여 실행시키면 파라미터는 수정된다.

(2) 지령 형식

그림 9.34에 나타나 있는 바와 같이 꼭지점 ①과 ② 지점의 기계 좌푯값을 G22에 프로그램으로 지령하면 지령이 된 지점을 대각의 사각형으로 연결하여 금지 영역으로 설정한다. 지령이 된 좌표는 기계 원점으로부터 떨어진 거리를 의미하므로 기계 좌푯값을 입력한다.

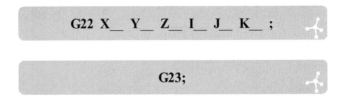

G22 X_ Y_ Z_ I_ J_ K_ ;

G23;

G22 : 금지영역 설정
G23 : 금지영역 취소
X : ① 지점의 X축 기계 좌표
Y : ① 지점의 Y축 기계 좌표
Z : ① 지점의 Z축 기계 좌표
I : ② 지점의 X축 기계 좌표
J : ② 지점의 Y축 기계 좌표

K : ②지점의 Z축 기계 좌표

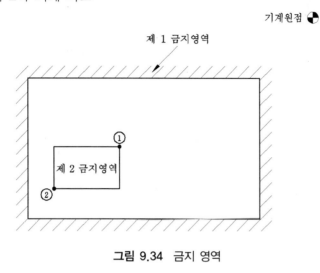

그림 9.34 금지 영역

① 지점의 좌푯값보다는 ② 지점에 대한 좌푯값이 절대값으로는 더 큰 값을 갖는다.

예제 9.33

다음 도면을 보고 제 2 금지 영역 설정을 위한 프로그램을 작성하시오. 단, ①점과 ②점의 좌표는 기계 좌표이다.

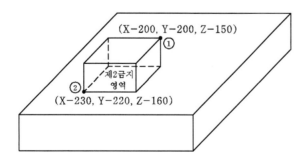

풀이 G22 X-200. Y-200. Z-150. I-230. J-220. K-160.;

9.11 측정 기능

터치 센서와 같은 측정 장치를 부착하여 공작물의 측정이나 공구의 길이 보정 등을 자동으로 하기 위한 기능이다.

1 스킵(skip) 기능(G31)

(1) 기능

스킵 기능 실행 도중 외부에서 스킵 신호가 입력이 되면 실행 중인 블록이 정지되고 자동으로 다음 블록이 실행된다.

(2) 지령 형식

공구는 지령이 된 종점의 좌표까지 F의 이송 속도로 이동하다가 스킵 신호가 입력이 되면 현재 실행 중인 블록이 정지되고 동시에 다음 블록을 실행시킨다.

$$G31 \ X\_\_\_ \ Y\_\_ \ Z\_\_ \ F\_\_ \ ;$$

X : 이동 종점의 X축 좌표
Y : 이동 종점의 Y축 좌표
Z : 이동 종점의 Z축 좌표
F : 이송 속도(mm/min)

(3) 공구 이동 경로

그림 9.35와 같이 본래 공구의 이동 경로는 ① → ② → ③이다. 그러나 프로그램에 G31이 지령이 되고 ④지점에서 스킵 신호가 입력이 된다면 공구의 이동 경로는 ① → ④ → ⑤의 경로로 바뀐다.

(위 생략)
G01 X50. F100;
G31 Y10. F50;
G01 X100. F100;
(아래 생략)

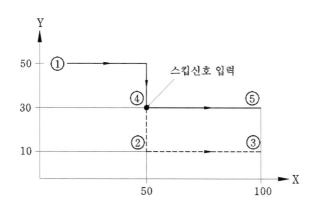

그림 9.35 스킵 기능과 공구의 이동 경로

❷ 공구 길이 자동 측정(G37)

(1) 기능

터치 센서와 같은 측정기기를 사용하여 공구의 길이 보정을 하는 기능이다. 터치 센서에 접촉되는 공구의 위치를 CNC 공작기계가 자동으로 측정, 계산한 값을 옵셋(보정) 화면에 자동으로 설정하는 기능이다.

(2) 지령 형식

각각의 공구를 터치 센서의 Z축 방향면에 접촉시켜 CNC 공작기계가 자동으로 측정, 계산한 값을 다음 형식에 따라 지령한다.

G37 : Z축 자동 공구 보정

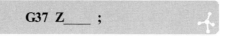

G37 Z___ ;

Z : 공구 측정 위치의 Z축 절대 좌표

(3) 자동 공구 보정 방법

그림 9.36과 같이 측정 위치의 좌표를 지령하면 공구가 이동, 측정면에 접촉한다. 이때 좌푯값과 지령이 된 좌푯값의 차이를 측정 센서가 감지, 자동으로 보정량을 반영한다. 공구의 이동은 측정면의 근접 위치까지는 급속 이송하며 측정면에 공구가 접촉하여 신호가 나타날 때까지 감속하여 이동을 한다.

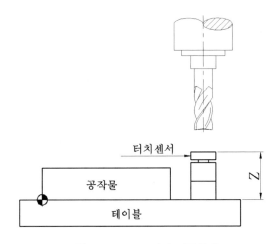

터치센서

공작물

테이블

Z

그림 9.36 공구 길이 자동측정

9.12 기타 기능

1 스케일링(G50, G51)

(1) 기능

동일 형상의 가공을 축소 또는 확대하여 반복할 때 각 축 방향의 배율을 조정하여 가공할 수 있는 기능이다.

(2) 지령 형식

스케일링 중심 좌표와 배율을 단독 블록으로 지령한다.

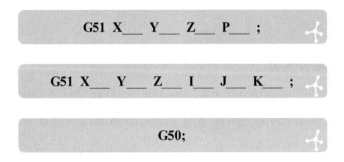

G51 X___ Y___ Z___ P___ ;

G51 X___ Y___ Z___ I___ J___ K___ ;

G50;

G51 : 스케일링
G50 : 스케일링 취소
X : 스케일링 중심의 X 절대 좌표
Y : 스케일링 중심의 Y 절대 좌표
Z : 스케일링 중심의 Z 절대 좌표
P : 배율
I : X축 배율
J : Y축 배율
K : Z축 배율

P는 소수점 사용이 안되고 스케일링 중심점 좌표가 생략되면 G51을 지령한 지점이 스케일링의 중심이 된다.

(3) 공구 이동 경로

지령이 된 스케일링 중심 좌표를 기준으로 지령이 된 배율에 따라 공구가 이동하면서 가공한다(예제 9-34 참고). 공구경 및 길이 보정에 관해서는 스케일링과 관계에 없다.

예제 9.34

다음 도면을 스케일링 기능을 사용하여 평판에 가공하고자 한다. 프로그램을 작성하시오. 단, 절입량 5mm로 한다.

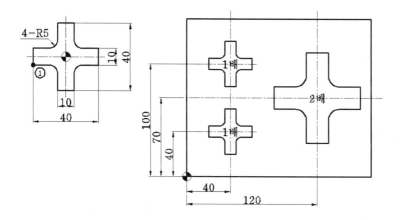

[풀이] 주 프로그램

(위 생략)

G90 G00 X0. Y0.;

Z5.;

G52 X40. Y40.;   (로컬 좌표계 설정)

G51 X0. Y0. P1000;   (스케일링 지령, 배율 1배)

M98 P0020;

Z5.;

G52 X40. Y100.;

G51 X0. Y0. P1000;

M98 P0020;

Z5.;

G52 X120. Y70.;

G51 X0. Y0. P2000;   (스케일링 지령, 배율 2배)

M98 P0020;

G50;   (스케일링 지령 취소)

G52 X0. Y0.;   (로컬 좌표계 무시)

(아래 생략)

보조 프로그램

O0020;

G90 G00 X-20. Y-5.;   (①점, 시작점으로 이동)

G01 Z-5. F50;

Y5.;

X-10.;

G03 X-5. Y10. R5.;

G01 Y20.;

X5.;

Y10.;

G03 X10. Y5. R5.;

G01 X20.;

Y-5.;

X10.;

G03 X5. Y-10. R5.;

G01 Y-20.;

X-5.;

Y-10.;

G03 X-10. Y-5. R5.;

G01 X-20.;

G00 Z5.;

M99; (주 프로그램 호출)

■

예제 9.35

다음 도면의 형상을 ① 지점을 기준으로 50% 축소하여 가공하는 프로그램을 작성하시오. 단,
절입량 3mm로 한다.

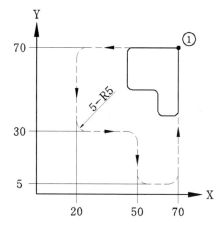

풀이 주 프로그램

(위 생략)

G90 G00 X70. Y70.;

Z5.;

G51 P500;   (스케일링 지령, 배율 0.5배)

M98 P0020;

G50;

(아래 생략)

보조 프로그램

O0020;

G90 G00 X70. Y70.;   (①점, 시작점으로 이동)

G01 Z-3. F50;

Y10.;

```
G02  X65.  Y5.  R5.;
G01  X55.;
G02  X50.  Y10.  R5.;
G01  Y25.;
G03  X45.  Y30.  R5.;
G01  X25.;
G02  X20.  Y35.  R5.;
G01  Y65.;
G02  X25.  Y70.  R5.;
G01  X70.;
M99;
```

■

2 미러 이미지(G50, G51)

(1) 기능

동일 형상의 가공을 임의의 축 방향으로 대칭시켜 가공할 수 있는 기능이다. 형상에 대한 가공을 보조 프로그램으로 작성을 하고 작성된 보조 프로그램을 임의의 축 방향으로 대칭시켜 호출하여 가공하면 편리하다.

(2) 지령 형식

스케일링 기능과 동일하게 지령하여 확대 또는 축소하여 대칭 형상을 가공한다. I, J, K 중 1개 이상은 부호가 "-"이고 미러 이미지 지령의 중심 좌표와 배율을 단독 블록으로 지령한다.

> **G51 X__ Y__ Z__ I__ J__ K__ ;**

> **G50;**

G50 : 미러 이미지   G50 : 미러 이미지 취소
X : 미러 이미지 중심의 X 절대 좌표   Y : 미러 이미지 중심의 Y 절대 좌표
Z : 미러 이미지 중심의 Z 절대 좌표   I : 미러 이미지 선택 X축
J : 미러 이미지 선택 Y축   K : 미러 이미지 선택 Z축
미러 이미지 중심점 좌표를 생략하면 G51 기능을 지령한 지점이 중심이 된다. 어드레

스 I, J, K 중 1개 이상 "–" 부호가 있으면 미러 이미지 기능이며 그렇지 않으면 스케일링 기능이다.

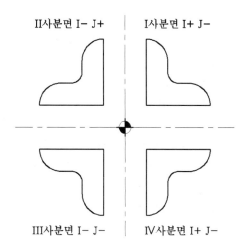

그림 9.36 미러 이미지 기능의 부호선택

(3) 공구 이동 경로

지령이 된 스케일링 중심 좌표를 기준으로 지령이 된 대칭축과 배율에 따라 공구가 이동하면서 가공한다(예제 9-36 참고). 공구경 및 길이 보정은 스케일링과 관계에 없다.

예제 9.36

다음 도면과 같은 형상을 X-Y 평면에 대칭시켜 가공하는 프로그램을 작성하시오. 단, 절입량 3mm로 한다.

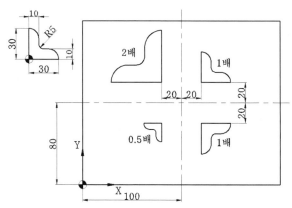

[풀이] 주 프로그램

(위 생략)

G90 G00 X0. Y0.;

Z5.;

G52 X120. Y100.;   (Ⅰ사분면 로컬 좌표계 선택)

G00 X0. Y0.;   (로컬 좌표계 원점 이동)

Z5. M08;

M98 P0020;   (보조 프로그램 호출)

G52 X80. Y100.;   (Ⅱ사분면 로컬 좌표계 선택)

G51 I-2000 J2000;   (Y축 대칭 미러 이미지 지령, 2 배율)

M98 P0020;

G52 X80. Y60.;   (Ⅲ사분면 로컬 좌표계 선택)

G51 I-500 J-500;   (X, Y축 대칭 미러 이미지 지령, 0.5 배율)

M98 P0020;

G52 X120. Y60.;   (Ⅳ사분면 로컬 좌표계 선택)

G51 I1000 J-1000;   (X축 대칭 미러 이미지 지령, 1 배율)

M98 P0020;

G50;   (스케일링 취소)

G52 X0. Y0.;   (로컬 좌표계 취소)

G00 Z200. M09;

(아래 생략)

보조 프로그램

O0020;

G90 G00 X0. Y0.;

G01 Z-3. F30;

Y30.;

G02 X10. Y25. R10.;

G01 Y15.;

G03 X15. Y10. R5.;

G01 X25.;

G02 X30. Y0. R10.;

G01 X0.;

G00 Z20.;

M99;

3 좌표 회전(G68, G69)

(1) 기능

동일 형상의 가공을 임의의 각도로 회전시켜 가공할 수 있는 기능이다. 형상 가공을 위한 프로그램을 보조 프로그램으로 작성을 하고 작성된 보조 프로그램을 임의의 각도로 회전시켜 호출하여 사용하면 편리하다.

(2) 지령 형식

지령이 된 좌표 회전의 중심점을 기준으로 지령이 된 각도만큼 회전하여 가공한다. 선택된 좌표 평면과 상관없이 X, Y, Z 중 2개의 좌표 회전 중심점을 지령한다.

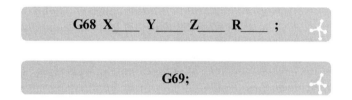

G68 X____ Y____ Z____ R____ ;

G69;

G68 : 좌표 회전
G69 : 좌표 취소
X : 회전 중심의 X 절대 좌표
Y : 회전 중심의 Y 절대 좌표
Z : 회전 중심의 Z 절대 좌표
R : 회전 각도

회전 중심점 좌표를 생략하면 G68을 지령한 지점이 중심이 된다. 회전 각도는 시계 방향으로 회전시킬 경우 "-"로, 반시계 방향으로 회전시킬 경우 "+"로 지령한다.

(3) 공구 이동 경로

지령이 된 좌표 회전 중심 좌표를 기준으로 지령 된 각도만큼 공구가 이동하여 가공한다(예제 9-37참고).

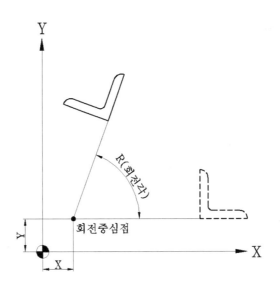

그림 9.37 좌표 회전

예제 9.37

다음 도면의 윤곽을 70° 회전시켜 가공하는 프로그램을 작성하시오. 단, 현재 공구는 X100. Y100. Z100. 위치에 있으며 절입량 2mm, 이송 속도는 50mm/min으로 한다.

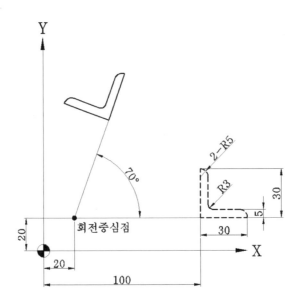

풀이 주 프로그램

(위 생략)

```
G90 G00 X0. Y0.;
Z5.;
G68 X20. Y20. R70.;          (좌표 회전의 중심점 X20. Y20. 회전 각도 70° 지령)
M98 P0020;                    (보조 프로그램 호출)
G69;                          (좌표회전 취소)
G00 Z200. M09;
(아래 생략)
```

보조 프로그램

```
O0020;
G90 G00 X100. Y20.;
G01 Z-2. F50 M08;
Y50.;
G02 X105. Y45. R5.;
G01 Y28.;
G03 X108. Y25. R3.;
G01 X125.;
G02 X130. Y20. R5.;
G01 X100.;
G00 Z20.;
M99;
```

9.13 보조 기능(M 기능)

1 기능

G-코드 외에 보조 장치들을 제어하기 위한 보조 기능인 M-코드는 어드레스 M과 2자리 수의 수치로 지령한다. 프로그램을 제어하기 위한 내부기능 M-코드와 기계 작동을 제어하는 외부 기능 M-코드가 있다. 내부 기능 M-코드로서 M00, M01, M02, M30, M98, M99가 있으며 그 외는 모두 외부 기능 M-코드이다.

② 기능 설명

M-코드	기 능 설 명	비 고
M00	프로그램 실행 정지 : 공작물 교환 작업 등을 하고 자동 개시 버튼 누르면 운전 재개	◎
M01	프로그램 실행 선택 정지 : M01 조작판의 스위치 On일 때 정지, Off일 때 통과	◎
M02	프로그램 실행 종료 : 커서 위치를 프로그램의 선두로 복귀시키는 기능도 있음	◎
M03	주축 정 회전(CW, 시계 방향 회전)	◎
M04	주축 역 회전(CCW 반시계 방향 회전)	◎
M05	주축 정지	◎
M06	공구 교환	◎
M08	절삭유 공급 : 조작판의 스위치 On으로도 절삭유 공급	◎
M09	절삭유 공급 차단 : 조작판의 스위치 Off로도 절삭유 공급 차단	◎
M10	회전 테이블 Clamp	
M11	회전 테이블 Unclamp	
M16	공구 번호(Tool number) Search : 스핀들에 있는 공구를 매거진에 입력	
M18	공구 매거진(Tool Magazine) 원점 복귀	
M19	주축 한 방향 정지(Spindle orientation) : 공구 교환 및 고정 사이클 이동(Shift) 방향에 이용	◎
M27	Oil Mist Coolant : 절삭유를 Mist로 공급함	
M30	프로그램 실행 종료 : 커서를 프로그램의 선두로 복귀시키는 기능과 재실행 기능 있음. M02 기능보다 많이 사용	◎
M48	주축 속도 변환 가능 : override switch의 사용으로도 주축 속도 조절 가능	
M49	주축 속도 변환 불가능 : override switch로 주축 속도 조절 불가	
M80	인덱스 테이블(Index Table) 정회전 : 회전 각도와 함께 지령함	
M81	인덱스 테이블(Index Table) 역회전	
M98	보조 프로그램 호출	◎
M99	보조 프로그램 실행 종료와 주 프로그램으로의 복귀	◎

3 M-코드 특징

- 비고란에 ◎ 표시는 공통으로 사용되고 있는 보조 기능이며 그 외에는 공작기계 제조사와 공작기계 종류마다 차이가 있으니 매뉴얼을 참고하기 바란다.
- 동일 블록 내에서 M-코드는 1개만 사용이 가능하고 2개 이상 지령할 경우 뒤에 지령이 된 M-코드만 유효하다.
- 프로그램에 지령이 된 M-코드보다 조작판에 의한 기능이 우선한다.

머시닝 센터 응용 예제 연습

다음의 가공 조건에 따라 도면을 가공하기 위한 프로그램을 작성하시오. 부품의 가공면이 중요한 경우에는 하향 절삭 방식으로 프로그램을 작성하는 것이 바람직하니 참고하기 바란다.

1 응용 예제

순서	작업 내용	공구 조건		절삭 조건		공구 번호	보정 번호		소재 및 재질
		종류	직경	회전수 (rpm)	이송 (mm/min)		길이(H)	지름(D)	SM45C 100×100×30
1	윤곽	평 E/M	Ø16	1500	100	T01	01	01	

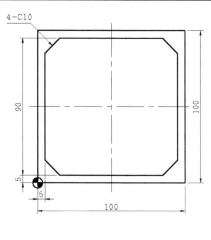

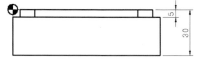

```
O0010;
G40 G49 G80;                (공구 보정 기능 취소, 고정 사이클 취소)
G90 G54;                    (절대 지령, 공작물 좌표계 선택)
T01 M06;                    (01번 공구 교환)
S1500 M03;                  (주축 1500rpm, 정회전)
G00 X-15. Y-15.;            (가공 위치 ①지점으로 X, Y 좌표 이동)
G43 Z20. H01;              (01번 공구 길이 보정하여 Z20.으로 이동)
Z-3. M08;                   (절삭 깊이 Z-3. 절삭유 급유)
G42 Y5. D01;               (공구 경보정하여 Y5. 지점으로 이동)
G01 X95. F100;
Y95.;
X5.;
Y5.;
X85.;
X95. Y15.;
Y85.;
X85. Y95.;
X15.;
X5. Y85.;
Y15.;
X15. Y5.;
X120.;
G40 G00 Y-15. M09;  (공구 경보정 취소하여 Y-15. 지점으로 이동, 절삭유 급유 정지)
G49 Z200. M05;      (공구 길이 보정 취소하여 Z200. 지점으로 도피, 주축 회전 정지)
M02;                    (프로그램 종료)
```

2 응용 예제

순서	작업 내용	공구 조건		절삭 조건		공구 번호	보정 번호		소재 및 재질
		종류	직경	회전수 (rpm)	이송 (mm/min)		길이(H)	지름(D)	
1	윤곽	평 E/M	Ø10	1500	80	T01	01	01	SM45C 100×100×30

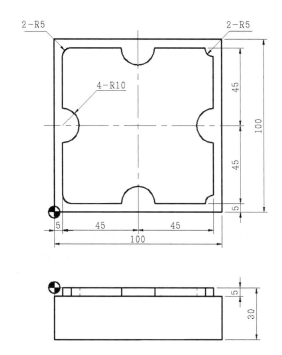

O0010;

G40 G49 G80;   (공구 보정 취소, 고정 사이클 취소)

G90 G54;   (절대 지령, 공작물 좌표계 지령)

T01 M06;   (공구 교환)

S1500 M03;   (1500rpm 주축 정회전)

G00 X-15. Y-15.;   (가공 위치로 공구 이동)

G43 Z20. H01;   (공구 길이 보정하면서 Z20. 지점으로 이동)

Z-5. M08;   (공구 절입, 절삭유 급유)

G42 Y5. D01;   (공구경 우측 보정하여 Y5. 지점으로 이동)

G01 X95. F80;   (직선 가공 시작, 이송 속도 80mm/min)

Y95.;

X5.;

Y10.;

G03 X10. Y5. R5.;

G01 X40.;

G02 X60. R10.;

G01 X90.;

G02 X95. Y10. R5.;

G01 Y40.;

G02 Y60. R10.;

G01 Y90.;

G02 X90. Y95. R5.;

G01 X60.;

G02 X40. R10.;

G01 X10.;

G03 X5. Y90. R5.;

G01 Y60.;

G02 Y40. R10.;

G01 Y-15.;

G40 G00 X-15. M09;   (공구경 보정 취소하며 X-15. 지점으로 이동, 절삭유 급유 정지)

G49 Z200. M05;   (공구 길이 보정 취소하며 급속 이동으로 Z200. 지점으로 이동, 주축 정지)

M02;   (프로그램 종료)

3 응용 예제

순서	작업 내용	공구 조건		절삭 조건		공구 번호	보정 번호		소재 및 재질
		종류	직경	회전수 (rpm)	이송 (mm/min)		길이(H)	지름(D)	
1	윤곽	평 E/M	Ø10	1500	100	T01	01	01	SM45C 100×100×30

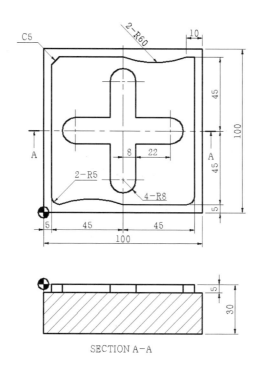

SECTION A-A

O0010;

G40 G49 G80;   (공구 보정 취소, 고정 사이클 취소)

T01 M06;   (공구 교환)

G90 G54 G00 X-15. Y-15.; (절대 지령 공작물 좌표계 지령, 가공 위치로 공구 이동)

G43 Z20. H01 S1500 M03; (길이 보정하며 Z20. 위치로 이동, 1500rpm 정회전)

Z-5. M08;   (공구 절입, 절삭유 급유)

G42 Y5. D01;   (공구경 보정하며 Y5. 지점으로 공구 이동)

G01 X95. F100;   (직선 가공, 이송 속도 100mm/min)

Y95.;

X5.;

Y10.;

G03 X10. Y5. R5.;

G02 X50. R60.;

G01 X90.;

G03 X95. Y10. R5.;

G01 Y95.;

X90.;

G02 X50. R60.;

```
G01 X10.;
X5. Y90.;
Y10.;
G03 X10. Y5. R5.;
G01 X115.;
G40 G00 Y-15. M09;
Z2.;
X50. Y50.;              (공작물 중심부로 이동)
G01 Z-5.;               (공구 절입)
G42 X42. D01;           (공구경 보정하여 X42. 지점까지 가공)
Y80.;
G02 X58. R8.;
G01 Y58.;
X80.;
G02 Y42. R8.;
G01 X58.;
Y20.;
G02 X42. R8.;
G01 Y42.;
X20.;
G02 Y58. R8.;
G01 X50.;
G40 Y50. M09;
G49 G00 Z200. M05;
M02;
```

4 응용 예제

순서	작업 내용	공구 조건		절삭 조건		공구 번호	보정 번호		소재 및 재질
		종류	직경	회전수 (rpm)	이송 (mm/min)		길이(H)	지름(D)	
1	센터	센터 드릴	Ø3	1000	100	T01	01	01	SM45C 100×100×25
2	드릴	드릴	Ø3	1000	80	T02	02		
3	드릴	드릴	Ø6	1000	80	T03	03		
4	드릴	드릴	Ø8	800	50	T04	04		
5	드릴	드릴	Ø10	500	30	T05	05		

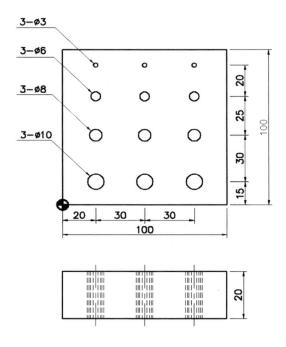

```
O0010;
G40 G49 G80;
T01 M06;
G90 G54 G00 X20. Y15.;
G43 Z20. H01 S1000 M03;
G81 G99 Z-3. R3. F100 M08;        (센터 드릴 고정 사이클)
Y45.;
Y70.;
Y90.;
X50.;
Y70.;
Y45.;
Y15.;
X80.;
Y45.;
Y70.;
Y90.;
G80 M09;
G49 G00 Z200. M19;
```

```
T02  M06;
G00  X20.;
G43  Z20.  H02  S1000  M03;
G83  G99  Z-25.  R3.  Q2000  F80  M08;          (∅3  드릴  고정  사이클)
X50.;
X80.;
G80  M09;
G49  G00  Z200.  M19;
T03  M06;
G00  X20.  Y70.;
G43  Z20.  H03  S1000  M03;
G83  G99  Z-25.  R3.  Q2000  F80  M08;          (∅6  드릴  고정  사이클)
X50.;
X80.;
G80  M09;
G49  G00  Z200.  M19;
T04  M06;
G00  X20.  Y45.;
G43  Z20.  H04  S800  M03;
G83  G99  Z-25.  R3.  Q1500  F50  M08;          (∅8  드릴  고정  사이클)
X50.;
X80.;
G80  M09;
G49  G00  Z200.  M19;
T05  M06;
G00  X20.  Y15.;
G43  Z20.  H05  S500  M03;
G83  G99  Z-25.  R3.  Q1000  F30  M08;          (∅10  드릴  고정  사이클)
X50.;
X80.;
G80  M09;
G49  G00  Z200.  M19;
M05;
M02;
```

5 응용 예제

순서	작업 내용	공구 조건		절삭 조건		공구 번호	보정 번호		소재 및 재질
		종류	직경	회전수 (rpm)	이송 (mm/min)		길이(H)	지름(D)	
1	윤곽	평 E/M	Ø10	1500	80	T01	01	01	SM45C 100×100×30
2	센터	센터 드릴	Ø3	1000	100	T02	02		
3	드릴	드릴	Ø8	800	50	T02	03		

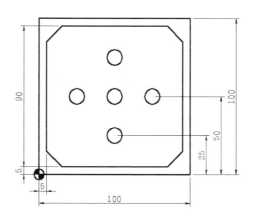

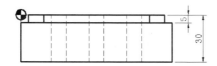

O0010;
G40 G49 G80;
T01 M06;
G90 G54 G00 X-15. Y-15.; (절대 지령, 공작물 좌표계 설정, 가공 위치로 이동)
G43 Z20. H01 S1500 M03; (길이 보정하며 Z20. 으로 이동 1500rpm 정회전)
Z-5. M08; (공구 절입, 절삭유 급유)
G42 Y5. D01; (공구경 보정하여 Y5.으로 이동)
G01 X95. F80; (가공 시작 이송 80mm/min)
Y95.;
X5.;
Y15.;

X15. Y5.;

X85.;

X95. Y15.;

Y85.;

X85. Y95.;

X15.;

X5. Y85.;

Y-15.;

G40 G00 X-15. M09;

G49 Z200. M19;

T02 M06;

X50. Y25.;

G43 Z20. H02 S1000 M03;

G81 G99 Z-3. R3. F100 M08;   (센터 드릴 고정 사이클)

X25. Y50.;

X50.;

X75.;

X50. Y75.;

G80 M09;

G49 G00 Z200. M19;

T03 M06;

G43 Z20. H03 S800 M03;

G83 G99 Z-35. R3. Q1500 F50 M08;   (∅8 드릴 고정 사이클)

X25. Y50.;

X50.;

X75.;

X50. Y25.;

G80 M09;

G49 G00 Z200. M05;

M02;

6 응용 예제

순서	작업 내용	공구 조건		절삭 조건		공구 번호	보정 번호		소재 및 재질
		종류	직경	회전수 (rpm)	이송 (mm/min)		길이(H)	지름(D)	
1	윤곽	평 E/M	Ø16	1200	80	T01	01	01	SM45C 100×100×15
2	센터	센터 드릴	Ø3	1000	100	T02	02		
3	드릴	드릴	Ø4	1000	50	T03	03		

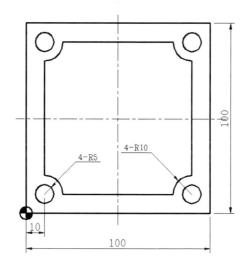

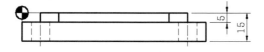

```
O0010;
G40 G49 G80;
T01 M06;
G90 G54 G00 X-15. Y-15.;
G43 Z20. H01 S1200 M03;
Z-6. M08;
G42 Y5. D01;
G01 X90. F80;
G02 X95. Y10. R5.;
G01 Y90.;
G02 X90. Y95. R5.;
G01 X10.;
G02 X5. Y90. R5.;
G01 Y10.;
G02 X10. Y5. R5.;
G01 X115.;
G40 G00 Y-15. M09;
G49 Z200. M19;
T02 M06;
```

```
X5. Y5.;
G43 Z20. H02 S1000 M03;
G81 G99 Z-9. R3. F100 M08;
Y95.;
X95.;
Y5.;
G80 M09;
G49 G00 Z200. M19;
T03 M06;
X5. Y5.;
G43 Z20. H03 S1000 M03;
G83 G99 Z-20. R3. Q2000 F50 M08;
Y95.;
X95.;
Y5.;
G80 M09;
G49 G00 Z200. M19;
M02;
```

7 응용 예제

순서	작업 내용	공구 조건		절삭 조건		공구 번호	보정 번호		소재 및 재질
		종류	직경	회전수 (rpm)	이송 (mm/min)		길이(H)	지름(D)	
1	윤곽	평 E/M	Ø16	1200	80	T01	01	01	SM45C 100×100×20
2	센터	센터 드릴	Ø3	1000	100	T02	02		
3	드릴	드릴	Ø6.8	1000	50	T03	03		
4	탭	탭	M8	500		T04	04		

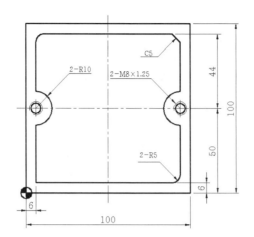

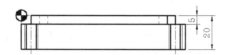

O0010;	X6. Y50.;
G40 G49 G80;	G43 Z20. H02 S1000 M03;
T01 M06;	G81 G99 Z-8. R3. F100 M08;
G90 G54 G00 X-20. Y-20.;	X94.;
G43 Z20. H01 S1200 M03;	M09;
Z-5. M08;	G49 G00 Z200. M19;
G42 Y6. D01;	T03 M06;
G01 X89. F80;	G43 Z20. H03 S1000 M03;
G03 X94. Y11. R5.;	G83 G99 Z-25. R3. Q2000 F50 M08;
G01 Y40.;	X6.;
G02 Y60.; R10.;	G80 M09;
G01 Y89.;	G49 G00 Z200. M19;
X89. Y94.;	T04 M06;
X11.;	G43 Z20. H04 S500 M03;
G03 X6. Y89. R5.;	G84 G99 Z-25. R3. F625 M08;
G01 Y60.;	X94.;
G02 Y40. R10.;	G80 M05;
G01 Y-20.;	G49 G00 Z200. M09;
G40 G00 X-20 M09;	M02;
G49 Z200. M19;	
T02 M06	

8 응용 예제

순서	작업 내용	공구 조건		절삭 조건		공구 번호	보정 번호		소재 및 재질
		종류	직경	회전수 (rpm)	이송 (mm/min)		길이(H)	지름(D)	
1	윤곽	평 E/M	Ø10	1200	100	T01	01	01	SM45C 80×80×20
2	센터	센터 드릴	Ø3	1000	100	T02	02		
3	드릴	드릴	Ø8	1000	50	T03	03		

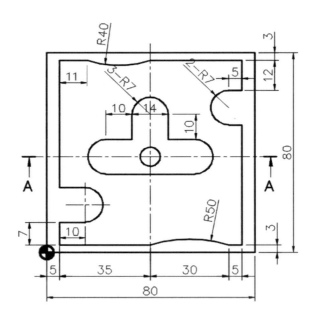

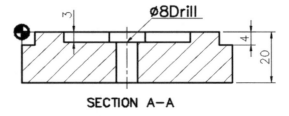

SECTION A-A

```
O0010;
G40 G49 G80;
T02 M06;
G90 G54 G00 X40. Y40.;
G43 Z2. H02 S1000 M03;
G01 Z-3. F100 M08;
M09;
G49 G00 Z200. M19;
T03 M06;
G43 Z20. H03 S1000 M03;
G83 G99 Z-25. R3. Q2000 F50 M08;
G80 M09;
G49 G00 Z200. M19;
T01 M06;
X-15. Y-15.;
G43 Z20. H01 S1200 M03;
Z-4. M08;
G42 Y3. D01;
G01 X40. F100;
G02 X70. R50.;
G01 X75.;
Y51.;
X70.;
G02 Y65. R7.;
G01 X75.;
Y77.;
X40.;
G02 X16. R40.;
G01 X5.;
Y24.;
X15.;
G02 Y10. R7.;
G01 X5.;
Y-15.;
G40 G00 X-15.;
Z2.;
X40. Y40.;
G01 Z-3.;
G42 X33. D01;
Y57.;
G02 X47. R7.;
G01 Y47.;
X57.;
G02 Y33. R7.;
G01 X23.;
G02 Y47. R7.;
G01 X40.;
G40;
G49 G00 Z200. M09;
M05;
M02;
```

9 응용 예제

순서	작업 내용	공구 조건		절삭 조건		공구 번호	보정 번호		소재 및 재질
		종류	직경	회전수 (rpm)	이송 (mm/min)		길이(H)	지름(D)	
1	윤곽	평 E/M	Ø8	1200	100	T01	01	01	SM45C 80×80×20
2	센터	센터 드릴	Ø3	1000	100	T02	02		
3	드릴	드릴	Ø8	1000	50	T03	03		

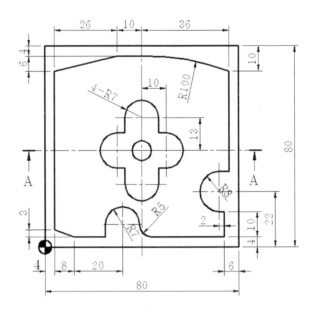

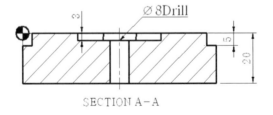

SECTION A-A

```
O0010;
G40 G49 G80;
T02 M06;
G90 G54 G00 X40. Y40.;
G43 Z2. H02 S1000 M03;
G01 Z-3. F100 M08;
M09;
G49 G00 Z200. M19;
T03 M06;
G43 Z20. H03 S1000 M03;
G83 G99 Z-25. R3. Q2000 F50 M08;
G80 M09;
G49 G00 Z200. M19;
T01 M06;
X-15. Y-15.;
G43 Z20. H01 S1200 M03;
Z-5.;
G42 Y4. D01;
G01 X76. F100 M08;
Y76.;
X4.;
Y7.;
X12. Y4.;
X25.;
Y9.;
G02 X39. R7.;
G03 X44. Y4. R5.;
G01 X74.;
Y14.;
X72.;
G02 Y30. R8.;
```

```
G01 X76.;
Y70.;
G03 X40. Y76. R100.;
G01 X30.;
X4. Y70.;
Y-15.;
G40 X-15. M09;
G00 Z2.;
X40. Y40.;
G01 Z-3. F50 M08;
G42 X33. D01;
Y53.;
G02 X47. R7.;
G01 Y47.;
X50.;
G02 Y33. R7.;
G01 X47.;
Y27.;
G02 X33. R7.;
G01 Y33.;
X30.;
G02 Y47. R7.;
G01 X40.;
G40 Y40.;
G49 G00 Z200. M09;
M05;
M02;
```

10 응용 예제

순서	작업내용	공구 조건		절삭 조건		공구번호	보정 번호		소재 및 재질
		종류	직경	회전수 (rpm)	이송 (mm/min)		길이(H)	지름(D)	
1	윤곽	평 E/M	Ø8	1200	100	T01	01	01	SM45C 80×80×20
2	센터	센터 드릴	Ø3	1000	100	T02	02	02	
3	드릴	드릴	Ø8	1000	50	T03	03	03	

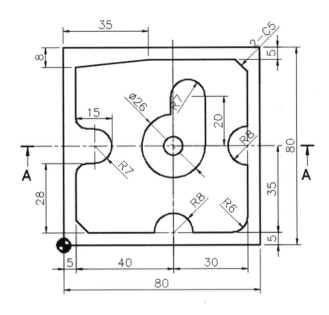

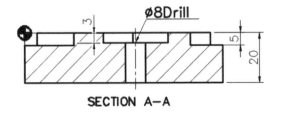

SECTION A-A

```
O0010;
G40 G49 G80;
T02 M06;
G90 G54 G00 X45. Y40.;
G43 Z2. H02 S1000 M03;
G01 Z-3. F100 M08;
M09;
G49 G00 Z200. M19;
T03 M06;
G43 Z20. H03 S1000 M03;
G83 G99 Z-25. R3. Q2000 F50 M08;
G80 M09;
G49 G00 Z200. M19;
T01 M06;
X-15. Y-15.;
G43 Z20. H01 S1200 M03;
Z-5.;
G42 Y5. D01;
G01 X75. F100 M08;
Y75.;
X5.;
Y10.;
X10. Y5.;
X37.;
G02 X53. R8.;
G01 X69.;
G03 X75. Y11. R6.;
G01 Y32.;
G02 Y48. R8.;
```

```
G01 Y70.;
X70. Y75.;
X35.;
X5. Y72.;
Y51.;
G03 X9. Y47. R4.;
G01 X13.;
G02 Y33. R7.;
G01 X9.;
G03 X5. Y29. R4.;
G01 Y10.;
X10. Y5.;
X95.;
G40 G00 Y-15. M09;
Z2.;
X45. Y40.;
G01 Z-3. F50 M08;
X42.;
G02 I3. F100;
G01 X39.;
G02 I6.;
G01 X36.;
G02 I9.;
G41 G01 X58. D01;
Y60.;
G03 X44. R7.;
G01 Y40.;
G40 X45.;
G49 G00 Z200. M09;
M05;
M02;
```

11 응용 예제

순서	작업 내용	공구 조건		절삭 조건		공구 번호	보정 번호		소재 및 재질
		종류	직경	회전수 (rpm)	이송 (mm/min)		길이(H)	지름(D)	
1	윤곽	평 E/M	Ø10	1200	100	T01	01	01	SM45C 70×70×20
2	센터	센터 드릴	Ø3	1000	100	T02	02		
3	드릴	드릴	Ø6.8	1000	50	T03	03		
4	탭	탭	M8	500		T04	04		

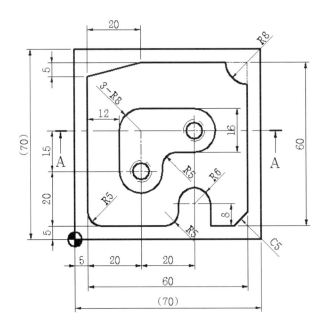

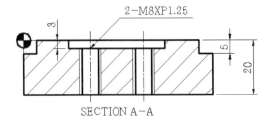

SECTION A-A

```
O0010;
G40 G49 G80;
T01 M06;
G90 G54 G00 X-15. Y-15.;
G43 Z20. H01 S1200 M03;
Z-5. M08;
G42 Y5. D01;
G01 X65. F100;
Y65.;
X5.;
Y10.;
G03 X10. Y5. R5.;
G01 X34.;
G03 X39. Y10. R5.;
G01 Y13.;
G02 X51. R6.;
G01 Y5.;
X60.;
X65. Y10.;
Y57.;
G02 X57. Y65. R8.;
G01 X25.;
X5. Y60.;
Y-15.;
G40 G00 X-15. M09;
Z2.;
X27. Y40.;
G01 Z-3. F50 M08;
Y25.;
G42 X17.;
Y40.;
G02 X25. Y48. R8.;
G01 X45.;
G02 Y32. R8.;
G01 X38.;
G03 X33. Y25. R8.;
G02 X17. R8.;
G01 Y35.;
G40 X25.;
M09;
G49 G00 Z200. M19;
T02 M06;
G00 X25. Y25.;
G43 Z20. H02 S1000 M03;
G81 G99 Z-6. R3. F100 M08;
X45. Y40.;
G80 M09;
G49 G00 Z200. M19;
T03 M06;
G43 Z20. H03 S1000 M03;
G83 G99 Z-25. R3. Q2000 F50
M08;
X25. Y25.;
G80 M09;
G49 G00 Z200. M19;
T04 M06;
G43 Z20. H04 S500 M03;
G84 G99 Z-25. R3. F625 M08;
X45. Y40.;
G80 M09;
G49 G00 Z200. M05;
M02;
```

12 응용 예제

순서	작업 내용	공구 조건		절삭 조건		공구 번호	보정 번호		소재 및 재질
		종류	직경	회전수 (rpm)	이송 (mm/min)		길이(H)	지름(D)	
1	윤곽	평 E/M	Ø10	1200	80	T01	01	01	SM45C 70×70×19
2	센터	센터 드릴	Ø3	1000	100	T02	02		
3	드릴	드릴	Ø6.8	1000	50	T03	03		
4	탭	탭	M8	500		T04	04		

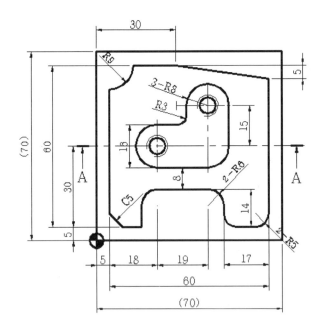

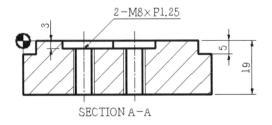

SECTION A-A

```
O0010;
G40 G49 G80;
T01 M06;
G90 G54 G00 X-15. Y-15.;
G43 Z20. H01 S1200 M03;
Z-5. M08;
G42 Y5. D01;
G01 X17. F80;
Y9.;
X32.5 Y9.5;
X48. Y9.;
Y5.;
X65.;
Y65.;
X5.;
Y10.;
X10. Y5.;
X17.;
Y13.;
G02 X23. Y19. R6.;
G01 X42.;
G02 X48. Y13. R6.;
G01 Y10.;
G03 X53. Y5. R5.;
G01 X60.;
G03 X65. Y10. R5.;
G01 Y60.;
X30. Y65.;
X14.;
G02 X5. Y56. R9.;
G01 Y-15.;
G40 G00 X-15. M09;
Z2.;
X23. Y35.;
G01 Z-3. F80 M08;
G42 Y43. D01;

G01 X31.;
G03 X34. Y46. R3.;
G01 Y50.;
G02 X50. R8.;
G01 Y35.;
G02 X42. Y27. R8.;
G01 X23.;
G02 Y43. R8.;
G01 X35.;
G40 Y35.;
M09;
G49 G00 Z200. M19;
T02 M06;
G00 X23. Y35.;
G43 Z20. H02 S1000 M03;
G81 G99 Z-6. R0. F100 M08;
X42.;
G80 M09;
G49 Z200. M19;
T03 M06;
G43 Z20. H03 S1000 M03;
G83 G99 Z-25. R3. Q2000 F50 M08;
X23.;
G80 M09;
G49 Z200. M19;
T04 M06;
G43 Z20. H04 S500 M03;
G84 G99 Z-25. R0. F625 M08;
X42.;
G80 M09;
G49 G00 Z200. M05;
M02;
```

13 응용 예제

순서	작업 내용	공구 조건		절삭 조건		공구 번호	보정 번호		소재 및 재질
		종류	직경	회전수 (rpm)	이송 (mm/min)		길이(H)	지름(D)	
1	윤곽	평 E/M	Ø10	1200	80	T01	01	01	SM45C 70×70×20
2	센터	센터 드릴	Ø3	1000	100	T02	02		
3	드릴	드릴	Ø6.8	1000	50	T03	03		
4	탭	탭	M8	500		T04	04		

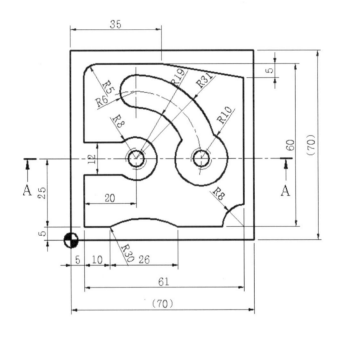

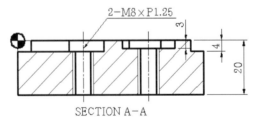

SECTION A-A

```
O0010;                              Y35.;
G40 G49 G80;                        G02 J-5.;
T01 M06;                            G42 G01 X44. Y30.;
G90 G54 G00 X-15. Y-15.;            G03 X25. Y49. R19.;
G43 Z20. H01 S1200 M03;             G02 Y61. R6.;
Z-5. M08;                           X56. Y30. R31.;
G42 Y5. D01;                        G40 G01 X50.;
G01 X66. F80;                       M09;
Y65.;                               G49 G00 Z200. M19;
X10.;                               T02 M06;
G03 X5. Y60. R5.;                   X25. Y30.;
G01 Y36.;                           G43 Z20. H02 S1000 M03;
X25.;                               G81 G99 Z-6. R3. F100 M08;
G40 Y30.;                           X50.;
X22.;                               G80 M09;
G02 I3.;                            G49 Z200. M19;
G42 G01 X27. D01;                   T03 M06;
Y24.;                               G43 Z20. H03 S1000 M03;
G01 X5.;                            G83 G99 Z-25. R3. Q2000 F50 M08;
Y5.;                                X25.;
X15.;                               G80 M09;
G02 X41. R30.;                      G49 Z200. M19;
G01 X58.;                           T04 M06;
G02 X66. Y13. R8.;                  G43 Z20. H04 S500 M03;
G01 Y60.;                           G84 G99 Z-25. R3. F625 M08;
X35. Y65.;                          X50.;
X-15.;                              G80 M09;
G40 G00 Y80. M09;                   G49 G00 Z200. M05;
Z2.;                                M02;
X50. Y30.;
G01 Z-3. M08;
```

14 응용 예제

순서	작업 내용	공구 조건		절삭 조건		공구 번호	보정 번호		소재 및 재질
		종류	직경	회전수 (rpm)	이송 (mm/min)		길이(H)	지름(D)	
1	윤곽	평 E/M	Ø10	1200	80	T01	01	01	SM45C 70×70×19
2	센터	센터 드릴	Ø3	1000	100	T02	02		
3	드릴	드릴	Ø6.8	1000	50	T03	03		
4	탭	탭	M8	500		T04	04		

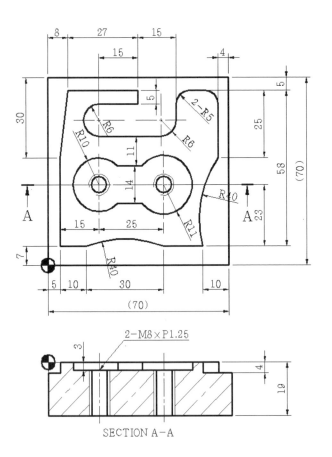

SECTION A-A

O0010;
G40 G49 G80;
T01 M06;
G90 G54 G00 X-15. Y-15.;
G43 Z20. H01 S1200 M03;
Z-4. M08;
G42 Y7. D01;
G01 X15. F80;
G02 X45. R40.;
G01 X60.;
G02 X66. Y40. R40.;
G01 Y60.;
G03 X61. Y65. R5.;
G01 X55.;
G03 X50. Y60. R5.;
G01 Y54.;
G02 X45. Y48. R6.;
G01 X20.;
G02 Y60. R6.;
G01 X35.;
Y65.;
X8.;
X5. Y40.;
Y7.;
X66.;
Y85.;
G40 G00 X85. M09;
Z2.;
X20. Y30.;
G01 Z-3. M08;
X23.;
G02 I-3.;
G01 X25.;

G02 I-5.;
G01 X42.;
G02 I3.;
G01 X39.5;
G02 I5.5;
G01 X45. Y32.;
X20.;
Y28.;
X45.;
G80 M09;
G49 G00 Z200. M19;
T02 M06;
X20. Y30.;
G43 Z20. H02 S1000 M03;
G81 G99 Z-6. R0. F100 M08;
X45.;
G80 M09;
G49 Z200. M19;
T03 M06;
G43 Z20. H03 S1000 M03;
G83 G99 Z-25. R0. Q2000 F50 M08;
X20.;
G80 M09;
G49 Z200. M19;
T04 M06;
G43 Z20. H04 S500 M03;
G84 G99 Z-25. R0. F625 M08;
X45.;
G80 M09;
G49 G00 Z200. M05;
M02;

11

CNC 시뮬레이터(GV-CNC) 활용

CNC 가공 작업자는 수동 프로그램을 작성한 후 GV-CNC와 같은 시뮬레이션 프로그램을 이용하여 검증하여야 한다. 국가 기술 자격증 취득을 위한 실기 검정에서도 수험생은 본인이 작성한 프로그램을 시뮬레이션 후 제출하며, 감독관은 가공 프로그램에 이상이 없음을 확인한 후 수험생에게 CNC 공작기계를 조작하여 가공하도록 할 수 있다.

11.1 시뮬레이터 환경

(1) 바탕 화면의 GV-CNC 아이콘 ▣을 더블 클릭하여 실행한다. GV-CNC 실행 동영상 중지는 ESC 키를 누른다.

(2) 그림 11.1과 같이 GV-CNC가 활성화 되면 TURNING Center, MACHINING Center, NC Editor 중 선택할 수 있다.

① TURNING Center: CNC 선반 가공 프로그램 검증 시뮬레이션

② MACHINING Center: 머시닝 센터 가공 프로그램 검증 시뮬레이션

③ NC Editor: 수동 NC 프로그램 작성

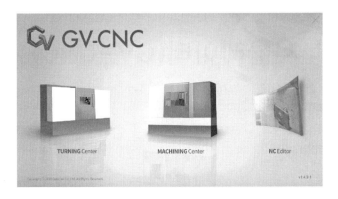

그림 11.1 GV-CNC 시뮬레이터 선택 화면

(3) 그림 11.1에서 TURNING Center를 클릭하면 그림 11.2 TURNING Center 화면이 나타난다.

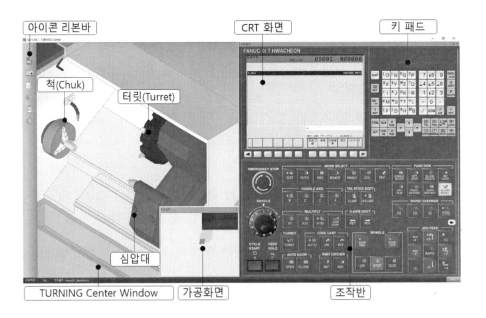

그림 11.2 TURNING Center 화면 구성

(4) 그림 11.1에서 MACHINING Center를 클릭하면 그림 11.3 MACHINING Center 화면이 나타난다.

그림 11.3   MACHINING Center 화면 구성

(5) 그림 11.1에서 NC Editor를 클릭하면 그림 11.4 NC Editor 화면이 나타난다. NC Editor는 다음과 같이 3가지 탭으로 구성되어 있다.

① NC 편집 : 수동 NC 프로그램 작성 및 편집

② 시뮬레이션 : 시뮬레이션을 통한 공구 경로의 확인

③ NC 비교 : 다른 NC 프로그램과 작성한 프로그램과의 비교

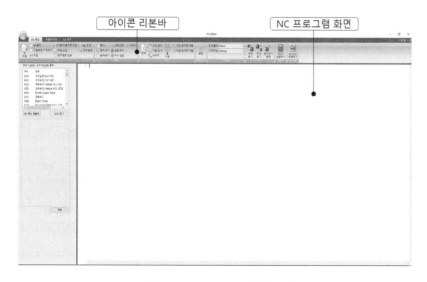

그림 11.4   NC Editor 화면 구성

표 11.1 NC 편집 탭 아이콘 리본바 기능

리본바	기 능
새 파일 / NC열기 / 자동백업 가져오기 / 저장 / 다른 이름으로 저장 / 파일 삽입 / 공구경로 인쇄 / NC 인쇄 / 인쇄 설정 — 파일	▶ NC 파일 저장, 저장된 NC 파일 열기, 파일 삽입, 공구 경로 인쇄, NC 인쇄
복사 / 잘라내기 / 붙여넣기 / 모두선택 / 실행 취소 / 다시 실행 / 지우기 — 편집	▶ NC 프로그램의 편집
검색 — 검색	▶ NC Editor 화면의 NC 프로그램에서 코드 검색
설정 — 편집설정	▶ 편집 환경 설정 기능: 텍스트 설정, 블록 번호 표시 설정, 컨트롤러/기계 등 설정 ▶ 시뮬레이션 환경 설정 기능: 절삭 공구 색상, 시뮬레이션 속도 등 설정 ▶ NC 문법 검사 등 설정
Fanuc / Turning — 기계타입	▶ CNC의 컨트롤러 선택 기능: Fanuc, Sentrol 등 선택 ▶ CNC 공작기계 선택 기능: CNC 선반과 머시닝 센터 중 선택
크게 보기 / 작게 보기 / 글자크기 복원 — 보기	▶ NC Editor 화면에 있는 프로그램의 크기 (글씨 크기)를 조절
GV-CNC 실행하기 — GV-CNC	▶ NC Editor에서 작성한 프로그램을 GV-CNC의 CRT 화면으로 전환

표 11.2 시뮬레이션 탭 아이콘 리본바 기능

리본바	기 능
화면 전환 화면	▶ 시뮬레이션 화면에서 NC 편집 화면으로 전환
실행 일시정지 정지 전체경로 보기 다음 블록 다음 공구 시뮬레이션 메뉴	▶ 실행: 시뮬레이션 실행 ▶ 일시 정지: 시뮬레이션의 일시 정지 ▶ 정지: 시뮬레이션 실행 종료 ▶ 전체 경로 보기: 공구의 전체 경로 보기 ▶ 다음 블록: 1개 블록의 프로그램 시뮬레이션 실행. SINGLE BLOCK과 동일한 기능 ▶ 다음 공구: 현재 공구에서 다음 공구 이전까지 시뮬 레이션 실행 후 정지
시뮬레이션 속도 조절 ⊖ ──▽── ⊕ 시뮬레이션 050 설정 시뮬레이션 설정	▶ 속도 조절 바를 사용하여 시뮬레이션 속도 조절
이전 공구로 이동 다음 공구로 이동 검색 줄 b a 이동 검색	▶ 검색: 프로그램 내용 중 찾고자 하는 문자 검색 ▶ 줄 이동: 이동하고자 하는 블록의 번호로 이동 ▶ 이전 공구로 이동: 현재 커서의 위치를 이전 공구로 이동 ▶ 다음 공구로 이동: 현재 커서의 위치를 다음 공구로 이동
☐ 경로 데이터 보기 ☑ 이전 N블록까지 자동 선택 화면 화면 전체 ☐ 다음 N블록까지 자동 선택 확대 축소 보기 보기	▶ 화면 확대: 공구 경로의 화면 확대 보기 ▶ 화면 축소: 공구 경로의 화면 축소 보기 ▶ 화면 보기: 공구 경로의 화면 전체 보기
+X -X ISO +Y -Y +Z -Z 뷰	▶ 공구 경로 보기 뷰 설정 기능 ▶ 선택한 아이콘 방향으로 공구 경로를 보여주며 밀링 에서만 활성화 됨

표 11.3 TURNING Center와 MACHINING Center 화면의 아이콘 리본바 기능

리본바	기 능
기계 설정 Ctrl+1 공구 설정 Ctrl+2 공작물 설정 Ctrl+3 NC 원점 설정 Ctrl+4 환경 설정 Ctrl+5	▶ 기계 설정: 컨트롤러, DNC 설정, NC 코드 소수점 처리 설정 ▶ 공구 설정: 공구 번호, 공구 종류 및 사양 설정 ▶ 공작물 설정: 공작물 형태 및 사이즈 설정 ▶ 원점 설정: 원점 설정 방법 및 위치 설정 ▶ 환경 설정: 충돌 검사, 시뮬레이션 효과, 기계 색상 설정
NC 새 NC Ctrl+N NC 열기 Ctrl+O NC 저장 Ctrl+S NC 다른이름으로 저장 최근 NC파일 ▶ 자동백업 가져오기 인쇄 인쇄설정	▶ NC 프로그램 작성, 저장 및 인쇄 ▶ 새 NC: CRT 화면의 프로그램이 사라지고, CRT 화면에서 새로운 프로그램을 작성
확대 축소 부분확대 전체보기 뷰방향 ▶ 기계 형상 표시 렌더링 모드 ▶ 창 ▶ 화면정렬	▶ 확대, 축소: 기계 윈도우 화면의 확대, 축소. (마우스 휠의 전, 후 회전으로 확대, 축소 가능) ▶ 부분 확대: 마우스 드래그 영역의 확대 ▶ 전체 보기: 기계 윈도우 영역의 전체 보기 ▶ 뷰 방향: 뷰 방향을 정면, 뒷면, 우측면, ISO 등으로 선택 ▶ 기계 윈도우 영역의 이동: 마우스 왼쪽 버튼을 클릭한 상태에서 좌·우·상·하 이동 ▶ 화면 정렬: 모든 레이아웃의 초기화
검증 검증 프로그램을 실행합니다.	▶ 가공 시뮬레이션 완료 후 검증 화면으로 전환하여 가공물의 치수를 검증
NC에디터 NC에디터를 실행합니다.	▶ CRT 화면의 NC 프로그램을 NC Editor 화면으로 전환

표 11.4 GV−CNC 팝업 메뉴(TURNING Center와 MACHINING Center Window 화면에서 마우스 우측 클릭)

리본바	기 능
공작물 재생성 공구경로 표시 기계 형상 표시 단면보기 부분확대 뷰방향 ▶ 가공 속도 (200%) ✓ 가공 속도 (100%) 가공 속도 (50%) 공작물 회전	▶ 공작물 재생성: 가공 시뮬레이션 작동이 중지된 상태에서 설정된 새 공작물 생성 ▶ 공구 경로 표시: 가공 시뮬레이션 완료 후 공구 경로가 표시 ▶ 기계 형상 표시: 공작물과 공구를 제외한 기계 형상의 표시 ▶ 단면보기: 공작물의 단면 보기 ▶ 부분 확대: 마우스 드래그 영역의 확대 ▶ 뷰 방향: 뷰 방향을 정면, 뒷면, 우측면, ISO 등으로 선택 ▶ 가공속도: 가공 시뮬레이션 속도를 조절 ▶ 공작물 회전: 고정된 공작물을 기준으로 터닝센터는 X축 방향으로, 머시닝 센터는 X, Y, Z축 방향으로 180° 회전

표 11.5 GV−CNC(TURNING Center, MACHINING Center) 화면 조작 방법

내 용	조작 방법
화면 크기 조절(Zoom in/out)	마우스 가운데 휠 전, 후 회전하기
화면 회전(Zoom Dynamic)	마우스 가운데 휠 클릭 상태에서 마우스 이동
화면 이동(Zoom Pan)	마우스 왼쪽 클릭 상태에서 마우스 이동 (Ctrl 키+마우스 휠 클릭 상태에서 마우스 이동)
전체 화면 보기(Zoom All)	아이콘 리본바-화면-전체 보기 클릭

11.2 CNC 선반 가공 프로그램 검증 따라하기

작업자는 CNC 선반을 이용하여 부품 도면을 가공하기 위한 수동 프로그램을 작성한 후 시뮬레이션 가공으로 프로그램에 이상이 없음을 검증한다.

(1) 바탕 화면의 GV-CNC 아이콘 을 더블 클릭하여 실행한다.

(2) 그림 11.1과 같이 GV-CNC가 활성화 되면 NC 프로그램 작성을 위해 NC Editor를 클릭한다.

(3) 그림 11.5 컨트롤러/기계 설정 화면이 나타난다. 컨트롤러 설정은 가장 많이 사용하는 Fanuc을, 기계 설정은 Turning을 선택한 후 확인을 클릭한다. "다음에 보지 않기"를 체크(☑)하면 NC Editor 클릭 시 컨트롤러/기계 설정 화면은 나타나지 않는다.

컨트롤러 / 기계 설정   ✕

컨트롤러 설정 :   Fanuc   ⌄

기계 설정 :   Turning   ⌄

☑ 다음에 보지 않기   확인

그림 11.5 컨트롤러/기계 설정 화면

(4) 도면의 치수와 가공 조건을 확인한다. 가공 조건 외에는 기계, 공작물, 공구의 특성을 고려하여 작업자 임의로 프로그램을 NC Editor에 작성한다. 컴퓨터에서 수동 프로그램을 작성할 때에는 엔터(Enter) 키(Key)가 세미콜론(;)을 대신하므로 블록 종료(EOB)를 위한 세미콜론(;)은 코딩(Coding)하지 않는다.

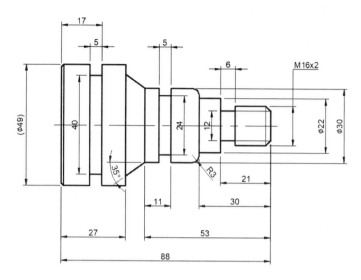

그림 11.6 도면

표 11.6 공구 및 가공 조건

순서	작업 내용	공구 종류	절삭 조건		공구 및 보정 번호	제2 원점 X150. Z100.
			절삭 속도 (m/min)	이송 속도 (mm/rev)		
1	외경 황삭	외경 황삭 바이트	120	0.2	T0101	공작물 재질 및 크기 S45C Ø49×90
3	외경 정삭	외경 정삭 바이트	150	0.1	T0303	
5	외경 홈	외경 홈 바이트 (폭 2mm)		0.08	T0505	
7	외경 나사	나사 바이트		2.0	T0707	

O0001
G30 U0. W0.
G50 X150. Z100. S2000 T0100
G96 S120 M03
G00 X54. Z0. T0101 M08
G01 X-2. F0.2
G00 G42 X54. Z2.
G71 U1. R0.5
G71 P10 Q20 U0.3 W0.2 F0.2
N10 G00 X12.
G01 Z0.
X16. Z-2.

```
Z-21.
X22.
Z-30.
X24.
G03  X30.  W-3.  R3.
G01  Z-53.
X40.  Z-61.
X49.
N20  Z-76.
G30  U0.  W0.  T0100  M09
M05
T0300
G00  X54.  Z2.  S150  M03  T0303
G70  P10  Q20  F0.1  M08
G30  U0.  W0.  T0300  M09
M05
T0500
G97  S500  M03
G00  X32.  Z-47.  T0505
G01  X24.  F0.08  M08
G04  P1000
G00  X32.
W2.
G01  X24.
G04  P1000
G00  X32.
Z-21.
X24.
G01  X12.
G04  P1000
G00  X18.
W3.
G01  X12.
G04  P1000
G00  X18.
G30  U0.  W0.  T0500  M09
M05
T0700
```

G97 S500 M03
G00 X18. Z2. T0707
G92 X15.4 Z-20. F2. M08
X14.9
X14.5
X14.22
X14.
X13.84
X13.72
X13.62
G30 U0. W0. T0700 M09
M05
M02

(5) 그림 11.7과 같이 NC Editor에 프로그램 작성을 완료한다.

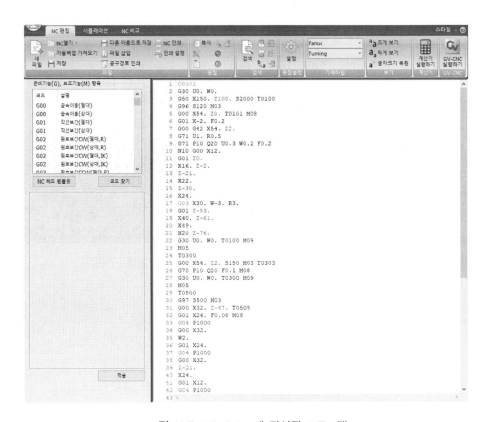

그림 11.7 NC Editor에 작성된 프로그램

(6) 공구 경로를 확인한다. TURNING Center 가공 시뮬레이션에서 검증이 가능하므로 생략할 수 있다.

① 시뮬레이션 탭에서 실행 등을 클릭하면 그림 11.8과 같이 공구 경로를 확인할 수 있다.
② 시뮬레이션 속도 조절을 이용하여 공구 경로 생성 속도를 조절할 수 있다.

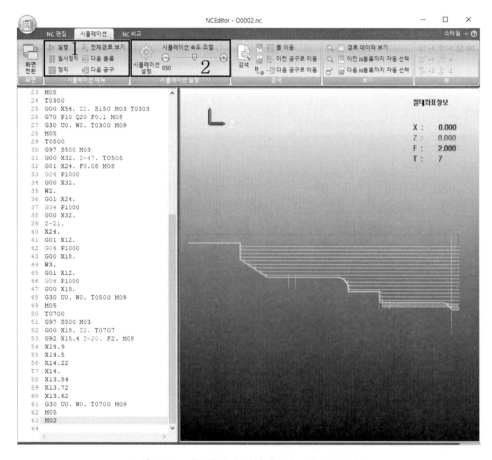

그림 11.8 시뮬레이션 실행 후 생성된 공구 경로

(7) 그림 11.7과 같이 NC 편집 탭을 선택한 후 우측 상단의 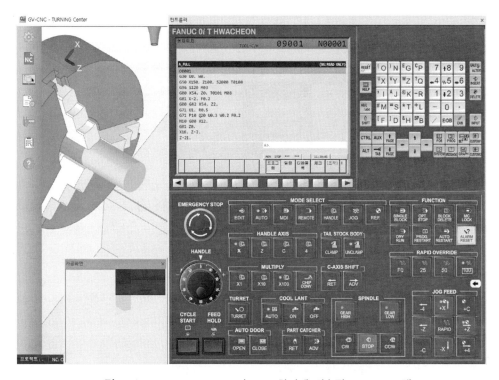를 클릭하여 TURNING
Center를 실행한다. 이때 기계타입으로 컨트롤러는 Fanuc, 기계는 Turning이 설
정되어 있어야 한다. NC Editor에서 작성한 프로그램이 그림 11.9와 같이
TURNING Center의 CRT 화면에 전송되어 나타난다.

그림 11.9 TURNING Center의 CRT 화면에 전송된 NC 프로그램

(8) 그림 11.9 좌측 상단의 아이콘 리본바에서 설정 아이콘 ⚙ 클릭 → 기계 설정을 클릭한다.

① 가공할 CNC 선반과 가장 적합한 컨트롤러를 선택한다(그림 11.10).

② 확인을 클릭한다.

그림 11.10 기계 설정 화면

(9) 표 11.6의 조건에 적합한 공구 번호와 종류를 설정한다.

① 공구 설정을 클릭한다(그림 11.11).

② 공구 리스트를 확인한다. 공구 리스트에 있는 공구 번호와 공구 종류는 좌측 하단의 추가, 제거, 초기화 등을 클릭하여 수정 또는 추가할 수 있다. 설정된 공구 번호와 공구 종류는 현재 국가 기술 자격 검정을 기준으로 하여 기본으로 설정된 것이다. 표 11.6의 공구 번호 및 종류와 일치하므로 그대로 적용한다.

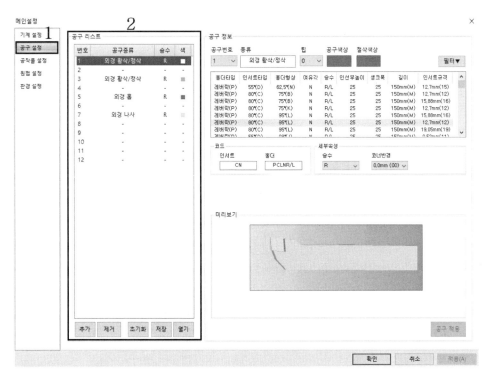

그림 11.11 공구 설정 화면

(10) 표 11.6의 조건에 적합한 공작물 형태와 사이즈를 설정하여 생성한다.

① 공작물 설정을 클릭한다(그림 11.12).

② 공작물의 클램핑 방법은 외부 클램핑/외부 스텝으로 선택한다.

③ 공작물 종류는 실린더로 선택한다.

④ 공작물의 사이즈 정보에서 공구 길이, 지름 그리고 물림 깊이를 설정한다.

⑤ 생성을 클릭한다. TURNING Center Window 화면에 공작물이 새롭게 생성되는 것을 확인할 수 있다

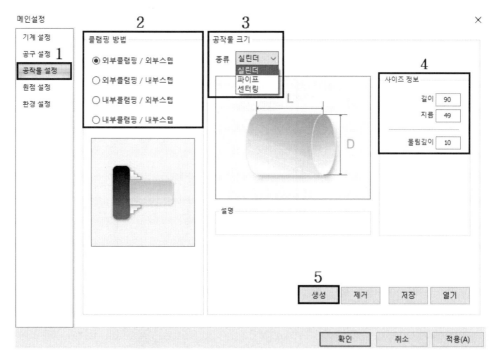

그림 11.12 공작물 설정 화면

(11) 공작물 원점 설정 방법과 원점의 위치를 설정한다(제2 원점 기능을 사용하는 경우에 해당함). 제2 원점 기능을 사용하지 않을 경우 (12)의 그림 11.14와 같이 설정할수 있다.

① 원점 설정을 클릭한다(그림 11.13).

② 원점 설정 방법을 G50으로 선택한다.

③ 프로그램 좌푯값의 기준이 되는 공작물 원점을 공작물의 우측 센터로 선택한다.

④ 제2 원점 설정은 표 11.6의 조건에 따라 공작물 원점인 기준 좌표를 기준으로 Z 방향 100.과 X 방향 150. 으로 설정한 후 G30 계산을 클릭한다.

⑤ G30의 좌푯값이 자동으로 설정된다. 이때 제2 원점의 좌푯값 설정은 GV-CNC의 TURNING Center에서 설정한 값이며, 제2 원점 기능을 사용할 경우 실제 CNC 선반에서 제2 원점의 위치를 반드시 설정해 주어야 한다.

⑥ 적용을 클릭한다.

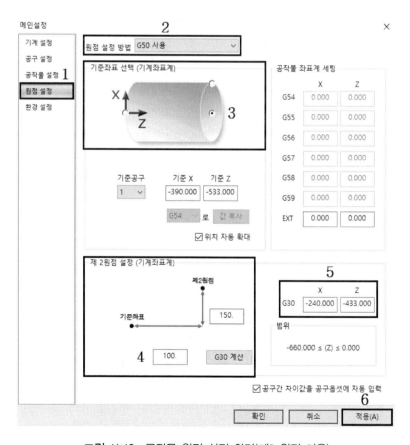

그림 11.13 공작물 원점 설정 화면(제2 원점 이용)

(12) 공작물 원점 설정 방법과 원점의 위치를 설정한다(제2 원점 기능을 사용하지 않는 경우에 해당함).

① 원점 설정을 클릭한다(그림 11.14).

② 원점 설정 방법을 G50으로 선택한다.

③ 프로그램 좌푯값의 기준이 되는 공작물 원점을 공작물의 우측 센터로 선택한다.

④ 이때 기준 공구에 대한 기준 좌푯값은 기계 원점을 기준으로 X-390. Z-533. 의 값이 생성되는데, 이 좌푯값을 이용하려면 수동 프로그램의 첫 번째 G30 U0. W0. 를 G28 U0. W0. 으로 수정하고 그 아래 블록의 G50 X150. Z100. 을 G50 X390. Z533. 으로 수정해야 한다. 이때 기계 좌푯값은 GV-CNC의 TURNING Center에서 설정한 값이며, 실제 CNC 선반에서의 기계 좌푯값과는 다르다는 것을 유의해야 한다.

⑤ 적용을 클릭한다. 참고로 기계에 따라 G54 기능을 이용하여 공작물 좌표계(공작물 원점)를 설정할 수도 있다.

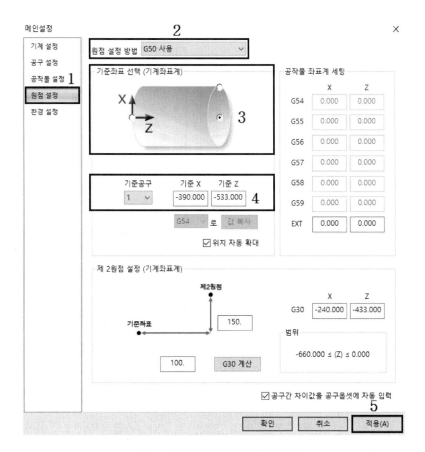

그림 11.14 공작물 원점 설정 화면

(13) 가공 환경을 설정한다. 프로그램 검증 결과와는 무관하므로 생략이 가능하다.

① 환경 설정을 클릭한다(그림 11.15).

② 절삭 칩 표시 등 시뮬레이션 효과를 추가 설정한다.

③ 적용을 클릭한다.

④ 모든 설정이 완료되면 확인을 클릭한다.

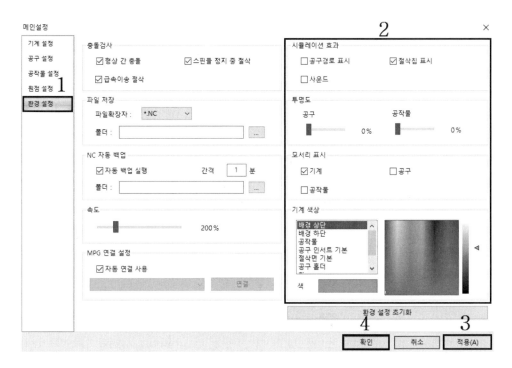

그림 11.15 가공 환경 설정 화면

(14) 가공 시뮬레이션 조건 설정을 위해 조작반의 키(Key)를 선택한다. 이때 CRT 화면
에서 커서의 위치는 프로그램의 가장 윗 블록에 있어야 한다.

① MODE SELECT(모드 선택)를 AUTO(자동)로 선택한다(그림 11.16). 초록색 점등.

② FUNCTION(기능)을 SINGLE BLOCK(싱글 블록)으로 선택한다. 초록색 점등.

③ CYCLE START(사이클 시작)를 클릭한다. SINGLE BLOCK이 선택되어 있으므로
CYCLE START를 클릭할 때마다 프로그램이 1블록씩 순차적으로 실행되어 가공
시뮬레이션이 작동하는 것을 확인할 수 있다. SINGLE BLOCK을 선택하지 않을 경
우에는 CYCLE START를 1회만 클릭 해 주면 프로그램이 순차적으로 자동 실행된
다.

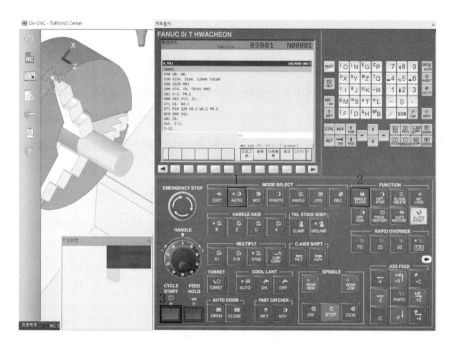

그림 11.16 TURNING Center 조작반 키(Key) 선택

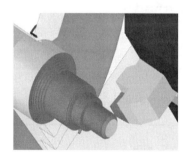

(a) 황삭 가공(황삭 사이클)

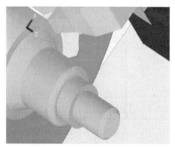

(b) 황삭→정삭 가공(정삭 사이클)

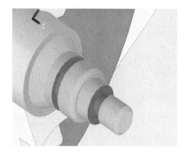

(c) 황삭→정삭→홈 가공

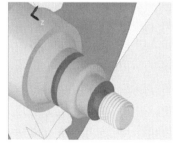

(d) 황삭→정삭→홈→나사 가공

그림 11.17 TURNING Center 가공 공정

(15) 가공 치수를 확인한다. TURNING Center의 아이콘 리본바에서 검증을 클릭한다.

① 수직, 수평 등 측정 방향을 먼저 클릭한 후 가공품에서 측정하고자 하는 포인트를 클릭하면 그림 11.18과 같이 가공된 부품의 치수를 확인할 수 있다.

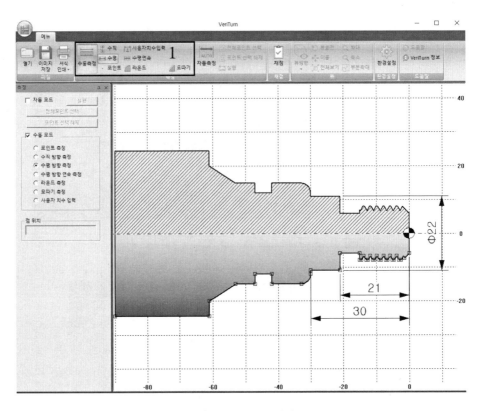

그림 11.18 검증 화면

11.3 머시닝 센터 가공 프로그램 검증 따라하기

작업자는 머시닝 센터를 이용하여 부품 도면을 가공하기 위한 프로그램을 작성한 후 시뮬레이션 가공으로 프로그램에 이상이 없음을 검증한다.

(1) 바탕 화면의 GV-CNC 아이콘 을 더블 클릭하여 실행한다.

(2) 그림 11.1과 같이 GV-CNC가 활성화되면 NC 프로그램 작성을 위해 NC Editor를 클릭한다.

(3) 그림 11.19 컨트롤러/기계 설정 화면이 나타난다. 컨트롤러 설정은 가장 많이 사용하는 Fanuc을, 기계 설정은 Milling을 선택한 후 확인을 클릭한다. "다음에 보지 않기"를 체크(☑)하면 NC Editor 클릭 시 컨트롤러/기계 설정 화면은 나타나지 않는다.

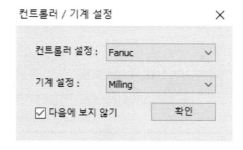

그림 11.19 컨트롤러/기계 설정 화면

(4) 도면의 치수와 가공 조건을 확인한다. 가공 조건 외에는 기계, 공작물, 공구의 특성을 고려하여 작업자 임의로 프로그램을 NC Editor에 작성한다. 컴퓨터에서 수동 프로그램을 작성할 때에는 엔터(Enter) 키(Key)가 세미콜론(;)을 대신하므로 블록 종료(EOB)를 위한 세미콜론(;)은 코딩(Coding)하지 않는다.

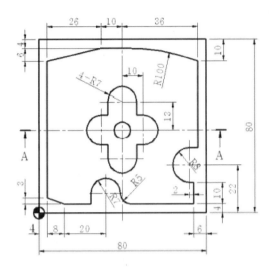

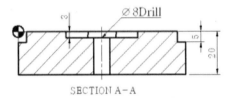

SECTION A-A

그림 11.20 도면

표 11.7 공구 및 가공 조건

순서	작업 내용	공구 종류	절삭 조건		보정 번호		공작물 재질 및 크기
			회전수 (rpm)	이송 속도 (mm/rev)	길이(H)	지름(D)	
1	윤곽 및 포켓 가공	플랫 엔드밀 ∅10	120	100	01	01	S45C 80×80×20
2	센터 작업	센터 드릴 ∅3	150	100	02		
3	구멍 작업	드릴 ∅8		50	03		

O0010

G40 G49 G80

T02 M06

G90 G54 G00 X40. Y40.

G43 Z2. H02 S1000 M03

G01 Z-3. F100 M08

M09

G49 G00 Z200. M19

T03 M06

G43 Z20. H03 S1000 M03

G83 G99 Z-25. R3. Q2000 F50 M08

G80 M09

G49 G00 Z200. M19

T01 M06

X-15. Y-15.

G43 Z20. H01 S1200 M03

Z-5.

G42 Y4. D01

G01 X76. F100 M08

Y76.

X4.

Y4.

X25.

Y9.

G02 X39. R7.

G03 X44. Y4. R5.

G01 X74.

Y14.

X72.

G02 Y30. R8.

G01 X76.

Y70.

G03 X40. Y76. R100.

G01 X30.

X4. Y70.

Y7.

X12. Y4.

X32.

G40 Y-15.

M09

G00 Z2.

X40. Y40.

G01 Z-3. F50 M08

G42 X33. D01

Y53.

G02 X47. R7.

G01 Y47.

X50.

G02 Y33. R7.

G01 X47.

Y27.

G02 X33. R7.

G01 Y33.

X30.

G02 Y47. R7.

G01 X40.

G40 Y40.

G49 G00 Z200. M09

M05

M02

(5) 그림 11.21과 같이 NC Editor에 프로그램 작성을 완료한다.

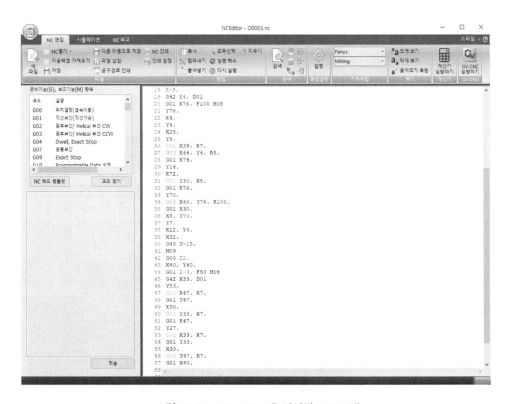

그림 11.21 NC Editor에 작성된 프로그램

(6) 공구 경로를 확인한다. MACHINING Center 가공 시뮬레이션에서 검증이 가능하므로 생략할 수 있다.

① 시뮬레이션 탭에서 실행 등을 클릭하면 그림 11.22와 같이 공구 경로를 확인할 수 있다.

② 시뮬레이션 속도 조절을 이용하여 공구 경로 생성 속도를 조절할 수 있다.

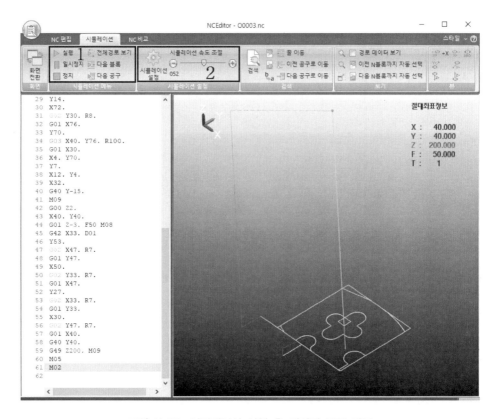

그림 11.22 시뮬레이션 실행 후 생성된 공구 경로

(7) 그림 11.21과 같이 NC 편집 탭을 선택한 후 우측 상단의 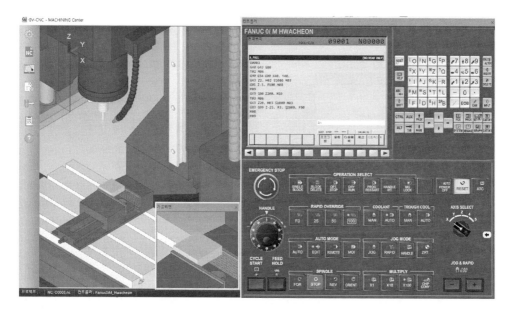를 클릭하여 MACHINING Center를 실행한다. 이때 기계 타입으로 컨트롤러는 Fanuc, 기계는 MACHINING Center가 설정되어 있어야 한다. NC Editor에서 작성한 프로그램이 그림 11.23과 같이 MACHINING Center의 CRT 화면에 전송되어 나타난다.

그림 11.23 MACHINING Center의 CRT 화면에 전송된 NC 프로그램

(8) 그림 11.23 좌측 상단의 아이콘 리본바에서 설정 아이콘 ⚙ 클릭→기계 설정을 클
릭한다.

① 가공할 머시닝 센터와 가장 적합한 컨트롤러를 선택한다(그림 11.24).

② 확인을 클릭한다.

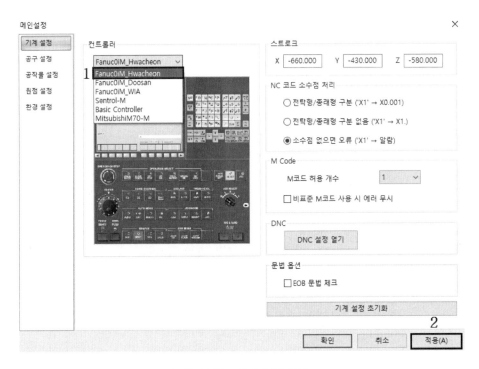

그림 11.24 기계 설정 화면

(9) 표 11.7의 조건에 적합한 공구 번호와 종류를 설정한다.

① 공구 설정을 클릭한다(그림 11.25). 공구 리스트에 있는 공구 번호와 공구 종류는 좌측 하단의 추가, 제거, 초기화 등을 클릭하여 수정 또는 추가할 수 있다. 표 11.7의 공구 번호와 종류에 적합하게 수정하도록 하겠다.

② 공구 리스트의 1번 공구를 클릭한다.

③ 제거를 클릭한다. 그림 11.26과 같이 1번 공구가 삭제된다.

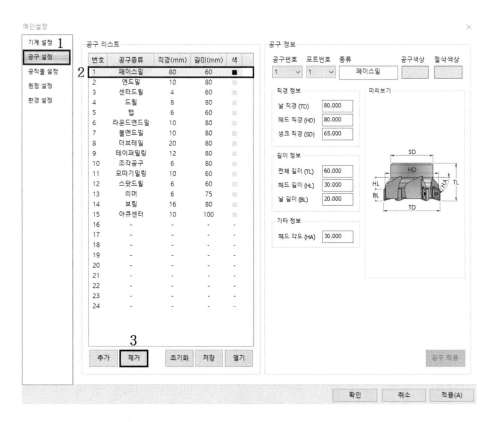

그림 11.25 공구 설정 화면(초기화 화면)

(10) 공구 번호에 적합한 공구를 생성한다.

① 표 11.7에서 1번 공구는 플랫 엔드밀(∅10)이므로 엔드밀 공구를 클릭한다(그림 11.26).

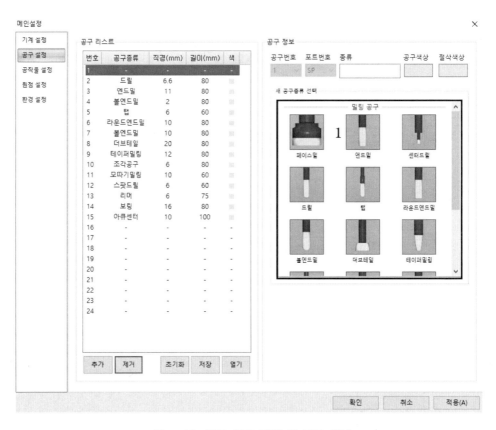

그림 11.26 공구 설정 화면(1번 공구 생성)

(11) 공구 직경을 수정한 후 적용을 한다.

① 날 직경을 10으로 수정한다(그림 11.27).

② 공구 적용을 클릭한다.

③ 공구 리스트에서 1번 공구의 종류는 엔드밀, 직경은 10mm로 변경된 것을 확인할 수 있다. 필요할 경우 공구의 다른 치수 변경도 가능하다. 동일한 방법으로 2번 공구는 센터 드릴(∅3), 3번 공구는 드릴(∅8)로 변경한다.

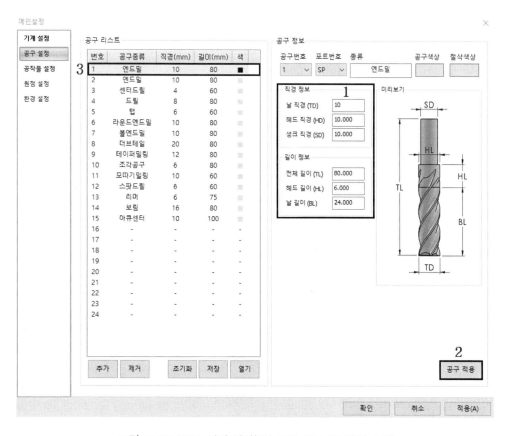

그림 11.27 공구 설정 화면(1번 공구 종류 및 직경 수정)

(12) 표 11.7의 조건에 적합한 공구 변경을 확인한다.

① 1, 2, 3번 공구가 모두 변경된 것을 확인한다.

② 적용을 클릭한다.

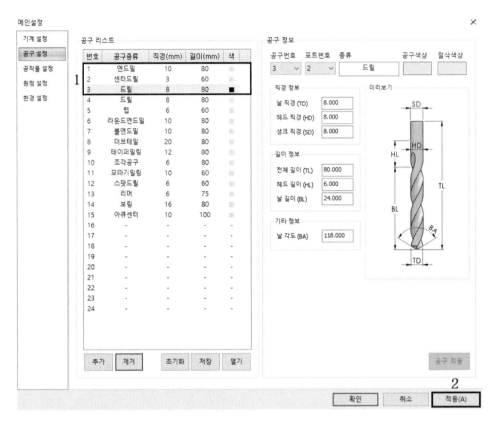

그림 11.28 공구 설정 화면(표 11.6의 조건에 적합한 공구 변경)

(13) 표 11.7의 조건에 적합한 공작물 형태와 크기를 설정하여 생성한다.

① 공작물 설정을 클릭한다(그림 11.29).

② 공작물의 형태(직육면체)를 선택하고 크기(80×80×20)를 수정한다.

③ 생성을 클릭한다. MACHINING Center Window 화면에 공작물이 새롭게 생성되는 것을 확인할 수 있다.

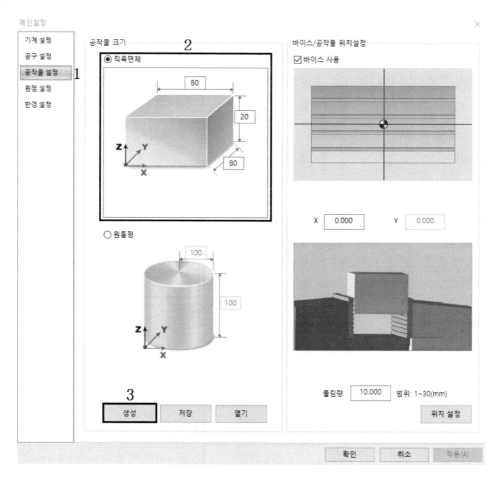

그림 11.29 공작물 설정 화면

(14) 공작물 원점 설정 방법과 원점의 위치를 설정한다.

① 원점 설정을 클릭한다(그림 11.30).

② 원점 설정 방법을 G54~G59 사용으로 선택한다.

③ 프로그램 좌푯값의 기준이 되는 공작물 원점은 좌측 상단 모서리로 클릭한다. MACHINING Center Window 화면의 공작물 원점에 점이 생성된다.

④ 좌푯값이 변경된다. 이때 좌푯값은 공구가 공작물 원점에 있을 때의 기계 좌푯값이다.

⑤ G54로 값 복사를 클릭한다.

⑥ 공작물 좌표계 세팅의 G54 좌푯값으로 복사된 것을 확인할 수 있다. 이때 좌푯값은 GV-CNC의 MACHINING Center에서 설정한 값일 뿐, 실제 머시닝 센터에서는 공작물 위치에 따라 기계 좌푯값을 확인하여 옵셋 화면의 G54에 재설정해야 한다.

⑦ 적용을 클릭한다. G92 기능을 이용하여 공작물 좌표계(공작물 원점)를 설정할 수도 있다.

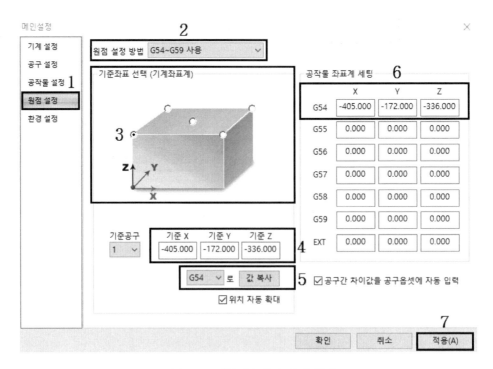

그림 11.30 공작물 원점 설정 화면

(15) 가공 환경을 설정한다. 프로그램 검증 결과와는 무관하므로 생략이 가능하다.

① 환경 설정을 클릭한다(그림 11.31).

② 절삭 칩 표시 등 시뮬레이션 효과를 추가 설정한다.

③ 적용을 클릭한다.

④ 모든 설정이 완료되면 확인을 클릭한다.

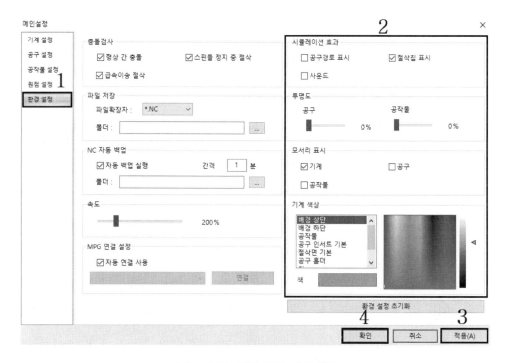

그림 11.31 가공 환경 설정 화면

(16) 가공 시뮬레이션 조건 설정을 위해 조작반의 키(Key)를 선택한다. 이때 CRT 화면
에서 커서의 위치는 프로그램의 가장 윗 블록에 있어야 한다.

① MODE(모드)는 AUTO(자동)로 선택한다(그림 11.32). 초록색 점등.

② OPERATION SELECT는 SINGLE BLOCK(싱글 블록)으로 선택한다. 초록색 점등.

③ CYCLE START(사이클 시작)를 클릭한다. SINGLE BLOCK이 선택되어 있으므로
CYCLE START를 클릭할 때마다 프로그램이 1블록씩 순차적으로 실행되어 가공
시뮬레이션이 작동하는 것을 확인할 수 있다. SINGLE BLOCK을 선택하지 않을 경
우에는 CYCLE START를 1회만 클릭 해 주면 프로그램이 순차적으로 자동 실행된
다.

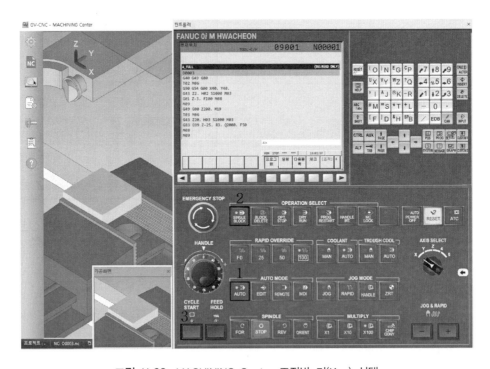

그림 11.32 MACHINING Center 조작반 키(Key) 선택

그림 11.33 MACHINING Center 가공

(17) 가공 치수를 확인한다. MACHINING Center의 아이콘 리본바에서 검증을 클릭한다.

① 수직, 수평 등 측정 방향을 먼저 클릭한 후 가공품에서 측정하고자 하는 포인트를
클릭하면 그림 11.34와 같이 가공된 부품의 치수를 확인할 수 있다.

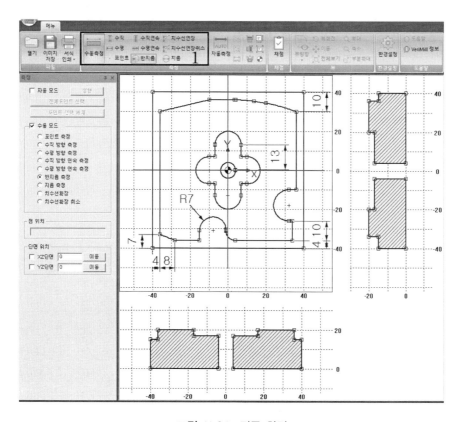

그림 11.34 검증 화면

12

CNC 선반과 머시닝 센터 조작

12.1 주조작 패널의 주요 기능

CNC 공작기계를 조작할 때 필요한 키 버튼이 패널 형태에 모여 있다. 주조작 패널의
키 버튼 위치는 제조사 및 기종에 따라 차이가 있다.

그림 12.1 CNC 선반 주조작 패널

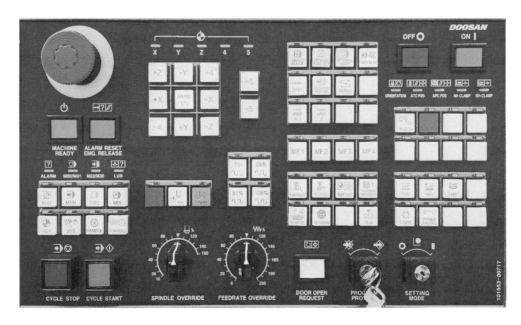

그림 12.2 머시닝 센터 주조작 패널

1 비상 정지 스위치

공구와의 충돌 등 기계에 위험한 상황이 발생할 경우 비상 정지 스위치를 눌러 기계의 운전을 정지시킬 수 있다. 눌러진 스위치를 우측으로 회전시키면 해제된다.

그림 12.3 비상 정지 스위치

2 모드 선택 키 버튼

기계의 조작 형태를 선택하는 기능이다.

그림 12.4 키 버튼 타입의 모드 선택

그림 12.5 로터리 스위치 타입의 모드 선택

(1) EDIT(편집)

수동 NC 프로그램을 작성하거나 프로그램의 편집을 할 수 있으며, PC 또는 USB에 저장된 NC 프로그램을 CNC 공작기계에 전송하여 입력시키는 기능을 할 수 있다. 입력된 프로그램은 기계에 자동 저장된다.

(2) MEM(자동)

저장된 NC 프로그램을 이용하여 가공하기 위한 기능이다. 기종에 따라 AUTO로 표기되기도 한다.

(3) TAPE(테이프)

외부 장치를 사용한 프로그램 입력과 실행을 할 수 있다.

(4) MDI(반자동)

NC 프로그램의 저장이 없이 주축 회전, 공구 교환 등 단순한 NC 프로그램을 지령할 때 사용한다.

(5) REF(원점 복귀)

공구를 수동 원점 복귀시키는 기능이다.

(6) JOG(조그)

각종 키 버튼을 이용한 수동 운전으로 기계를 조작할 때 사용한다.

(7) HANDLE(핸들)

핸들(MPG, 수동 펄스 발생기)을 사용하여 공구를 X, Y, Z(CNC 선반에서는 X, Z) 축 방향으로 이송시킬 때 사용하는 기능이다. 작업자는 먼저 핸들 모드를 선택하고 이송하고자 하는 좌표축을 선택한 후에 핸들을 회전 방향(+, -)으로 회전시키면 공구를 이송시킬 수 있다. 주로 CNC 선반의 경우 별도의 핸들 모드 없이 기종에 따라 축 선택 후 바로 핸들을 조작할 수도 있다. 원점 복귀 상태에서는 핸들을 + 방향으로 회전시키면 경보(Alarm)가 발생하므로 유의해야 한다.

축 선택 및 펄스 조절 스위치

그림 12.6   CNC 선반의 핸들   그림 12.7   머시닝 센터의 핸들

(8) CHA/MAG

매거진 수동 회전 기능이다. 기종에 따라 기능이 없는 경우도 있다.

3 프로그램 실행/정지

작업자가 "CYCLE START" 키 버튼을 누르면 점등 및 프로그램 실행이 시작되고 "CYCLE STOP(또는 FEED HOLD)" 키 버튼을 누르면 프로그램 실행이 정지되는 기능이다.

그림 12.8 CYCLE STOP과 CYCLE START

4 로터리 스위치

스핀들(spindle)과 이송 속도(feedrate)의 속도비를 조절할 수 있는 스위치이다. 예를 들어 NC 프로그램에 F100으로 지령되었을 때 이송 속도 로터리 스위치를 80%로 설정하면 F80으로 운전된다. 기계 운전 중에도 로터리 스위치 조작이 가능하다. 단, 탭핑 작업시에는 무시된다.

그림 12.9 스핀들 회전수와 이송 속도 로터리 스위치

5 급속 이송비 선택

급속 이송의 속도를 비율로 조절할 수 있다. 작업자가 "F0" 키 버튼을 눌렀을 경우 400mm/min로 이송한다(FANUC 기준).

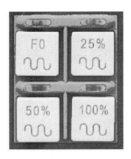

그림 12.10 급속 이송비 선택 키 버튼

6 주축 기능 선택

그림 12.11 주축 기능 선택 키 버튼

(1) STOP

주축의 회전이 정지되면 STOP에 램프 점등이 된다.

(2) ON

주축이 회전하면 ON에 램프 점등이 된다.

(3) START

START를 선택(램프 점등)한 경우 주축을 MDI 모드에서 지령된 방향으로 회전시키는 기능이다.

7 다양한 선택 키 버튼

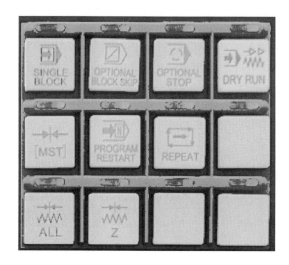

그림 12.12 다양한 선택 키 버튼

(1) SINGLE BLOCK(싱글 블록)

NC 프로그램을 1개 블록씩 실행시킬 때 사용하는 기능이다. 싱글 블록을 선택(램프 점등)한 경우 "CYCLE START" 키 버튼을 누르면 NC 프로그램이 1개 블록 실행된 후 운전이 정지된다. 계속해서 다음 블록을 실행시킬 때에는 "CYCLE START" 키 버튼을 눌러야 한다. 싱글 블록이 해제된 경우에는 "CYCLE START" 키 버튼을 1회만 누르면 NC 프로그램이 연속적으로 실행이 된다.

(2) OPTIONAL BLOCK SKIP(선택 블록 스킵)

OPTIONAL BLOCK SKIP을 선택(램프 점등)한 경우 NC 프로그램이 자동운전 중에 "/" 으로 시작되는 블록을 건너 뛰고 실행한다.

(3) OPTIONAL STOP(선택 정지)

OPTIONAL STOP을 선택(램프 점등)한 경우 NC 프로그램이 자동운전 중에 M01 기능을 사용하여 프로그램을 일시적으로 정지시키는 기능이다. 즉, NC 프로그램에서 M01이 있으면 운전이 일시적으로 정지되며 "CYCLE START" 키 버튼을 누르면 계속해서 실행된다.

(4) DRY RUN(드라이 런)

NC 프로그램을 시험할 때에 급속 및 절삭 이송 속도를 변경시키는 기능이다.

(5) MST(M.S.T)

M, S, T 기능을 실행하지 않고 축 이송만을 실행하는 기능이다.

(6) PROGRAM RESTART(프로그램 재시작)

비정상적인 전원 차단 또는 비상 정지 등으로 기계 정지 상태인 경우, NC 프로그램을 재시작시키는 기능이다. PROGRAM RESTART를 선택(램프 점등)한 경우 중단된 블록을 기억한다.

(7) REPEAT(반복 운전)

REPEAT를 선택(램프 점등)한 경우, 자동 운전 중에 M02를 만나면 NC 프로그램의 처음으로 돌아가 다시 NC 프로그램을 실행한다.

(8) ALL

머신 록 선택(MACHINE LOCK SELECTION) 기능으로서 모든 축 방향의 이송 잠금 기능이다.

(9) Z

머신 록 선택(MACHINE LOCK SELECTION) 기능으로서 Z 축 방향의 이송 잠금 기능이다. ALL, Z와 같은 머신 록 기능을 사용한 후에는 원점 복귀 기능을 수행하여야 한다.

8 FLOOD COOLANT SELECTION(절삭유 선택)

절삭유 장치의 작동 유형을 선택하는 기능이다. FLOOD를 선택(램프 점등)한 경우 절삭유가 계속 공급된다. 점등이 꺼져 있는 경우 기능 무시(M09) 상태이다. 램프 점멸 상태에서는 절삭유 지령이 일시 중지된다. 절삭유는 전면 도어가 닫힌 상태에서 공급된다.

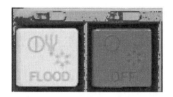

그림 12.13 절삭유 선택 키 버튼

9 CONVEYOR SELECTION(컨베이어 선택)

컨베이어의 동작을 선택하는 기능이다.

그림 12.14 컨베이어 선택 키 버튼

(1) FWD

FWD를 선택(램프 점등)한 경우 정방향으로 스크루 컨베이어가 작동한다.

(2) REV

REV를 선택(램프 점등)한 경우 역방향으로 스크루 컨베이어가 작동한다.

(3) CHIP

CHIP을 선택(램프 점등)한 경우 칩 컨베이어(CHIP CONVEYOR)가 작동한다.

(4) LIGHT(작업등)

LIGHT를 선택(램프 점등)한 경우 기계 내부의 작업등이 점등이 된다.

(5) POWER SAVING(전원 절약)

POWER SAVING을 선택(램프 점등)한 경우 4분 이상 기계의 조작이 없거나 정지 상태에서 전원 절약 기능이 시작된다.

❿ 옵션 등 기타

그림 12.15 머시닝 센터의 기타 키 버튼

(1) MF1~MF4

여러 개의 유압 라인이 있는 경우 개별 작동시킬 때 사용하는 것으로 치구 라인 수동 조작기능 옵션이다.

(2) TOOL MANAGEMENT(공구 정보표)

T-MANAGE를 선택(램프 점등)한 경우 공구 정보 화면으로 전환한다.

(3) TOOL LOAD MONITOR(공구 부하 화면)

T-LOAD를 선택(램프 점등)한 경우 공구 부하 화면으로 전환한다.

(4) TAPPING RETRACT(탭핑 취소)

TAPPING RETRACT이 선택(램프 점등)된 경우 탭핑 중 중지된 Z 축의 역방향으로 스핀들을 회전시켜 빼내는 기능이 가능하다.

(5) MACHINE MOVING FOR SETUP(기계 이동 화면 전환)

M-MOVE를 선택(램프 점등)한 경우 기계 이동 화면으로 전환한다.

(6) WORK OFFSET SETTING(워크 좌표계 화면 전환)

W-ORIGIN을 선택(램프 점등)한 경우 워크 좌표계로 전환한다.

11 프로그램 보호 키

(1) SETTING MODE

① ⊙을 선택 후 오퍼레이션 도어가 열려 있는 경우 스핀들 운전과 축 이송이 불가능하다.

② ▮을 선택 후 오퍼레이션 도어가 열려 있는 경우 스핀들 운전 50rpm, 수동 축 이송은 가능하다. ◐

(2) PROGRAM PROTECT

① ▨을 선택 후 NC 데이터 입력 및 편집이 불가능하다.
② ◈을 선택 후 NC 데이터 입력 및 편집이 가능하다.

그림 12.16 세팅 모드 및 프로그램 보호 스위치

12.2 CNC 선반 조작

작업자가 작성한 NC 프로그램을 이용하여 부품을 가공하기 위해서는 전송 장치를 이용하여 CNC 공작기계에 저장하여야 한다. NC 프로그램 작성시 작업자가 지정한 공작물 원점을 CNC 공작기계에서도 동일한 위치로 설정해야 하며 공구 보정(공구 길이 보정, 인선 반경 보정) 설정을 모두 완료한 후 작업자는 저장된 NC 프로그램을 이용하여 자동 모드에서 부품 가공을 시작할 수 있다.

1 기계 운전 준비하기

(1) 전원 공급

기계 뒤편에 있는 그림 12.17의 N.F.B 스위치를 ON 방향으로 회전시킨다. N.F.B 스위치는 전원 공급/차단 및 과전원 방지 등의 기능을 한다.

그림 12.17 N.F.B 스위치

(2) 기계 전원 ON

배전반(주조작 패널) 전원 ON(초록색) 버튼을 누르면 점등이 된다. CRT 화면이 켜지고 윤활 펌프 및 기계 뒤편의 강전반 환풍기가 작동된다.

그림 12.18 전원 ON/OFF

(3) MACHINE READY(기계 준비)

① MACHINE READY 버튼을 누르면 점등이 되고 기계 운전 준비 상태가 된다. MACHINE READY 버튼이 있는 경우 작업자는 반드시 버튼을 누른 후에 기계 조작과 운전을 할 수 있다. 기종에 따라 기능이 생략되기도 한다.

② ALARM RESET EMG. RELEASE 버튼은 축이 이송 영역을 초과한 경우 이송 영역 안으로 복귀시킬 때 사용한다.

그림 12.19 기계 준비 및 비상 해제 버튼

② 원점(기계 원점) 복귀하기

(1) 작업자는 본격적인 기계 조작을 시작하기에 앞서 원점 복귀를 먼저 해야 한다. 원점 복귀가 완료되면 CNC 선반의 터릿(공구대)이 기계 원점의 위치로 이송하며 이후에 기계 좌표를 인식한다.

(2) 작업자는 공작물과 충돌 예방 등 기계의 안전을 위해 X 축 방향부터 원점 복귀를 해야 한다. 원점 복귀 모드 선택 후 그림 12.19와 같은 수동 이송 축 선택 키 버튼에서 "X" 키 버튼을 누르면 X 축 방향 원점 복귀가 완료되고 X 축 램프가 점등된다.

(3) "Z" 키 버튼을 눌러 원점 복귀를 완료하면 X, Z 축 램프가 모두 점등이 된다.

(4) 원점 복귀가 모두 완료되면 기계 좌푯값은 모두 0(Zero)가 됨을 확인할 수 있다.

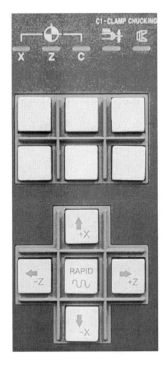

그림 12.20 수동 이송 축 선택 키 버튼

3 공작물 원점 설정하기

공작물 좌표계라고도 하는 공작물 원점을 설정하기 위해 G50 기능을 사용한다. 공작물 원점은 작업자가 NC 프로그램을 작성할 때 기준이 되는 지점이다.

(1) 1번 공구로 교환

1번 공구(황삭 바이트)로 교환하여 임의의 회전수로 회전시킨다. 편의상 1번 공구를 기준 공구로 설명한다.

① 반자동 모드를 선택한다.
② "PROG" 키 버튼을 눌러 CRT 화면에 프로그램 창이 나타나게 한다.
③ T0100 입력 "EOB" 키 버튼을 누른 후 "INSERT" 키 버튼을 눌러 T0100; 을 프로그램 창에 입력시킨다.
④ "CYCLE START" 버튼을 눌러 실행시키면 1번 공구로 교환한다.

(2) 공작물 회전

① S1000 M03 입력, "EOB" 키 버튼을 누른 후 "INSERT" 키 버튼을 눌러 S1000 M03; 을 프로그램 창에 입력시킨다.

② "CYCLE START" 버튼을 눌러 실행시키면 공작물이 1000rpm으로 회전한다.

(2) 단면 절삭

① 핸들 모드를 선택한다.

② 핸들 조작으로 그림 12. 21과 같이 바이트를 사용하여 공작물의 단면 절삭을 한 후 X 방향으로 이송하여 그림 12. 22와 같이 바이트를 공작물로부터 도피시킨다.

그림 12.21 단면 절삭 　　　　　그림 12.22 단면 절삭 후 바이트 X 축 이송

(3) 상대 좌표 W를 0(zero)으로 설정

① "POS" 키 버튼을 눌러 좌표계가 CRT 화면에 나타나게 한다.

② "W" 키 버튼을 누른다. 상대 좌표 W가 깜박이는 것을 확인한다,

③ "오리진(ORIGIN)" 소프트 버튼을 누른다.

④ "실행" 소프트 버튼을 누른다(기종에 따라 생략이 가능).

⑤ 그림 12.23과 같이 상대 좌표 W가 0(Zero)이 됨을 확인한다.

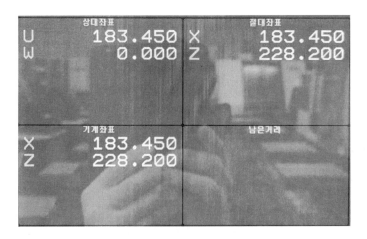

그림 12.23   상대 좌표 W의 0(Zero) 설정

(4) Z 방향 이송으로 공작물 원통 가공

① 핸들 조작으로 그림 12. 24와 같이 바이트를 사용하여 공작물의 원통 절삭을 한 후 Z 방향으로 이송하여 그림 12. 25와 같이 바이트를 공작물로부터 도피시킨다.

② 공작물 회전을 중지하고 가공된 원통면의 지름을 측정(⌀60으로 가정)한다.

그림 12.24 원통 절삭   **그림 12.25** 원통 절삭 후 바이트 Z 축 이송

(5) 상대 좌표 U를 0(zero)으로 설정

① "U" 키 버튼을 누른다. 상대 좌표 U가 깜박이는 것을 확인한다,

② "오리진(ORIGIN)" 소프트 버튼을 누른다.

③ "실행" 소프트 버튼을 누른다(기종에 따라 생략이 가능).

④ 그림 12.26과 같이 상대 좌표 U가 0(Zero)이 됨을 확인한다.

그림 12.26 상대 좌표 U의 0(Zero) 설정

(6) 상대 좌표 U, W를 모두 0(zero)의 위치로 이송

① 핸들 조작으로 그림 12.27과 같이 상대 좌표 U, W가 모두 0(zero)이 되도록 공구를 이송한다. 그림 12.28과 같이 바이트의 선단부가 공작물 모서리에 위치한 것을 확인할 수 있다.

② 앞에서 공작물 지름을 ∅60으로 측정하였다.

그림 12.27 상대 좌표 U, W 모두 0(Zero)

그림 12.28 과 같이 바이트의 선단부가 공작물 모서리 위치

(7) 공작물 원점 설정

① 반자동 모드에서 RPOG 키 버튼을 눌러 프로그램 창이 나타나는 것을 확인한다.

② G50 X60. Z0. 입력, "EOB" 키 버튼을 누른 후 "INSERT" 키 버튼을 눌러 G50

X60. Z0.; 을 프로그램 창에 입력시킨다.

③ "CYCLE START" 버튼을 눌러 실행시킨다. 그림 12.29와 같이 절대 좌표 X60. Z0.
으로 변환되는 것을 확인한다.

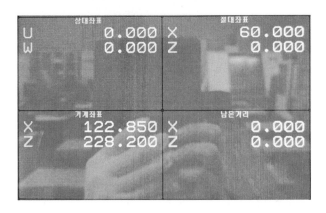

그림 12.29 절대 좌표 X60. Z0.으로 변환

4 공구 보정량 설정하기

부품 가공에 사용하는 바이트는 그 길이가 모두 다르고 선단의 인선 반경에 차이가 있
을 수 있다. 그러므로 작업자는 기준 공구를 정하고 기준 공구에 대하여 다른 공구와의
길이 차이를 기계에 보정량으로 입력하여 설정하여야 한다. 공구 길이 보정량 설정은 X,
Z 방향의 길이 차이를 각각 보정량으로 설정하여야 한다. 공구를 교환한 후 공구 길이 보
정 지령을 하면 설정된 보정량만큼 X, Z 방향으로 가감하여 공구가 이송하므로 보정량을
정확하게 설정하는 것은 매우 중요하다. 바이트가 회전하는 공작물을 터치하고 이때의 상
대 좌푯값을 길이 보정량으로 설정하는 간이 측정 방식을 설명하도록 하겠다.

(1) 공구 교환

앞에서 1번 공구(황삭 바이트)는 기준 공구로 하였으므로 X, Z 방향의 길이 보정량이
0(zero)이다. 공구 길이 보정을 위해 3번 공구(정삭 바이트)로 교환한다.

① "반자동 모드" 상태에서 "PROG" 키 버튼을 눌러 CRT 화면에 프로그램 창이 나타
나는 것을 확인한다.

② T0300 입력, "EOB" 키 버튼을 누른 후 "INSERT" 키 버튼을 눌러 T0300; 을 프로

그램 창에 입력시킨다.

③ "CYCLE START" 버튼을 눌러 실행시키면 3번 공구로 교환한다.

(2) 공작물 회전

반자동 모드에서 공작물을 임의의 회전수로 회전시킨다.

① 프로그램 창에 S1000 M03 입력, "EOB" 키 버튼을 누른 후 "INSERT" 키 버튼을 눌러 S1000 M03; 을 프로그램 창에 입력시킨다.

② "CYCLE START" 버튼을 눌러 실행시키면 공작물이 1000rpm으로 회전한다.

(3) X 방향의 길이 보정량 입력

① 핸들 모드를 선택한다. 공작물 회전이 정지되면 핸들 모드에서 다시 공작물을 회전 시키면 바로 직전의 회전수 조건으로 회전한다. 공작물 핸들 모드가 없는 기종의 경 우 2)로 이동한다.

② 주조작 패널에서 "X" 키 버튼을 누른 후 핸들 조작으로 바이트를 X 방향으로 이송 하여 그림 12.30과 같이 회전 중인 공작물의 원통면에 터치한 후 그림 12.31과 같이 Z 방향으로 이송하여 공구를 공작물로부터 도피시킨다.

그림 12.30 바이트의 원통면 터치   **그림 12.31** 바이트의 Z 방향 도피

③ "OFSSET(옵셋)" 키 버튼을 누른다. CRT 화면의 옵셋 화면에서 "형상" 소프트 키 (마모 소프트 키 아님)를 선택한다.

④ 방향 키 버튼을 이용하여 3번 공구의 X 방향 길이 보정량 입력 위치로 커서를 이동 한다

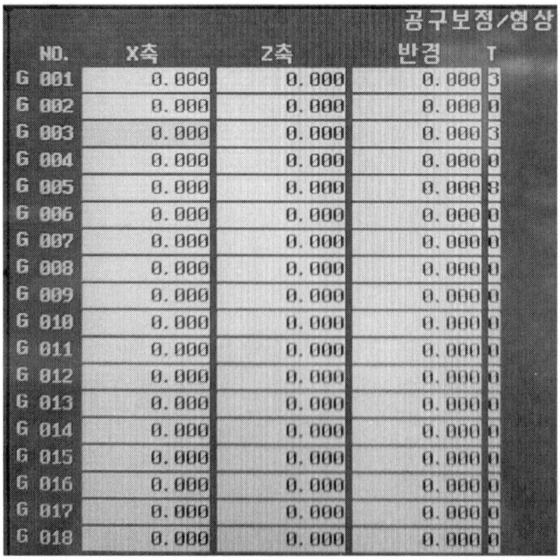

그림 12.32 보정량 입력 화면

⑤ "X "키 버튼을 누른 후 CRT 화면에서 "C 입력" 소프트 키를 누른다. 상대 좌표 U 값이 보정량으로 입력이 된다. 길이 보정량이 + 인 경우에는 터릿(공구대)에 고정된 기준 공구(1번 공구)보다 입력된 보정량만큼 X 방향 길이가 더 길다는 의미이다.

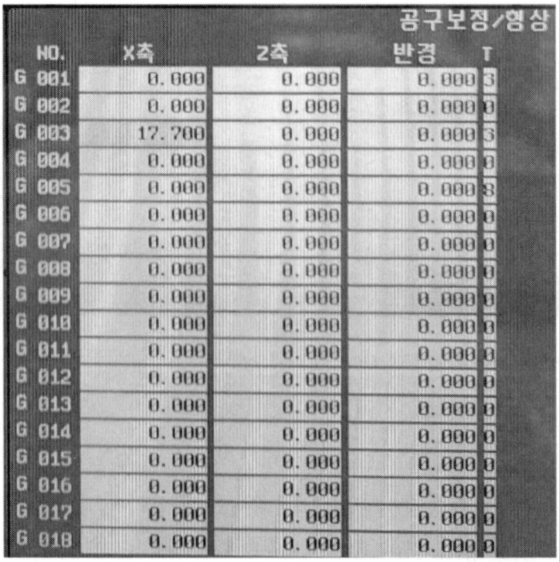

그림 12.33 X 방향 공구 길이 보정량 입력

(4) Z 방향의 길이 보정량 입력

① 핸들 조작으로 바이트를 Z 방향으로 이송하여 그림 12.34와 같이 단면에 터치한 후 그림 12.35와 같이 공구를 X 방향으로 이송하여 공구를 공작물로부터 도피시킨다.

그림 12.34 바이트의 단면 터치

그림 12.35 바이트의 X 방향 도피

② 편집 키 버튼 중 "OFSSET(옵셋)"을 누른다. CRT 화면에서 옵셋 소프트 버튼이 눌러져 있어야 한다.

③ 방향 키 버튼을 이용하여 3번 공구의 Z 방향 길이 보정량 입력 위치로 커서를 이동한다.

그림 12.36 X 방향 공구 길이 보정량 입력

④ "Z "키 버튼을 누른 후 CRT 화면에서 "C 입력" 소프트 키를 누른다. 상대 좌표 Z 값이 보정량으로 입력이 된다. 길이 보정량이 + 인 경우에는 터릿(공구대)에 고정된 기준 공구(1번 공구)보다 입력된 보정량만큼 Z 방향 길이가 더 길다는 의미이다. 다른 공구들도 이와 같은 방법으로 길이 보정량 설정을 할 수 있다.

(5) 공구 인선 반경 보정량 설정

공구의 인선 반경은 공작물의 재질과 공구의 재질에 따라 작업자가 결정한다. 일반적으로 R0.4~1.2의 값을 많이 사용하고 있다. 공구의 인선 반경 보정은 황삭과 정삭 바이트를 사용하여 테이퍼 또는 원호 가공을 하는 경우에 적용된다. 그러므로 인선 반경 보정 지령을 하기 전에 반드시 인선 반경값을 보정량으로 입력하여 설정하는 것은 매우 중요하다.

① 편집 키 버튼 중 "OFSSET(옵셋)"을 누른다. CRT 화면에서 옵셋 소프트 버튼이 눌러져 있어야 한다.

② 그림 12.37과 같이 OFSSET(보정) 화면에서 방향 키 버튼을 이용하여 1번 공구의 인선 반경 보정량 입력 위치로 커서를 이동시킨다.

③ 인선 반경값이 0.8인 경우 0.8 입력 후 "INPUT" 키 버튼을 누르면 그림 12.37과 같이 수정된다. 다른 공구도 이와 같은 방법으로 인선 반경값을 설정할 수 있다.

NO.	X축	Z축	반경	T
G 001	0.000	0.000	0.800	3
G 002	0.000	0.000	0.000	0
G 003	17.700	0.200	0.000	3
G 004	0.000	0.000	0.000	0
G 005	0.000	0.000	0.000	3
G 006	0.000	0.000	0.000	0
G 007	0.000	0.000	0.000	0
G 008	0.000	0.000	0.000	0
G 009	0.000	0.000	0.000	0
G 010	0.000	0.000	0.000	0
G 011	0.000	0.000	0.000	0
G 012	0.000	0.000	0.000	0
G 013	0.000	0.000	0.000	0
G 014	0.000	0.000	0.000	0
G 015	0.000	0.000	0.000	0
G 016	0.000	0.000	0.000	0
G 017	0.000	0.000	0.000	0
G 018	0.000	0.000	0.000	0

그림 12.37 인선 반경 보정량 입력

12.3 머시닝 센터 조작

작업자가 작성한 NC 프로그램을 이용하여 부품을 가공하기 위해서는 전송 장치를 이용하여 CNC 공작기계에 저장하여야 한다. NC 프로그램 작성시 작업자가 지정한 공작물 원점을 CNC 공작기계에서도 동일한 위치로 설정해야 하며 공구 보정(공구 길이 보정, 공구경 보정) 설정을 모두 완료한 후 작업자는 저장된 NC 프로그램을 이용하여 자동 모드에서 부품 가공을 시작할 수 있다.

1 기계 운전 준비하기

전원을 공급하고 부품 가공을 시작하기 전에 기계 워밍업까지 모두 마친 후 기계 조작 및 운전을 시작할 수 있다.

(1) 전원 공급

기계 뒤편에 있는 그림 12.38의 N.F.B 스위치를 ON 방향으로 회전시킨다. N.F.B 스위치는 전원 공급/차단 및 과전원 방지 등의 기능을 한다.

그림 12.38 N.F.B 스위치

(2) 기계 전원 ON

12.39의 배전반(주조작 패널) 전원 ON(초록색) 버튼을 누르면 점등이 된다. CRT 화면이 켜지고 윤활 펌프 및 기계 뒤편의 강전반 환풍기가 작동된다.

그림 12.39 전원 ON/OFF

(3) MACHINE READY(기계 준비)

① 12.40의 MACHINE READY 버튼을 누르면 점등이 되고 기계 운전 준비 상태가 된다. MACHINE READY 버튼이 있는 경우 작업자는 반드시 버튼을 누른 후에 기계 조작과 운전을 할 수 있다. 기종에 따라 기능이 생략되기도 한다.

② ALARM RESET EMG. RELEASE 버튼은 축이 이송 영역을 초과한 경우 이송 영역 안으로 복귀시킬 때 사용한다.

그림 12.40 머신 준비 및 알람 리셋

(4) 기계 워밍업(Worming-up)

주로 머시닝 센터에 있는 기능이며, 제작사에 따라 워밍업 기능이 없는 기종도 있다. 기계의 전원이 오랫동안 OFF 상태로 있다가 전원을 ON 시키면 기계 워밍업이 필요하다. 워밍업의 시작과 동시에 스핀들이 회전하고 종료하면 정지한다. 워밍업 상태는 그림... 과 같이 워밍업 소요 시간(total time), 남아 있는 시간(remain time) 스핀들 회전수(spindle rpm) 등이 CRT 화면에 나타난다. 기계 워밍업을 위한 조작 순서는 다음과 같다.

① 반자동 모드를 선택한다.

② "PROG" 키 버튼을 눌러 CRT 화면에 프로그램 창이 나타나게 한다.

③ M102 입력, "EOB" 키 버튼을 누른 후 "INSERT" 키 버튼을 눌러 M102; 을 프로그램 창에 입력시킨다.

④ "CYCLE START" 버튼을 눌러 실행시키면 기계 워밍업 시작이 된다.

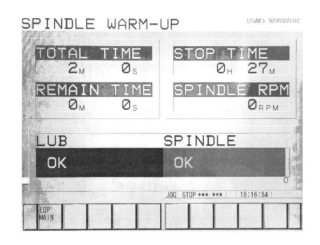

그림 12.41 워밍업 완료 CRT 화면

2 원점(기계 원점) 복귀하기

① 기계 워밍업이 완료되면 본격적인 기계 조작을 시작할 수 있다. 작업자는 본격적인 기계 조작을 시작하기에 앞서 원점 복귀를 먼저 해야 한다. 스핀들이 기계 원점의 위치로 이송하여 원점 복귀가 완료되면 기계 좌표를 인식한다.

② 작업자는 공작물과 충돌 예방 등 기계의 안전을 위해 Z 축 방향부터 원점 복귀를 해야 한다. 원점 복귀 모드 선택 후 그림 12.42의 수동 이송 축 선택 키 버튼에서 "Z" 키 버튼을 누르면 Z 축 방향 원점 복귀가 완료되고 Z 축 램프가 점등된다.

③ X와 Y 키 버튼을 각각 눌러 원점 복귀를 완료하면 X, Y, Z 축 램프가 모두 점등이 된다.

④ 원점 복귀가 모두 완료되면 기계 좌푯값은 모두 0(zero)가 됨을 확인할 수 있다.

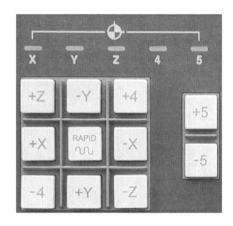

그림 12.42 수동 이송 축 선택 키 버튼

❸ G54를 이용한 공작물 원점 설정하기

공작물 좌표계라고도 하는 공작물 원점을 설정하기 위해 사용하는 G-코드는 G92와 G54~G59가 있다. G92는 공작물 좌표계 설정, G54~G59는 공작물 좌표계 선택이라 한다. G54~G59까지 6개의 G-코드를 이용하여 밀링 테이블에 고정된 6개의 공작물에 대한 각각의 공작물 원점을 설정할 수 있는데 그중 가공할 공작물을 G54~G59까지의 G-코드로 선택하는 것이므로 공작물 좌표계 선택이라고 칭한다. 일반적으로 공작물이 1개 고정되었을 때에는 G54를 이용한다. 원점 복귀가 완료된 후 G54를 이용한 공작물 원점 설정은 다음의 순서로 한다.

(1) 1번 공구로 교환

1번 공구(∅10 플랫 엔드밀)를 임의의 회전수로 회전시킨다. 편의상 1번 공구를 기준 공구로 한다.

① 반자동 모드를 선택한다.
② "PROG" 키 버튼을 눌러 CRT 화면에 프로그램 창이 나타나게 한다.
③ T01 M06 입력 "EOB" 키 버튼을 누른 후 "INSERT" 키 버튼을 눌러 T01 M06; 을 프로그램 창에 입력시킨다.
④ "CYCLE START" 버튼을 눌러 실행시키면 1번 공구로 교환한다.

(2) 공구 회전

① S1000 M03 입력, "EOB" 키 버튼을 누른 후 "INSERT" 키 버튼을 눌러 S1000 M03; 을 프로그램 창에 입력시킨다.

② "CYCLE START" 버튼을 눌러 실행시키면 공구가 1000rpm으로 회전한다.

(3) 공작물의 좌측면을 터치

① 핸들 모드를 선택한다.

② 핸들 조작으로 공구를 X 방향으로 이송하여 그림 12.43과 같이 공작물의 좌측면을 터치시킨 후 공구를 공작물 위에 위치하도록 Z 방향으로 도피시킨다.

그림 12.43 공작물의 좌측면 터치 후 Z 방향으로 공구 도피

회전하는 절삭 공구를 사용한 좌표계 설정은 공작물에 흔적을 남긴다. 그러나 그림 12.44와 같이 아큐 센터를 사용할 경우에는 절삭 날이 없으므로 공작물에 흔적을 남기지 않고 정밀하게 X, Y 좌표계 설정을 할 수 있어 편리하다. 아큐 센터는 일반적으로 ∅10 을 가장 많이 사용한다.

그림 12.44 아큐 센터를 이용한 공작물의 좌측면 터치(아큐 센터가 공작물에 접촉 후 순간적으로 편심이 사라진 후 반대 방향으로 편심이 발생하면 X 방향 이송을 중지)

(4) 상대 좌표 X를 0(zero)으로 설정

① "X" 키 버튼을 누른다. 상대 좌표 X가 깜박이는 것을 확인한다,

② "오리진(ORIGIN)" 소프트 버튼을 누른다.

③ "실행" 소프트 버튼을 누른다(기종에 따라 생략이 가능).

④ 그림 12.45와 같이 상대 좌표 X가 0(zero)이 됨을 확인한다.

그림 12.45 상대 좌표 X값 0(Zero)으로 변경

(5) 공작물의 전면을 터치

① 핸들 조작으로 공구를 Y 방향으로 이송하여 그림 12.46과 같이 공작물의 전면을 터치시킨 후 공구를 공작물 위에 위치하도록 Z 방향으로 도피시킨다.

그림 12.46 공작물의 전면 터치

(6) 상대 좌표 Y를 0(zero)으로 설정

① "Y" 키 버튼을 누른다. 상대 좌표 Y가 깜박이는 것을 확인한다,
② "오리진(ORIGIN)" 소프트 버튼을 누른다.
③ "실행" 소프트 버튼을 누른다(기종에 따라 생략이 가능).
④ 그림 12.47과 같이 상대 좌표 Y가 0(Zero)이 됨을 확인한다.

그림 12.47 상대 좌표 Y값 0(Zero)으로 변경

(7) 상대 좌표 X, Y를 5로 변경

① 핸들 조작으로 그림 12.48과 같이 상대 좌표 X, Y가 모두 5(1번 공구 ∅10 플랫 엔드밀의 반경값)가 되도록 공구를 이동한다. 공구의 중심부가 공작물 원점(공작물 전면 좌측 모서리) 위로 이동한 것을 확인할 수 있다.

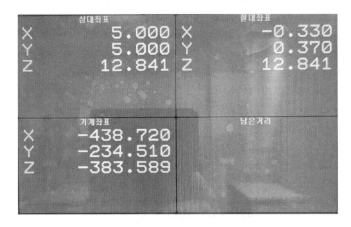

그림 12.48 상대 좌표 X, Y값 모두 5로 변경

(8) 공작물의 윗면을 터치

① 핸들 조작으로 그림 12.49와 같이 공작물의 윗면(공작물 원점)을 터치한다.

그림 12.49 공작물의 윗면(공작물 원점) 터치

(9) 상대 좌표 Z를 0(zero)으로 설정

① "Z" 키 버튼을 누른다. 상대 좌표 Z가 깜박이는 것을 확인한다,

② "오리진(ORIGIN)" 소프트 버튼을 누른다.

③ "실행" 소프트 버튼을 누른다.

④ 그림 12.50과 같이 상대 좌표 Z가 0(Zero)이 됨을 확인한다.

그림 12.50 상대 좌표 Z값 0(Zero)으로 변경

(10) G54 좌푯값 입력

공구가 공작물 원점에 위치한 상태에서 G54의 X, Y, Z 값을 기계 좌푯값으로 수정한다. 이때 공구는 반드시 공작물 원점에 있어야 한다.

① 편집 키 버튼 중 "OFSSET(옵셋)"을 누른다.

② CRT 화면에서 "좌표계" 소프트 버튼을 누른다.

③ 편집 키 버튼 중 방향(화살표) 키를 이용하여 커서를 G54의 X 좌푯값으로 이동 후 기계 좌표 X 값으로 수정한다(공구가 공작물 원점에 있을 때의 기계 좌표 X값으로 수정). -438.39 입력(그림 12.50 참고) 후 "INPUT" 키 버튼을 누르면 그림 12.51과 같이 수정된다.

④ Y, Z 좌푯값도 동일한 방법으로 수정한다.

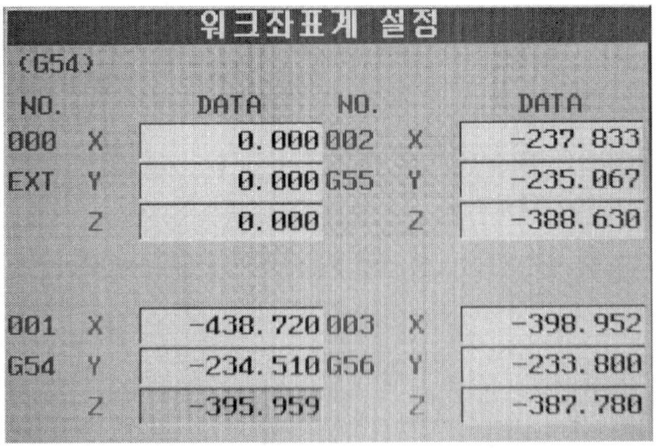

그림 12.51 G54의 X, Y, Z 좌푯값 입력

(11) 원점 복귀

공구를 수동 원점 복귀시킨다.

① 원점 복귀 모드를 선택한다.

② 수동 이송 축 선택 키 버튼(그림12. 42 참고)에서 "Z" 키 버튼을 눌러 Z 방향으로 먼저 원점 복귀 시킨다.

③ "X", "Y" 키 버튼을 각각 눌러 X, Y 방향으로 모두 원점 복귀를 완료한다.

작업자가 G54~G59 중 G54를 사용하여 NC 프로그램을 작성하면 이와 같이 설정된 공작물 원점을 인식한다. 필요한 경우 작업자는 G55, G56, G57, G58, G59를 이용한 공작물 원점을 동일한 방법으로 설정할 수 있다.

4 공구 보정량 설정하기

작업자는 부품 가공에 사용할 공구에 대하여 형상 보정(공구 길이 보정과 공구경 보정)을 하여야 한다. 작업자는 기준 공구를 정하고 기준 공구에 대하여 다른 공구와의 길이 차이를 기계에 보정량으로 입력하여 설정하여야 한다. 공구를 교환한 후 공구 길이 보정 지령을 하면 설정된 보정량만큼 Z 방향으로 가감하여 공구가 이송하므로 보정량을 정확하게 설정하는 것은 매우 중요하다.

(1) 공구 교환

앞에서 1번 공구(∅10 플랫 엔드밀)는 기준 공구로 하였으므로 Z 방향의 길이 보정량 이 0(Zero)이다. 공구 길이 보정을 위해 2번 공구(센터 드릴)로 교환한다.

① "반자동 모드" 상태에서 "PROG" 키 버튼을 눌러 CRT 화면에 프로그램 창이 나타 나는 것을 확인한다.

② T02 M06 입력, "EOB" 키 버튼을 누른 후 "INSERT" 키 버튼을 눌러 T02 M06; 을 프로그램 창에 입력시킨다.

③ "CYCLE START" 버튼을 눌러 실행시키면 2번 공구로 교환한다.

(2) 공구 회전

반자동 모드에서 공구를 임의의 회전수로 회전시킨다.

① 프로그램 창에 S1000 M03 입력, "EOB" 키 버튼을 누른 후 "INSERT" 키 버튼을 눌러 S1000 M03; 을 프로그램 창에 입력시킨다.

② "CYCLE START" 버튼을 눌러 실행시키면 공구가 1000rpm으로 회전한다.

(3) Z 방향으로 하향 이송하여 공작물 윗면 터치

① 핸들 모드를 선택한다.

② 핸들 조작으로 그림 12.52와 같이 공구를 공작물의 윗면(바이스와 평형하게 고정된 공작물 임의의 윗면)에 터치시킨다.

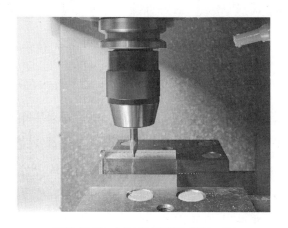

그림 12.52 공구의 공작물 윗면 터치

(4) 보정량 입력

① "OFSSET(옵셋)" 키 버튼을 누른다. CRT 화면에서 옵셋 소프트 버튼이 눌려져 있어야 한다.

② 그림 12.53과 같이 방향 키 버튼을 이용하여 2번 공구의 길이 보정량 입력 위치로 커서를 이동시킨다.

③ "Z" 키 버튼을 누른 후 CRT 화면에서 "C 입력" 소프트 키를 누른 후 "실행" 소프트 키를 누른다. 상대 좌표 Z 값이 보정량으로 입력이 된다. 길이 보정량이 + 인 경우에는 스핀들에 고정된 기준 공구(1번 공구)보다 보정량만큼 Z 방향 길이가 더 길다는 의미이다. 다른 공구들도 위와 같은 방법으로 길이 보정량 설정을 할 수 있다.

	공구보정			
	〈길이〉		〈반경〉	
NO.	형상	마모	형상	마모
001	0.000	0.000	5.000	0.000
002	6.559	0.000	0.000	0.000
003	46.960	0.000	0.000	0.000
004	44.200	0.000	0.000	0.000
005	41.700	0.000	0.000	0.000
006	0.000	0.000	0.000	0.000
007	0.000	0.000	0.000	0.000
008	0.000	0.000	0.000	0.000
009	0.000	0.000	0.000	0.000
010	0.000	0.000	0.000	0.000
011	0.000	0.000	0.000	0.000
012	0.000	0.000	0.000	0.000
013	0.000	0.000	0.000	0.000
014	0.000	0.000	0.000	0.000
015	0.000	0.000	0.000	0.000
016	0.000	0.000	0.000	0.000
017	0.000	0.000	0.000	0.000

그림 12.53 공구 길이 보정량 설정

(5) 공구경 보정량 설정

① NC 프로그램 작성시 공구의 좌푯값 기준은 아랫면 중심부이다. 플랫 엔드밀(1번 공구)의 경우 공구의 외주 날이 절삭을 한다. 이때 좌푯값 기준인 아랫면 중심부로부터 실제 절삭 날까지는 반경값만큼 차이가 발생하므로 반경값이 공구경 보정량이 된다.

② 센터 드릴을 포함한 드릴 공구의 경우에는 공구의 아랫면 중심부가 실제 절삭을 시

작하는 지점이므로 공구경 보정을 하지 않는다.

③ 편집 키 버튼 중 "방향(화살표)" 키 버튼을 이용하여 커서를 1번 공구의 (반경) 형상
으로 이동시킨 다음 1번 공구의 반지름값인 숫자 "5" 키 버튼을 누른 후 "INPUT"
키 버튼을 누르면 그림 12.54와 같이 공구경 보정량이 설정된다.

NO.	〈길이〉 형상	마모	공구보정 〈반경〉 형상	마모
001	0.000	0.000	5.000	0.000
002	6.559	0.000	0.000	0.000
003	46.960	0.000	0.000	0.000
004	44.200	0.000	0.000	0.000
005	41.700	0.000	0.000	0.000
006	0.000	0.000	0.000	0.000
007	0.000	0.000	0.000	0.000
008	0.000	0.000	0.000	0.000
009	0.000	0.000	0.000	0.000
010	0.000	0.000	0.000	0.000
011	0.000	0.000	0.000	0.000
012	0.000	0.000	0.000	0.000
013	0.000	0.000	0.000	0.000
014	0.000	0.000	0.000	0.000
015	0.000	0.000	0.000	0.000
016	0.000	0.000	0.000	0.000
017	0.000	0.000	0.000	0.000

그림 12.54 공구경 보정량 설정

APPENDIX

참고문헌

1. FANUC Series OTC 취급 설명서, 한국 FANUC.

2. FANUC Series OME 취급 설명서, 한국 FANUC.

3. SENTROL-L 취급설명서, ㈜세일 중공업.

4. 박효열, 이명신 공저, CNC PROGRAMMING, 도서 출판 대가

5. 배종외 저, CNC 선반 프로그램과 가공, 도서출판 황하.

6. 배종외 저, 머시닝 센터 프로그램과 가공, 도서출판 황하.

7. 이상민 저, CNC 선반 프로그램과 가공, 기전 연구사.

8. 통일중공업(주) Catalog, CNC 선반, 머시닝 센터.

9. GV-CNC를 활용한 CNC 공작기계 응용기술, 큐빅 테크.

10. 한국야금 및 대구텍 카탈로그.

11. 수직 머시닝 센터 조작 설명서, 두산공작기계 주식회사

12. 프레스금형제작 부품 CNC 가공(LM1510020212_19v2), 한국직업능력개발원(교육부 2022)

CNC 프로그래밍과 가공 개정판

초판 1쇄 발행 | 2017년 3월 20일
초판 2쇄 발행 | 2022년 2월 25일
개정판 1쇄 발행 | 2023년 3월 05일

지은이 | 장성민 · 조완수 · 강신길 · 백승엽
펴낸이 | 조승식
펴낸곳 | (주)도서출판 북스힐

등 록 | 1998년 7월 28일 제22-457호
주 소 | 서울시 강북구 한천로 153길 17
전 화 | (02) 994-0071
팩 스 | (02) 994-0073

홈페이지 | www.bookshill.com
이메일 | bookshill@bookshill.com

정가 23,000원

ISBN 979-11-5971-497-9